毛乌素沙地樟子松人工林高效培育技术

张泽宁　张林媚　叶竹林　著

中国林业出版社

内容简介

本书依据40多年的研究成果，系统介绍了毛乌素沙地樟子松引进与良种基地建设、高效防衰造林、控盐造林、嫁接红松技术，尤其是针对干旱缺水、风蚀沙埋、土壤贫瘠、盐碱危害等环境胁迫以及人工林早衰危险，积极倡导合理稀植，采用良种壮苗、铺设沙障、大坑换土、适当深栽、浇水覆膜、套篓防护、混交造林、树穴喷醋等措施，在改善林地环境条件、提高造林效果、加速郁闭成林等方面取得卓越成效，将樟子松、红松成功引种到毛乌素沙地，并形成具有地域特色的樟子松人工林高效培育技术体系。

本书以专题研究和技术介绍结合方式撰写，可供沙区、旱区森林培育等相关研究人员以及林业院校师生和林业科技推广工作者参考。

图书在版编目(CIP)数据

毛乌素沙地樟子松人工林高效培育技术 / 张泽宁，张林媚，叶竹林著. —北京：中国林业出版社，2021.12
ISBN 978-7-5219-1042-1

Ⅰ. ①毛… Ⅱ. ①张… ②张… ③叶… Ⅲ. ①毛乌素沙地-樟子松-人工林-森林抚育 Ⅳ. ①S791.253

中国版本图书馆CIP数据核字(2021)第033074号

中国林业出版社·自然保护分社(国家公园分社)
策划编辑：刘家玲
责任编辑：刘家玲 宋博洋

出版 中国林业出版社(100009 北京市西城区德内大街刘海胡同7号)
网址 http://www.forestry.gov.cn/lycb.html
发行 中国林业出版社
印刷 河北京平诚乾印刷有限公司
版次 2021年12月第1版
印次 2021年12月第1次
开本 787mm×1092mm 1/16
印张 12
字数 250千字
定价 60.00元

《毛乌素沙地樟子松人工林高效培育技术》
编 写 人 员

主 任 委 员 白云国

副主任委员 张泽宁 王立荣

委　　　员 张林媚 叶竹林 张 耀 刘兴斌 肖建明

郭彩云 张 惠 郭胜伟 张永强 张东忠

申世永 许凌霞 方小艳 刘姝玲 贾玉英

孙海飞 刘生俊

前言

新中国成立前，毛乌素沙地曾是“一年一场风、从春刮到冬”以及“天上无飞鸟、地上不长草”的沙漠化景观。新中国成立后，榆林人民创造了“引水拉沙造良田”“飞播灌草建植被”“植树造林防风沙”“点线面结合改环境”等壮举，扭转了“沙进人退”局面、实现了“人进沙退”的宏愿，将榆林建成“绿树成荫、林茂粮丰、鸟语花香”的“陕北好江南”，并因“榆林治沙模式”被誉为“全球治沙明珠”。尽管如此，曾经的“小老头”杨树还是在治沙造林历史上留下了难以磨灭的印记，树干低矮、树冠庞大、长势衰弱、寿命缩短、更新(天然)困难，使其失去了应有的防护作用和持久利用的潜力。近年来，毛乌素沙地中国沙棘人工林早衰、章古台沙地樟子松人工林早衰，又给榆林治沙人提出了新的挑战，如何不断提升造林效果、持续改善林地环境条件从而长期维持林分稳定性及林地防护作用？沙地上百万亩郁郁葱葱的樟子松人工林，对此做出了肯定的回答。

毛乌素沙地毕竟地处旱区，降水稀少、风蚀沙埋、土壤贫瘠、土壤盐渍化等环境胁迫对林木存活、生长、成林以及林分、林地稳定性形成巨大威胁。要改善造林效果，必须摒弃“高密度栽植、集中连片造纯林、追求快速见效”等错误观念，坚决贯彻执行“适地适树”“适地适群落”原则，选择适生树种、构建适宜群落、改善环境条件、提高林地植被承载力。坚守这一理念，榆林治沙人在长达半个世纪的樟子松引种造林实践中，探索出合理稀植、良种壮苗、铺设沙障、大坑换土、适当深栽、浇水覆膜、套篓防护、混交造林、树穴喷醋等措施，不仅将樟子松成功引种到毛乌素沙地，而且建成多处百万亩造林基地，因此成为毛乌素沙地人工林高效培育的典范。本书在介绍这些措施操作要点的基础上，分析了每项措施改善林地环境条件、提升造林效果的作用。结果表明，这些措施通过提高土壤含水率或土壤水分利用效率、减轻风蚀沙埋危害、改善土壤养分状况、控制盐分胁迫等途径，有效提升造林保存率、促进林木生长、加速郁闭成林、延缓群落早衰。

樟子松引种的成功，对毛乌素沙地造林治理来说具有划时代意义。之前，由于缺乏适用于大面积造林的常绿树种，冬春季节大地一片枯黄、风沙肆虐，使人有“今天依然重复着昨天的故事”的感觉。如今，樟子松人工林遍布沙地、盐碱地、城镇、道路两侧，在冬春季节形成带片交错的绿洲，犹如一把把巨大的防护伞为大地遮风挡沙，衍射出“陕北好江南”的勃勃生机。然而，如果能改善樟子松经济效益将会给其持续发展注入新的活力。为此，在红松实生苗引种未能成功的情况下，榆林治沙人又开始了樟子松嫁接红松技术的探讨，期望为樟子松果用林建设提供技术依据。通过研究，筛选出适合毛乌素沙地樟子松嫁接红松的系列技术，包括接穗选择、贮藏、嫁接方法和适宜时间、接后管理等。通过嫁接引种，使榆林在继樟子松之后又成为红松的分布南端。这些技术已经在毛乌素沙地相关县区推广并取得良好效果，理所当然成为本书介绍的另外一个重点。

综上所述，虽说本书内容仅仅涉及毛乌素沙地樟子松人工林高效培育技术，却从一个侧面反映了榆林治沙人理念转变与造林技术提升的互动过程，反映了毛乌素沙地森林培育的地域性特色以及榆林治沙人的创新意识和前瞻意识。因此，衷心感谢为本书撰写提供借鉴的前辈和同仁，衷心感谢为本研究提供支持的部门和单位。另一方面，由于作者长期从事技术研究和推广，理论水平有限，书中疏漏和不足之处在所难免，恳请读者批评指正。

著　者

2020 年 11 月 16 日于榆林

目　录

第1章

绪论

1　樟子松引种及种子园建设

1.1　樟子松引种

1.1.1　樟子松引种概况

樟子松(*Pinus sylvestris* var. *mongolica*)又称海拉尔松，是欧洲赤松(*Pinus sylvestris*)分布至远东的一个地理变种，天然分布于我国大兴安岭和呼伦贝尔沙地草原，苏联、蒙古也有分布。由于樟子松不仅耐旱、耐寒、耐贫瘠，而且生长比较迅速，因此通过引种扩大其栽培范围显得十分必要。樟子松首次引种成功可以追溯到清朝年间，但大规模的引种是在新中国成立后(刘桂丰，1990)。1955年，在辽宁省彰武县章古台沙地引种成功，开创了樟子松治沙造林的先河(彭镇华，2004)。三北防护林体系建设工程的实施，加快了樟子松引种驯化的步伐。目前，樟子松已经引种到15个省(区)，造林面积达到79万hm^2，成为我国北方半干旱风沙地区营造防风固沙林、农田防护林、草场防护林、水土保持林、用材林的主要树种(康宏樟，2004；苗禹博，2018)。随着引种工作的推进，其地理分布范围也不断扩大，向西拓展至新疆的阿勒泰地区，向南拓展至甘肃天水的小陇山(戴继先等，2003)，西藏也开展了引种试验(丁玉珂等，2019)。

榆林市于1957年从内蒙古红花尔基引入种植，1964年在榆阳区红石峡成片栽植并获得成功。1982—1985年，先后在榆阳区城郊林场等七个地方的不同立地条件下进行了造林扩大试验，也获得成功。现造林总面积已达10.5万hm^2，主要分布在榆阳、横山、神木、靖边、定边、府谷和佳县等县区的沙地(孙祯元，1985；赵晓彬等，2018)。榆林沙区樟子松引种的成功，将其分布范围向南推移了10个纬度、向西推移了10个经度，是迄今为止樟子松引种分布的最南端。对靖边县治沙站引种30年的樟子松调查发现，樟子松不仅长势明显优于同龄油松林，并且在人工栽植的乔木和灌木林下形成盖度很高的草本层和生物结皮，表现出明显的森林环境特征。高崇华(1996)对20多年的引种结果分析认为，在毛乌素沙地樟子松胸径、树高、蓄积生长量不仅均优于油松，而且抗病虫能力更强，是干旱少雨的毛乌素沙地造林最有前途的优良树种。

1.1.2 樟子松的引种适应性

影响樟子松引种效果的因素较多，环境因素中的诸气候因子是决定我国樟子松可能引种界限及适宜引种范围区划的限制因子(陈晏珍，2016)。进一步研究表明：温度是影响樟子松引种的主导气候因子，其次是湿度、光照与海拔，风速对樟子松引种的影响相对较小(李蒙蒙等，2016)。在引种过程中，除考虑樟子松的抗旱特性外，还要注意水分影响，降水量大于900 mm的地方樟子松不能正常生长(陈晏珍，2016)。究其原因，水分过多会引起植物缺氧、呼吸代谢系统紊乱(喻方圆，2003)，而且会影响土壤氮素矿化过程(任艳林，2012)。天然樟子松生长在最贫瘠的山地石砾沙土上，不苛求土壤养分，我国绝大部分地区单纯的土壤因素不是决定其引种成败的关键因素(陈晏珍，2016)，保水能力较好的沙壤土适宜种植樟子松(王忠文，2012)，但土壤中磷元素是沙地樟子松主要限制养分(赵姗宇，2018)。另一方面，樟子松不耐盐碱，适宜的土壤pH值为6.5~8.4，樟子松种子发芽的盐溶液浓度最大为0.6%左右，幼苗盐害临界浓度为0.4%(陈晏珍，2016)。

樟子松种内个体间生长、材积和果实等数量性状的遗传分化较大，在群体间表现出极显著差异，为此将种子产区划分为呼伦贝尔区、兴安岭区、长白山地区和内蒙古高原区(马盈，2014)，为樟子松种子调拨提供了科学依据。立地条件相同时，群体间半同胞家系子代的树高及其年生长量也存在极显著的差异(兰士波，2014)。大量的种源试验表明，樟子松种源间种子和幼苗的数量性状存在显著差异，地理变异大(马盈等，2014)，自然分布区划可分为黑龙江沿岸种源区、大兴安岭北部种源区和呼伦贝尔沙地种源区(刘桂丰，1991a；刘桂丰，1991b)。而随后研究报道认为罕达盖、红花尔基、章古台的种源在草河地区拥有明显的生长优势，是优良种源(庞志慧，1994)。康宏樟(2004)将樟子松分为大兴安岭北部种源区、呼蒙高原干旱种源区和小兴安岭种源区3个种源。种源区划为种子科学调拨提供依据，为不同造林区提供适应性强、生产力高的优良种源。近年来基于气候相似理论，采用主成分分析法和熵权法，并结合土地资源环境分析将樟子松引种区划分为适宜区、较适宜区、较不适宜区和不适宜区等4个类型区(李蒙蒙，2016)，为樟子松科学引种工作奠定坚实的基础。

整地方式、造林技术、管理措施等人为因素也是影响樟子松引种成活、生长的重要因素。樟子松种子的处理方法主要用雪藏法、沙藏法和浸种催芽法，但不同处理方法之间的效果存在差异(王忠文，2012)。不同整地方式对樟子松生长量影响不明显，但对成活率影响明显(齐卫敏等，2013)。采用方格网整地法，开挖植树坑(杨海斌，2019)，用防风背阴整地方法(戴继先，1997a)，小直坑整地(戴继先，1997b)，能够大幅度提高造林成活率。同时，容器苗造林保存率明显高于带土球苗木(高占英，2014)。造林季节根据造林树种的特性和当地的气象条件等因子确定，陕西榆林、海拉尔市、科尔沁沙地西部适宜造林季节为春季(高景文，1999；郭云义，2001；高占英，2014)，甘肃临夏地区春、秋季均可造林(安树康，2014)。造林密度是影响苗木存活和健康生长的关键因子之一，可根据造林地条件和林分类型来确定。陕北毛乌素沙地樟子松要合理稀植，造林株行距为3 m×4 m、4 m×5 m或5 m×6 m(赵晓彬，2018)。安树康(2014)认为，防护林一般采用株行距1.5 m×1.5 m，一般用材林为1.5 m×2 m，速生丰产林为2 m×3 m。人工樟子松林的密度过大会加剧蒸腾作用，导致植物缺水，过疏则起不到应有的防护效果(赵晓彬，2007)。

1.2 樟子松种子园建设

1.2.1 樟子松种子园营建

引种使樟子松的分布范围不断扩大，各地为了满足生产对良种的需求纷纷建立种子园。辽宁省章古台沙地樟子松种子园于1972年定植砧木，1975年采用大兴安岭呼玛、金山、漠河及呼伦贝尔红花尔基沙地优良母树穗条进行嫁接(徐树堂，1995)。黑龙江省龙江县错海林场樟子松种子园于1977、1978年两年嫁接成园，优树接穗产地为黑河的卡伦山、大兴安岭的塔尔根、古莲及内蒙古的罕达盖等地(刘录，1996；王福森，1997)。吉林省永吉县樟子松种子园1980年定植，优树穗条来自黑龙江省大青川、桦南县孟家岗(李树春，1997)。同时，对种子园的园址选择、配置规划、建园技术、子代测定等进行一系列研究，有效缓解了樟子松良种供应不足的情况(赵玉林，2006；王莹玲，2014；宋瑞丰，2014；朱亚丽，2018)。

地处毛乌素沙地的榆林市于1977年完成全园砧木的定植，1980年后陆续从内蒙古红花尔基林场采集当地选择的64株优树穗条进行嫁接，1985年完成全园嫁接工作，共嫁接优良无性系64个，面积33.3 hm^2。种子园在精心管护下，于1991年开始有部分无性系结实，1993年全面进入结实状态。同时，园内还建立了相应配套的优树收集区(兼作采穗圃)、子代测定林和展示林。通过30多年经营管理，樟子松种子园已进入结实盛期，且种子质量好、纯度高、具备较好的发芽能力。特别是各无性系相对稳定，受遗传因素的控制程度较高。该种子园是迄今为止我国西北地区唯一的樟子松良种基地，在推进毛乌素樟子松良种化进程中发挥了重要的作用。

1.2.2 樟子松种子园管理

种子园建立后数十年间，各地从水肥管理、整形修剪、去劣疏伐、人工辅助授粉等方面对种子园经验管理技术进行大量探索，为我国樟子松种子园产量和质量的提升提供科学依据。辽宁省彰武县章古台樟子松种子园施肥试验表明：施肥对促进母树开花结实具有明显效果，施肥第二年雌球花数为对照的3.3倍(徐树堂等，1993)。施肥对母树生长也有显著的促进作用，同时可提高母树的结实量(王曼等，2007；张治来，2010；朱弘，2011)。灌水能促进樟子松种子园母树径向生长和冠幅扩张，可在一定程度上促进结实，但无性系之间的反应具有一定差异(白昀，2009；张治来等，2010)。种子园去劣疏伐后，樟子松母树单株结实量比疏伐前平均提高2.98倍，种子千粒质量提高2.7%，发芽率提高25.2%，发芽势提高32.5%(李树森，2015)。朱弘等(2011)的研究还表明，人工辅助授粉可提高球果产量46.6%。

随着樟子松母树年龄和树体高度的增大，采种难度也不断增加，树冠中上部的优质种子难以采收，严重影响了种子的产量和质量(王福森，2017)。因此，开展种子园树体控制和矮化工作十分有必要。阎雄飞等(2019a)的研究表明，截取2轮枝和截取3轮枝均可抑制樟子松幼龄母树的树高生长，但对母树的地径和冠幅的生长具有明显促进作用。樟子松母树可在8年生、15年生和20年生时，分3次进行截顶矮化处理，可有效控制结实高度(王福森，2017)。章古台镇对30年生樟子松母树进行截顶、疏枝，5年后调查结果证明，疏枝处理树木的结实量与对照差异显著(安宇宁，2011)。毕国力等(1989)研究表明，樟子松种子园进行母树强度修剪后球果数量减少3.6%，但球果重量增加10.4%，平均单株成熟种子数增加18.9%。樟子松种子园母树截冠，不仅可以提高壮龄母树的果实产量而且能够提高种子质量，如种子发芽率和发芽势提高(王福森，2017；阎雄飞，2019b；刘永华，2020)。王曼(2017)研究发现，对老龄樟子松母树进行疏枝、截顶、截轮枝3种修剪措施后，樟子松母树结实量下降。

总体上，樟子松遗传改良工作主要以种子园技术为中心(苗禹博，2018)。但普遍认为樟子松结实间隔期长、籽粒空瘪率高，不能很好地满足生产上的需要(彭丽萍，2005；张治来，2010)。因此，提高种子园产量、质量以及遗传增益仍然是当前的主要任务。另外，樟子松的遗传改良今后应该积极走“有性制种、无性利用”相结合的道路(张树根，2008)。目前，国内主要造林树种辐射松、火炬松、湿地松、马尾松、湿加松、思茅松、晚松等已建立采穗圃(来端，2001；吴宗兴，2004；邓桂香，2014；高茜茜，2018；赵俊波，2020)，日本落叶松、马尾松、红松、油松建立良种基地(胡亚平，2018；薛小峰，2018；赵静，2018；张国洲，2019)，为良种推广应用打下坚实的基础。由于对无性改良的优越性认识不足，樟子松无性改良进展缓慢，目前尚未建立采穗圃，良种基地也较少(于洪芝，2020)，樟子松良种规模化、产业化生产滞缓，阻碍了良种的推广和应用。因此，建立采穗圃和良种基地也是当务之急。

2 樟子松造林技术

2.1 樟子松沙地造林

随着樟子松引种栽培范围的日益扩展，造林技术研究成果持续积累。康宏樟、朱教君等(2005)对此进行了综合分析，认为导致樟子松沙地造林成活率和保存率低的原因一是环境胁迫，二是苗木自身的内在因素。环境胁迫主要表现在早春生理干旱、冬季干化导致苗木缺水，以及沙地风蚀使根系裸露导致苗木死亡；内在因素主要表现在苗木根系欠发达、木质化程度不高，以及苗木对全光适应能力差。针对这些问题，可通过如下途径促进苗木成活与存活：一是选育良种、培育壮苗，及时切根(截根)，促进根系发育，采用容器苗造林；二是造林过程中以及造林之后对苗木实施全封闭保护，采用根系保护措施提高根系活力，采用叶面保护措施减少蒸腾失水，采用覆膜、纸筒、塑料桶等防护减轻风害和蒸腾失水；三是采用能够提高造林成活率的促进剂对苗木进行处理，选用适当苗龄的苗木和在适宜的季节造林，采用穴状整地和适当深栽；等等。同时指出：对樟子松固沙林而言，水分条件是影响林木生长的主导因子和限制因子，水分状况决定着林分的生产力水平和稳定性，只有确定合理的造林密度和经营密度，林木才能正常生长。在确定合理密度时，可以根据水量平衡来计算年降水量不同地区的造林密度和经营密度，也可利用胸径与树冠面积的相关关系来确定不同径级林分的合理密度(曾德慧，1995；姜凤岐，1996；宋立宁，2017)。

赵晓彬等(2007)通过综合分析认为，苗木质量、苗木年龄、造林季节、造林密度、植物生长调节剂、抗旱节水造林技术等是影响沙地樟子松造林成活的重要因素，根据当地的具体情况选择适宜的造林季节和造林密度，选择品质优良、植株保护完好、苗龄适合的造林苗木，应用 BT 生根粉等植物生长调节剂，采取抗旱节水造林技术等可提高造林成活率。其中，樟子松春、秋、雨季均可造林。苗木春季尚处于休眠状态，造林后苗木开始生长时先长根而后地上部分发芽放叶，所以成活率高。对于春季干旱的地区应考虑雨季与秋季造林，雨季的土壤水分状况好，有利于苗木的吸收利用，造林成活率高；秋季气温逐渐下降，土壤水分状态较稳定，当苗木地上部分进入休眠后水分蒸腾量已达到很低的程度，而根系在土壤中的生理活动仍在继续，对苗木成活有利。焦树仁(2010)在综合分析、系统描述的基础上强调，樟子松幼树不耐风吹沙打，不能在流动和半流动沙丘或小豆、花生等撂荒地直接造林。樟子松苗木根系细弱、容易风干，保持苗木根系湿润是提高造林成活率的关键措施。佟宝禄等(1995)在长岭县风沙干旱区栽植樟子松的多年实践基础上，总结出“一保、四改”樟子松抗旱造林技术，即保护好苗根、改一季造林为多季造林、改小苗造林为容器苗造林或带土坨大苗(3a)造林、改密植为大株行距造林、改人工栽植为机械造林，从而使樟子松造林成活率、保存率提高。

上述综合分析反映了樟子松沙地造林的共性技术，但各地环境条件差异也导致造林技术形成了明显的地域性。刘国明(2002)在章古台沙地的研究表明：影响树高生长的主导因子是土壤全磷含量及最大持水量，影响胸径生长的主导因子是土壤有机质和全氮含量。戴继先(1998)在河北省塞罕坝机械林场西部干旱沙地(浑善达克沙地)通过数量化分析指出，造林成活率的影响因素按大小排序为光照、干旱程度、风、土厚、苗木质量；造林保存率的影响因素按大小排序为风、光照、干旱程度、苗木质量、土厚。白晓霞(2020)认为，毛乌素沙地樟子松人工林衰退主要是水分亏缺、土壤养分短缺及林分密度过大所致。自樟子松引入毛乌素沙地榆林沙区，干旱缺水、风沙侵蚀、土壤贫瘠和人畜干扰对其造林效果形成严重影响。针对这一实际情况，陕西省榆林市林业技术人员在长期调查研究和总结分析的基础上，创造性地提出了“六位一体”综合造林技术，在樟子松造林推广应用中取得卓越成效。“六位一体”综合造林技术拥有两层含义，所谓“六位”包括铺设沙障、大坑换土、壮苗深栽、浇水覆膜、套篓保护、混交造林六项技术，所谓“一体”是根据立地条件和造林目的需求对“六位”技术进行选择应用，并通过组装配套形成一个抗旱节水、防风固沙的地段性或阶段性造林技术(措施)体系。其目的在于通过增加土壤水分(养分)含量及其利用效率、减轻风蚀沙埋、阻挡动物危害和人畜干扰作用，从而提高造林保存率、促进林木生长、加速群落形成并增强其生态防护能力(屈升银，2011；曹樾翊，2011；叶竹林，2011，2014；曹继俊，2014)。

2.2 樟子松盐碱地造林

在毛乌素沙地中分布着大量盐渍化土壤，与沙地形成斑块状空间分布格局，其造林效果不仅受到干旱缺水、风沙侵蚀等的胁迫，而且受到土壤盐渍化危害。但与沙地造林技术研究相比，樟子松盐碱地造林技术研究很少。张惠(2016)、李根前(2014)的研究表明：随着土壤盐渍化程度的上升，樟子松造林保存率、林木生长量、林分生产力下降。张惠的研究还表明：随着土壤盐渍化程度的加重，土壤含水率下降，在对樟子松的生理危害中全盐、Na^+、Cl^-含量起主导作用。当土壤含盐量达到一定程度时，樟子松的存活与生长将受到干旱、盐害的双重胁迫。因此，提高盐渍化地段造林效果必须从降低土壤盐含量、改善土壤水分状况入手。满多清(2006)在民勤沙地的研究表明：樟子松幼苗对土壤盐分很敏感，不仅影响着幼苗的存活，也影响着苗木的正常生长和发育。2年生移植换床苗的土壤全盐量应以0.5%、种子育苗以0.4%为界限。在影响樟子松幼苗移栽成活率的盐离子因素中，HCO_3^-为主导因子。然而，徐大勇(2006)在章古台的研究却表明，樟子松人工林衰退与土壤盐分没有直接关系。由此可见：盐碱地造林技术的研究结果因地而异，因此各地必须根据自己的具体情况开展技术和机制探讨，才能解决生产中的实际问题。其中，分析盐碱胁迫的原因、根据树种确定盐碱含量阈值以及抑盐、抗盐适用措施是当务之急。

3 樟子松人工林早衰

3.1 人工林衰退

3.1.1 人工林衰退的表现

第二次世界大战以后，为了满足工业迅猛发展对木质原料的巨大需求，一些国家纷纷将天然阔叶林或天然针阔混交林改造成人工纯林并进行连栽，尤其是云杉、松树等针叶树种。但调查发现，第一代云杉人工林产量达 700～800 m^3/hm^2，到第二代下降为 400～500 m^3/hm^2,第三代却不到 300 m^3/hm^2(李范伍等，1985)。事实上，德国早在 1833 年就发现了云杉连栽第二代生产力下降问题，有人称之为“第二代问题”(The second rotation problem)或第二代效应(J Evans，1990)。1923 年，Weidemann 又报道了下萨克森州的第二代及第三代云杉人工林生产力显著下降现象。此后，类似的研究结果不断涌现，Rosa 和 Kasa 报道了瑞士云杉和挪威云杉、Laurie(1942)报道了柚木、Champion(1958)报道了桉树、Aada(1966)报道了日本落叶松、Keevs(1966)以及 Bednall(1968)和 Boardman(1979)报道了辐射松连栽生产力下降现象。Keevs 指出，尽管辐射松在澳大利亚南部的第一代生长非常好，但第二代则有 85%林地的生产力平均下降 25%。后来，挪威、瑞士、印度、印度尼西亚、苏联、荷兰等国家均有人工林连栽生产力下降的报道(J Eans，1990)，涉及欧洲云杉、欧洲赤松、日本落叶松、柚木、桉树、海岸松和辐射松等多个树种。国外在研究和论述这个问题时至少使用了三个术语，即立地衰退(Site deterioration)、立地生产力衰退(Site productivity decline)、森林土壤肥力衰退(Forest soil fertility decline)。显然，这里至少涉及林分生产力下降、土壤肥力衰退、林地环境恶化 3 个方面的研究内容。

我国作为世界上人工林面积最大的国家之一，同一树种连栽导致生产力下降也有报道。根据 1993 年全国森林资源调查结果，我国人工林面积达 3379 万 hm^2，其中单纯针叶林占 70%，而南方的单纯针叶林比例高达 95%以上。截至目前，已经发现杉木、马尾松、桉树、落叶松、木麻黄、柳杉等连栽都存在着不同程度的林地土壤肥力衰退和林分生产力持续下降的趋势(中国林学会森林生态分会，1992)。与阔叶林相比，针叶林维持地力的功能较差。其中，杉木的经营历史悠久，又有多代连栽的习惯，地力衰退更为突出，具体表现为人工林连栽的生长量一代不如一代，同时土壤肥力也逐代下降。方奇(1987)根据 65 个林分统计得出，杉木生产力随着连栽代数的增加而下降，15 年生二、三耕土树高生长量分别比头耕土下降 7%和 23%，三耕土比头耕土下降两个地位级。根据来自福建的报道，第二代杉木林蓄积量比第一代栽杉下降 40%。张其水的研究也表明，成年杉木林地上部分生物量二代为一代的 83%、三代为一代的 55%，蓄积量二代比一代下降 28%、三代比一代下降 69%。在江苏，杉木 20 年生时的正常收获量由头茬的 345. 29 m^3/hm^2，经连栽下降到 270. 11 m^3/hm^2。陈乃全(1992)等在对北方落叶松调查中也发现类似情况，二代的平均树高，在好、中、差三种立地上依次下降 12. 7%、23. 7%、29. 0%。此外，在湖南、福建、江西等地发现，杉木林地再营造杉木林时成活率下降、幼林生长不正常(俞新妥，1992)。因此，我国有关领域对森林衰退(Forest decline，Forest degradation)表示极大担忧，同时对人工林长期生产力维持(Long-term maintenance of productivity for plantation)给予高度重视。

3.1.2 人工林衰退的原因

关于纯林连栽致衰的原因和机制研究虽说涉及许多树种，但其中以杉木研究时间最长、成果最多，先后提出了“营养机制”“自毒机制”等多种假说，有的学者则将其归结为“内因”和“外因”两个方面(杨承栋，1997；陈龙池，2004；夏丽丹，2018；田甜，2019)。“营养机制”认为，杉木人工林生态系统养分吸收多、归还少是地力衰退的主要原因之一。一方面，杉木是速生树种，必须从土壤中吸收大量的养分供应自身形态建成所需，从而造成土壤养分的迅速消耗。另一方面，杉木枯死的枝叶可在树上宿存多年、不易脱落，即便脱落也因 C/N 比高而分解缓慢降低了林地的养分归还速率。“自毒机制”认为，杉木干、皮、枝、叶、根桩中含有多种酚类物质，如对羟基苯甲酸、阿魏酸、肉桂酸等，这些物质都能够影响杉木种子发芽和幼苗生长(陈楚莹，2000；王思龙，2002；陈龙池，2002，2003)。目前，普遍认为酚类物质是引起杉木自毒作用的化感物质之一，香草酸等酚类物质不但能够明显地抑制杉木幼苗的生长和叶绿素含量，而且影响林地土壤中有效氮和有效钾的含量，还降低土壤中有机质的含量，造成土壤养分的亏缺。另外，香草醛等酚类物质不但显著抑制杉木的多种生理特性，如净光合速率、蒸腾速率、气孔导度和根系活力，而且影响杉木幼苗对土壤中养分的吸收(陈楚莹，2000；陈龙池，2002)。

上述“营养机制”“自毒机制”的观点，都强调了杉木自身特性在纯林连栽中的致衰作用，这是内因。事实上，人为不合理的经营措施才是始作俑者，没有纯林连栽就不会有衰退现象，这是外因。内因与外因的结合导致连栽后生产力降低和土壤肥力衰退现象，更有甚者还可造成群落稳定性难以长期维持。首先，杉木人工林生产力降低源于纯林连栽，其原因在于连栽导致土壤肥力逐代衰退，如土壤物理性质恶化、养分含量降低、微生物区系减少、酶活性削弱等。土壤物理性质恶化必然影响到杉木根系的生长、拓展和吸收能力，从而抑制杉木生长、降低生产力；土壤养分的下降必然影响杉木对土壤养分的吸收效率，土壤有机质含量的下降也影响土壤持续提供有效养分的能力，使得杉木缺乏生长所必需的营养物质，从而影响杉木的生长和林分生产能力；土壤微生物和土壤酶在土壤养分的转化过程中起着非常重要的作用，它们的降低必然影响到土壤养分的转化和土壤有效养分的含量，从而使得杉木生产力下降。由此可见，杉木纯林连栽造成土壤肥力逐代衰退，土壤肥力衰退又导致杉木生产力逐代下降；如此循环，对杉木生产力和林地环境均会带来不利影响。其次，传统杉木造林技术的第一个环节就是林地植被和采伐剩余物清理，而炼山更是普遍采用的常规措施(林思祖，1997)。由于这些措施加剧了水土流失，从而造成林地土壤养分匮缺。虽说炼山在短期内具有“增肥效应”，但会使林地土壤水分物理性质急剧恶化。另外，传统的皆伐、“全树利用”以及后来的短周期经营使得杉木林生态系统养分吸收(移走)多、归还少的问题进一步恶化。此外，纯林化使得生物多样性降低。在贵州梵净山常绿阔叶林中，乔木层的物种丰富度(群落最小取样面积上出现的种数)为 30.7±5.8 种，雷公山为21.7±5.8种，茂兰为37.8±10.6种，即使海拔2100 ~2350 m的冷杉阔叶混交林的物种丰富度也达11.4±2.8种，而典型的杉木、马尾松人工林的物种丰富度仅为1.0(朱守谦等，1992)。在湖南朱亭林区，植物种类多达4000~5000种，但在杉木人工林内灌木和草本植物总共出现55种(108块样地)，最多的样地也只有5种(司洪生，1989)。杜国坚(1997)研究表明，杉木头栽林地趋近于地带性常绿阔叶林林下植被特点，连栽使林地植被反映出趋旱性。在出现的157种植物中，仅出现在头栽林地的有37种，出现在连栽林地的有25种。物种多样性的减少，会给土壤肥力、水土保持、群落稳定性维持能力带来潜在威胁。

无论是内因还是外因致衰，关键是没能认真贯彻"适地适树"原则。也许，栽植第一代时立地条件尚能满足杉木生长发育需求。栽植第二代时，由于第一代对土壤的致衰作用，使得造林地反倒抑制杉木的生长发育。如果将这一原则提升到"适地适群落"高度，问题就更加明显。杉木产区位于中亚热带，地带性的植被是常绿阔叶林，原始生长的杉木也并非纯林，而是和其他常绿阔叶树种、落叶阔叶树种或其他一些针叶树种混生在一起，林下的灌木和草本植物种类繁多，实质上是多物种、多层次的混交林。在结构简单的人工林生态系统中，由于生物多样性减小以及组成树种的生长习性、吸收特点、与外界物质和能量交换的高度一致性，导致某些生态因子的单项积累、反馈调节能力减弱，引起生态系统失去原有的平衡状态(沈照仁，1994；杨承栋，1997；余雪标，1998)。但是，我们在人工林的经营中，一味地追求提高单位面积产量的眼前利益，树种单纯化、针叶化，纯林结构单层化，伴生树种、下木、草本等生物种类稀少，致使自然界正常的物种、树种比例失去了平衡，整个生态系统正常的物质循环、能量流动、信息交换遭到破坏，从而导致森林衰退。这是自然立地环境对人工林的排斥，就像人类移植器官的排异现象一样不可避免。

3.1.3 人工林衰退的防控

3.1.3.1 合理轮栽

在农业生产中，轮作是在同一块土地上按照时间(季节)顺序轮换种植不同作物或复种组合的栽培制度，它是用地、养地相结合的一种生物学措施，不仅有利于均衡利用土壤养分和防治病、虫、草害，而且能有效地调节土壤肥力、改善土壤理化性状。面对杉木纯林连栽的弊端，人们提出了树木轮栽的设想。陈爱玲(2001)对杉木多代萌芽林皆伐后重造细柄阿丁枫(*Altingia gracilipes*)(杉阔轮栽)与杉木多代萌芽林进行了比较研究，结果表明：26年生的杉阔轮栽模式土壤有机质和全氮含量增加、速效养分供应量上升、生化活性及腐殖质活化度增强，土壤肥力得到明显改善。同时，26年生细柄阿丁枫人工林平均生物量、枝叶生物量及其所占比例，根系所占比例及根系组成中中根和细根生物量均高于33年生杉木萌芽林；林分总生物量、乔木层和生态系统营养元素总量及其枝叶和根系氮、磷、钾元素贮量亦比杉木林高。由此可见，杉木与细柄阿丁枫轮栽可以有效控制杉木纯林连栽导致的土壤肥力衰退、恢复林地生产力。然而，由于树木生命周期长，这一方面的研究成果依然很少，许多技术参数及其机制还有待探讨。

3.1.3.2 科学混交

纯林连栽是杉木人工林衰退的根本原因，营造混交林则是解决这一问题的首要途径。实践证明，杉木与某些树种混交不仅可以提高林分生产力，而且可以改善土壤肥力、增加物种多样性、增强水土保持能力。在杉木×红锥混交林中，杉木、红锥的生长均优于其纯林。与纯林相比，混交林中杉木、红锥平均树高分别比纯林提高 26.45%、21.56%，平均地径分别比纯林提高 6.88%、10.6%，平均冠幅分别增加 6.89%、10.0%(许贵瑞，2020)。在杉木×福建柏混交林中，福建柏的胸径、树高、单株平均材积分别为纯林的 113.6%、123.2%、144.1%，杉木的胸径、树高、单株平均材积分别为纯林的 137.5%、128.6%、221.1%。与杉木纯林相比，混交林 0~20 cm 土层有机质和水解性氮含量分别提高 0.452%、18.1 mg/kg，毛管孔隙、非毛管孔隙、总孔隙度分别提高 1.09%、1.11%、1.13%，土壤容重降低 0.067 g/cm^3，最大持水量、最小持水量、毛管持水量分别提高 3.00%、3.50%、2.04%。同时，混交林 40 cm 土层储水量也比纯林大 155 t/hm^2(王晓艳，2020)。与杉木纯林相比，杉木×厚朴混交林乔木层、灌木层、草本层、凋落物层生物量分别增加 16.97 t/hm^2、1.3448 t/hm^2、0.1132 t/hm^2、0.9182 t/hm^2(张莉，2019)。杉木与固氮树种台湾桤木(*Alnus formosana*)、大叶相思(*Acacia auriculaeformis*)、杨梅(*Myrica rubra*)、刺槐(*Robinia pseudoacacia*)混交，有效地提高了根际区和非根际区的土壤有机质含量、全氮含量以及有效氮含量(陈琴，2016)。杉木与枫香混交促进了杉木树高、胸径、材积的生长，提高了林分总蓄积量，而且改善了土壤结构，使土壤更加疏松通透、土壤肥力更高(黄秋萍，2017)。杉木×木荷混交林林下植物有 64 种，多样性指数为 2.27，远大于杉木纯林；混交林林下植被丰富且数量均衡，更有利于保持水土和有机物分解(黄冬梅，2017)。刘雨晖(2018)的研究也表明：混交林林下植被以灌木占优势，其生物量占林下植被总生物量的 68.39%；而杉木纯林以草本占绝对优势，其生物量占林下植被总生物量的 90.83%；混交林林下植被总生物量显著高于杉木纯林，且混交林不同层次林下植物丰富度指数、多样性指数和均匀度指数均高于杉木纯林。黄健韬(2019)的研究还表明：与栽植前、杉木纯林相比，各异龄复层林 0~20 cm 土层土壤结构体破坏率分别下降 15.12%、11.30%，>0.25 mm 水稳性团聚体含量分别提高 12.55%、9.38%，非毛管孔隙度分别提高 14.87%、10.76%，毛管孔隙度分别提高 15.32%、11.68%以上，总孔隙度分别提高 15.25%、11.53%。同时，20~40 cm 土层土壤的上述各项指标均表现出相同变化规律。与对照杉木纯林相比，林分总持水量增加 218.312 t/hm^2，提高 14.68%；初渗速度增加 13.29%，稳渗速度增加 14.16%，地表径流系数降幅达 10.34%。说明在杉木林中引入闽粤栲显著改善土壤的物理性质，提升林分的涵养水源能力。目前，已经筛选出许多适合与杉木混交的阔叶和针叶树种，可供生产应用选择。

3.1.3.3 重视养分归还

一般森林生态系统的养分收支相对稳定，但不适宜的营林措施可能破坏这种平衡。如在人工林短轮伐期或超短轮伐期经营时，不仅在短期内带走大量养分，而且使土地得不到“休息”，致使养分过度消耗，使养分的支出远远大于养分收入。因此，重视养分的归还是解决养分循环失衡的有效措施。巴西在短轮伐期作业时，为了维持地力和长期生产力，规定在采伐后三年待枝叶腐烂才准许更新造林。这样在一个轮伐期以后，林地仅仅依靠自身的养分循环就能获得42 t/hm^2的有机肥料(洪菊生，1992)。另外，尽可能减少对林地及土壤的干扰，不使有机质、养分过度损失。例如，不用或少用炼山清理采伐剩余物的方法，可采取小径级木及大枝条取出利用、其余带状堆腐的方法，同时使地面的枯枝落物少受破坏。这样不仅可以增加土壤有机质，而且可以保护地表免受雨水的直接冲刷、过滤径流、减少水土流失，孙多(1996)提出的“残留物管理育林法(residue management cultivation)”就是基于这样的思考。此外，通过合理施肥可以弥补养分的短期亏缺和可能的养分损失，以维持正常的养分循环和系统平衡。尤其要重视应用微生物菌肥，它不仅可以提高土壤的养分供应能力，而且能够改善土壤的理化性质。

3.1.3.4 提高生物多样性

提高人工林的生物多样性，可以增强群落的稳定性、维持土壤肥力和功能。首先，可以通过混交、间作、轮栽等方法人为地提高生物多样性和层次性，积极倡导农林业复合经营，积极利用固氮植物。其次，可以通过适时间伐促进林下植物的发育，维护和恢复土壤功能。根据杨承栋(1995)对杉木的研究结果，通过间伐可以调节林分密度、改善林内的光照条件、促进林下植被发育。在中等立地条件下，间伐强度达到每亩①保留70~80株时，林下植被盖度可达到80%以上，土壤有机养分和无机养分含量均有不同程度的提高，三大类微生物(细菌、放线菌、真菌)数量明显增加，种、属组成也发生变化，土壤微生物化学活性明显增强。

3.1.3.5 实施近自然经营

针对云杉纯林连栽导致的生产力下降、土壤肥力衰退、生物多样性锐减、病虫害蔓延、火灾和风灾加剧、投资大于收入等问题，德国、意大利等率先倡导森林近自然经营。其核心是充分利用森林生物共栖生态规律和森林植被演替规律，放弃皆伐而改用择伐，推行天然更新并保持合理的密度，使同龄纯林逐步过渡为接近天然的复层、异龄混交林，并使其在组成、结构、功能和生态学过程尽量接近天然的混交林，但不是回归到天然森林类

---

①1 亩 = 1/15hm^2，下同。

型。在这一思想指导下，他们在云杉纯林中引入阔叶树种(尤其是山毛榉)改善林分结构，通过目标树伐前更新保证林地持续处于森林覆盖之下并不断提升林分质量。我国在杉木营林活动中，也进行了一些探索并取得良好效果。李婷婷(2014)在杉木人工林采伐干扰树后引入6种阔叶树种，4年后改造林分的蓄积生长量及单木生长量均大于对照，而枯损木株数及枯损蓄积量小于对照，且林下出现了毛桤木、鸭脚木、木荷、乌桕的天然更新植株。张鼎华(2001)在杉木人工林中采用“目标树单木经营体系”技术，5年的试验结果表明：与采用常规方法相比，无论是平均胸高、平均树高、单位面积蓄积量都有大幅度的增长，且立地条件越差增长的幅度越大。同时，土壤肥力也得到了维护和提高，表现在土壤生物活性加强、土壤养分增加、交换性能改善，从而加速了养分的循环和积累过程。另外，近自然经营林分的植物种类丰富度达到了62.3±4.8，而常规经营林分植物种类的丰富度仅为22.3±3.2。韩丰泽(2014)、林同龙(2012)关于杉木人工林近自然经营效果的研究都有类似结果。由此可见，近自然经营也是解决杉木纯林连栽问题的有效途径。

3.2 沙地樟子松人工林早衰

上述同一树种纯林连栽导致的人工林衰退，几乎出现在多水地区。而在北方旱区，许多树种的第一代就表现出“小老头”林特征，树干低矮、长势衰弱、寿命缩短。朱教君(2005，2007)在总结世界森林及沙地樟子松人工林衰退研究的基础上，将其归纳为“早衰现象”。中国沙棘就非常典型，从四川凉山经过秦巴山地、黄土高原到毛乌素沙地，随着降水减少和干燥度增大，逐步由乔木演变为小乔木和灌木，寿命由300年以上降至20年左右(吕荣森，1988；王友荣，1988；于耐芬，1992；代光辉，2011；唐翠平，2014)。显然，这种由于环境胁迫导致的早衰，与同一树种纯林连栽导致的衰退存在本质区别。

自20世纪90年代初，最早(20世纪50年代)引种的沙地(科尔沁沙地南缘的章古台地区)樟子松人工林在林龄30年~35年后出现长势衰弱、枝梢枯黄、病虫害侵入，继而全株死亡且不能天然更新的衰退现象(曾德惠，2006；焦树仁，2001；朱教君，2005，2006)。之后，陕西、黑龙江、吉林相继出现类似情况。然而，分布于呼伦贝尔沙地的樟子松天然纯林却未发生衰退现象，其平均寿命超过150年，且天然更新良好(Zhu，2005，2006；朱教君，2007)。刘国明(2002)根据逐步回归结果指出，影响樟子松树高和胸径生长的主导因子分别为土壤中速效磷含量、最大持水量及土壤有机质含量和全氮含量。宋立宁(2017)在综合分析大量文献后指出，半干旱区沙地樟子松人工林衰退的实质是水量失衡。干旱缺水首先导致长势衰弱，接着病虫害入侵，最终导致植株死亡(原戈，2000；吴秀刚，2003)。其中，造林密度过大、经营密度未得到及时调整也是导致水分匮缺的重要原因(金连成，2000；原戈，2000；吴秀刚，2003；吴祥云，2004；宋立宁，2017)。为了避免密度过大导致的早衰，宋立宁(2017)基于土壤水分植被承载力推算出不同降水量区域的造林密度与经营密度。同时，多位学者也根据当地试验结果确定所在地的造林密度或经营密度。

此外，康宏樟(2005)对沙地樟子松营林技术进行了综合论述，强调良种壮苗、深栽造林、密度管理等在早衰防控中的积极作用。白晓霞(2020)也对榆林沙地樟子松人工林早衰问题进行了初步探讨，认为干旱少雨、土壤贫瘠、造林密度过大均可导致早衰。

4 樟子松嫁接红松

4.1 红松的多种用途

红松(*Pinus koraiensis*)亦称果松、海松、朝鲜松，是世界著名的优良用材林树种。随着球果和种子开发利用研究的深入，作为经济树种的发展前景变得越来越广阔。其带壳松子是欧亚大陆传统坚果，松子仁也是重要的烹饪风味食料(Lim，2012)，每100 g松仁中含有水分4.71 g、粗脂肪60.85 g、粗蛋白17.27 g、淀粉0.14 g、蔗糖1.69 g、还原糖0.28 g，并含有丰富的K、Ca、Fe、Mg、P、Zn、Cu、Mn、Se等矿物质以及维生素A、C、E、K和B族维生素以及丰富的膳食纤维，具有很高的营养价值(徐鑫等，2014；Lim，2012)。红松种子也可榨油供食用和药用，油中含有21种脂肪酸，其中不饱和脂肪酸含量高达93.20%，特别是含特殊的松油酸(Pinolenic acid)，具有调节血脂、降低血压等作用。红松松塔中还含有丰富的多酚类物质，可以提高机体免疫力，通过多靶点、多通路抑制肿瘤生长，还可有效地抑制肿瘤多重耐药的发生，保证化疗效果(Yi，2016，2017a，2017b)。因此，红松松塔可能成为一种新型抗癌化合物的廉价来源(辛超等，2020)。

红松还是传统的药用植物。松子仁具有止痛和抗菌消炎作用，在韩国用于治疗耳痛、鼻衄和乳母催乳。来自木材和根的松节油在医药上用作防腐剂、利尿剂、发红剂和驱虫剂，以膏药、药浴的形式外用治疗疮伤、烧伤等皮肤疾病，工业上用于制造清漆和松香。树皮可提取栲胶，针叶可提取染料(Lim，2012)。此外，红松为常绿树种，叶色较深、树体美观，不仅是我国东北地区重要的生态、用材和坚果树种，也是重要的园林绿化观赏树种(Lim，2012)。

4.2 红松的引种栽培

红松是一个古老的树种，至少在第三纪就已经存在，而且分布范围要比现在大得多。由于天然更新不良的树木自身原因和长期不合理采伐利用的人为因素，导致红松天然林分布范围逐渐缩小，资源存量减少。该树种已于1999年被我国列入国家二级重点保护野生植物，世界自然保护联盟也于2013年将其列入濒危物种红色名录低危类。掠夺性开发利用造成的大量过伐林和次生林的恢复耗时漫长，需要人工辅助恢复。加快红松林的恢复，增加资源量，让其充分发挥生态、经济、社会效益是目前的重要任务。我国大规模营造人工林使红松的分布范围有所扩大，一定程度上扭转了资源存量下降的颓势，这些人工林主要分布于红松自然分布区及其周边。1966 年内蒙古赤峰市旺业甸林场由辽宁省草河口林场引种红松，生长发育正常，已经郁闭成林(皮振信，1980)。内蒙古大兴安岭红松引种造林表现良好，成活率、保存率和生长量均不低于原产地小兴安岭(李实和肖德华，2011)。李东亮等(1999)通过对现保存的红松人工幼林生长情况分析指出，大兴安岭林区干旱寒冷的气候特征限制了红松在大兴安岭的大面积引种栽培，在大兴安岭东南部局部地段，选择适宜的小气候可以成功地引种红松。红松在大连市中北部地区生长表现良好，造林保存率达到33%~88.7%，在林龄 10 年以前其生长速度略低于赤松和樟子松，但从长期来看红松更有发展潜力(许震，2006)。

多年生植物需要通过引入地四季气候的考验才能引种成功。一些树木从非种源地直接引种不能成功，但是通过改造微环境或采用异砧嫁接引种获得了成功。辽宁省固沙造林研究所于1965 年从草河口引进红松实生苗在章古台造林试验失败，而 1975 年从草河口采集红松接穗嫁接到章古台樟子松上，充分利用了樟子松抗寒、抗旱、耐瘠薄以及适应当地半干旱气候的特点，通过嫁接使红松能够正常生长发育，获得引种成功，拓展了红松的栽培范围(徐树堂，2007；尤国春，2011)。榆林市林业科学研究所也曾在毛乌素沙地开展播种育苗试验，最终因存活困难而宣告失败。随后开展了樟子松嫁接红松试验，嫁接苗无须特殊保护可以越冬过夏、正常生长，高接换头的也能开花结实，且种子发芽率较高(张耀，2017a，2017b)。

4.3 红松嫁接技术

有关红松嫁接研究报道最早见于 20 世纪 50 年代的苏联，相关研究结果表明：用红松嫁接繁殖要比实生繁殖容易得多，且嫁接在松树上的红松比实生红松生长快，生长量是后者的数倍，结实期提前 30~60 年，苗木供应不受红松种子丰歉影响(霍赫林，1962)。而我国对红松嫁接的研究稍晚，始于 20 世纪 60~70 年代，结果表明嫁接成功的关键是嫁接亲和力、砧木与接穗的选择、嫁接时间和嫁接技术(李淑玲，2008)。

在红松天然分布区，多采用本砧嫁接。一般以 2~6 年生实生苗为砧木，其中以 4 年生者居多。接穗的选取依据培育目标而定：建立种子园，应选优良无性系或家系穗条；营建坚果林或果材兼用林，应选用树龄 30 年以上结果期母树树冠中上部外围 1 年生枝条。同时，母树应具有树冠圆满、树干通直、树头无分杈、球果产量高和平均球果大等优良性状。夏季嫁接的嫩枝穗条宜随接随采，保存在湿润阴凉处 36 h 内用完；春季嫁接的硬枝穗条可以在嫁接前一年冬季采集，冷藏、沙藏或隔层雪藏法保存，也可在当年春季树液开始流动前采集。当年采集优于头年采集，成活率高、嫁接当年高生长量大，母树上部和中部的接穗嫁接成活率、嫁接当年接穗新梢高和直径生长量均高于下部接穗(关广迎，2019)。针叶树嫁接方法较多，红松本砧嫁接常选用芽接法、髓心形成层对接法(贴接法)、劈接法和舌接法(战俊东，2017)。

红松不但可以本砧嫁接，还可以异砧嫁接，但砧木的种类、年龄及生长条件对接穗成活具有显著影响。苏联林学家霍赫林(1962)等的研究表明，松类作砧木成活率可达90%以上，云杉或落叶松作砧木成活率不足20%，而嫁接于冷杉之上则完全不能成活，异砧嫁接适宜的树种为欧洲赤松(*P. sylvestris*)，樟子松、赤松(*P. densiflora*)、油松(*P. tabuliformis*)作为红松的砧木嫁接成活率略低于本砧嫁接(刘颖，2009；尤国春，2011；张光美，2014；王辉忠，2007)，可能是由于砧穗亲缘关系较远、亲和力低所致。同时，砧木对红松接穗的诱导效应较为明显。王继志等(1992)以8年生樟子松为砧木嫁接的红松外部形态发生了变异，种子含油率相对下降了13.9%，因此他们建议在红松基因资源的收集、保存及种子园和经济林的建设中应尽可能采用本砧嫁接，避免红松优良性状的丧失。但在生产实践中，砧木的选择不仅要考虑砧穗间的亲和力以及保持树种的原有价值，还要兼顾二者生态学特性的互补性，增强其适应性。采用樟子松作砧木比本砧嫁接红松生长快，其原因可能与延长生长期有关，且比本砧嫁接提前结实(谢虎风，1996；徐树堂，2007)。樟子松嫁接红松苗的净光合速率、水分利用效率都较红松实生苗有很大的提高，针叶生物量的增加、生长期的延长促进了樟子松嫁接红松的营养生长和生殖生长(刘国刚，2004)。值得强调的是，异砧嫁接大大增强了红松对环境的适应性，可扩大红松人工林的自然地理分布区域，缩短红松培育周期，适用于干旱、贫瘠立地营造果材兼用林，实现生态经济双收(徐树堂，2007)。也就是说，红松异砧高枝嫁接是营建红松果林的重要手段之一。高枝嫁接可选红松或樟子松幼林作为砧木，一般是在6~15年生幼树上进行，接穗嫁接在树冠长枝以上的任意一轮侧枝和主梢上，一般以树高在0.5~1.5 m的阶段进行野外高枝嫁接为宜。通常嫁接后3年结实，5年后进入盛果期。采用此法嫁接，可将现有红松用材林或樟子松林改建成果材兼用林(王庆斌等，2000)。

对樟子松嫁接红松而言，嫁接效果受到多种因素影响。康义(2019)、张丽艳(2019)的研究表明，樟子松嫁接红松砧木年龄以3~5年为宜，树高应控制在50 cm以内。黄跃新(2016)、罗竹梅(2019)的研究表明：采自辽宁省森林经营研究所(辽宁本溪)的接穗嫁接成活率较采自辽宁省固沙造林研究所(辽宁彰武)者高出6.8%，来自丹东的红松接穗在宽城的嫁接成活率高于来自宽城、茅荆坝的接穗。康义(2019)的研究还发现，从天然林老龄树(120~160年)采集的接穗嫁接成活率低于来自人工林盛果期母树的接穗(25~40年)；采集30~40年结果母树中上部外围枝条作为接穗，不仅嫁接成活率高、嫁接苗生长旺盛，而且童期短、利于提前结实。李德玉等(2010)比较了7种不同嫁接方法在樟子松嫁接红松上的应用效果，贴接成活率最高，达82.5%，然后成活率按座接、劈接、舌接、插皮接递减；劈接的嫁接苗接穗第一年高生长量最大，然后依次为座接、舌接、插皮接和贴接。研究还表明，无论采用何种嫁接方法都需要掌握好嫁接时间。在苏联远东地区，4 月 15 日以前嫁接不能成活，适宜嫁接时间为 5 月下旬(霍赫林，1962)。适时早接可以提高接穗木质化程度，有利于抵抗当年冬季和次年春季不利气候。在辽宁彰武以 4 月中旬嫁接为宜(尤国春等，2011)；在辽宁本溪，以 4 月 25 日至 5 月 15 日嫁接成活率最高；而李德玉等(2009)认为，黑龙江牡丹江地区嫁接育苗在 4 月 15 日以前最好，应当尽量在树液流动之前进行，以利于接口愈合，促进苗木生长。宁依萍等(1993)在黑龙江绥棱的调查表明，若采用合适的储藏方法，头年秋季所采接穗的嫁接成活率和当年接穗生长量都高于当年春季所采接穗。而袁庆(2013)试验发现，以嫁接当年 2 月初至 3 月初采集接穗为宜，嫁接成活率较高，采集越晚嫁接效果越差。此外，嫁接后套袋不仅可以提高嫁接成活率，还可以增加接穗的当年生长量(宁依萍，1993)。由此可见：砧木年龄、接穗产地、采穗母树年龄和接穗部位、嫁接方法、嫁接时间、接穗采集时间及贮藏方法等均可影响嫁接效果，而且不同地方的研究结果也不完全一致。

5 毛乌素沙地的环境胁迫

毛乌素沙地处于半干旱区，地带性植被为干草原或荒漠草原，土壤以风沙土和盐碱土为主，干旱缺水、风蚀沙埋、土壤贫瘠、人畜(病虫)干扰等环境胁迫，对人工造林及现有植被维持形成了巨大压力。

5.1 干旱缺水

毛乌素沙地年均降水量仅为 250.0~440.0 mm，但蒸发量高达 1800.0~2500.0 mm，蒸发量是降水量的 4~8 倍，干燥度为 1.5~2.5，水分支出远远大于收入。而且，降水集中在 7~9 月份，占全年降水量的 60.0%~80.0%，春季树木萌发阶段及生长盛期严重缺水，容易造成生理干旱；全年降水约 50 次，小于 1 mm 的降水约 24 次，无效降水占到全年降水次数的一半(张新时，1998；苏世平，2006；牛兰兰，2006；雷金银，2007；董雯，2009；白壮壮，2019)。此外，春季风大风多，夏季土壤表层温度可达 70 ℃以上、光照强烈，加剧了水分的无效蒸散；风沙土持水能力差，也使水分利用效率降低。因此，人工林耗水超过“土壤水分植被承载力”必将造成土壤干化，最终导致林分生产力和林地土壤水分衰退(杨维西，1996；郭忠升，2003)。

5.2 风蚀沙埋

毛乌素沙地广泛覆盖深厚的风沙土，沙粒含量高、粉粒和黏粒含量低，因此结构松散、易受侵蚀。加之毛乌素沙地风大风多，无疑为风沙土活动及运移提供了直接动力。根据统计，该区平均风速2.9 m/s、最大风速31.0 m/s、大风(风速>17 m/s即相当于8级大风)日38 d、沙暴日33 d，而且集中于春季，风与干旱同期以及植被稀疏、人畜(动物)干扰等因素加剧了风沙运动和土壤沙化(朱震达，1989；吴薇，2001；董雯，2006；苏世平2006；白壮壮，2019)。雷金银(2007)的研究表明：我国北方干旱、半干旱区风蚀气候因子为10~140，而毛乌素沙地的风蚀性气候因子为110.0~160.0，说明毛乌素沙地是我国风蚀沙埋较为严重的地区之一。

5.3 土壤贫瘠

苗恒录(2011)的研究表明，毛乌素沙地土壤的全氮、速效磷、速效钾含量均极少，属于六级，土壤贫瘠。赵海鹏(2019)的研究表明，风蚀造成的沙尘排放可导致大量土壤有机质与养分流失，并通过传输与沉降进行空间再分配，对空气质量、气候变化、植被生长及生物地球化学过程等产生重大影响。杨梅焕(2010)的研究还表明，随着沙漠化程度加剧，土壤表层砂粒含量剧增，有机质、全氮和水分含量下降。由此可见，土壤养分含量低、持水保肥能力差、土壤沙化导致毛乌素沙地土壤肥力低下。

5.4 人畜干扰

毛乌素沙地荒漠化是气候变迁和人类活动共同作用的结果，人类活动的主要表现方式为“三滥”，即滥垦、滥牧、滥樵(吴波，1998)，苏世平(2006)、恭维(2009)等对这一问题也进行了论述。杨永梅(2010)的主分量分析结果进一步表明：自然因素是毛乌素沙地荒漠化的主要驱动力，人口密度增大也是主要驱动力，其中以耕翻为主的人为活动对沙漠化驱动作用较大。对于生态环境恶劣的毛乌素沙地而言，牲畜、野生动物的采食和践踏也对造林效果造成不同程度的威胁。

6 小结与讨论

虽说引种使樟子松、红松的分布范围不断扩张，但引种地几乎集中在其自然分布区周边。另外，有关繁殖和栽培技术研究结果也表现出明显的地域性差异。因此，毛乌素沙地榆林沙区作为引种的南端，建立适合当地条件的相关技术体系是樟子松、红松可持续发展的基本保障，尤其是如何缓解干旱缺水、风蚀沙埋、土壤贫瘠等环境胁迫，对提升引种、造林、抚育、更新效果至关重要。

自樟子松引种到毛乌素沙地榆林沙区以来，历经数十年的人工造林面积已达150多万亩，沙地、盐碱地、城镇、乡村、公园、道路两侧等无处不在，尤其在树枯草黄的季节，唯独樟子松形成一片片绿洲，犹如一把把防护伞为大地遮风挡沙，对植被恢复和环境改善起着不可或缺的作用。然而，严重的环境胁迫以及单一针叶树种纯林连栽致衰、章古台沙地樟子松人工林早衰、黄土高原林地土壤干化问题，给毛乌素沙地樟子松人工造林及森林经营敲响了警钟。一方面，应该从良种壮苗、人工造林、森林抚育、主伐更新不同环节着手，系统探讨提高造林保存率、促进林木生长、加速郁闭成林以及林分生产力和林地土壤肥力长期维持措施，为毛乌素沙地樟子松人工林早衰防控提供技术依据。另一方面，应该积极探讨如何在植被持续覆盖下逐步完成森林更新，避免林地“二次沙化”。

以良种壮苗而言，现有樟子松种子园因结实量小、后代分化强烈等问题而难以满足生产需求，提高产量、改善品质是当务之急。因此，应该探讨人为措施(如施肥灌水、去劣疏伐)对果实产量、结实间隔期等的影响，为提高果实产量和质量提供技术依据。另外，分析家系之间主要性状的遗传差异，为优良家系、优良无性系选育提供技术依据，改善遗传品质、加速良种化进程。以人工造林而言，由于多重环境胁迫，造林效果差、成林速度慢、林分早衰等问题依然是沙地樟子松人工林持续发展的潜在威胁。因此，应该研究不同人为措施对造林保存率、林木生长量、郁闭成林速度的影响，为提高造林效果、促进林木生长、加速林分郁闭及森林群落环境形成提供技术依据。另外，探讨不同人为措施减轻环境胁迫的效果，以及环境改善与造林成效的因果关系，揭示人为措施的作用机制。以森林抚育而言，除了配方施肥、节水灌溉研究，应加强林分密度调控相关问题的探讨，提高土壤植被承载力或尽可能避免林分密度或林分生产力超过环境承载力而导致早衰。以森林更新而言，在探讨毛乌素沙地樟子松人工林天然更新障碍的基础上，提出人促天然更新途径并开展林地试验，为沙地樟子松人工林持续更新提供依据。以樟子松嫁接红松而言，目前的成果多源于自然分布区周边的湿润、半湿润地区。因此，应该从接穗采集、远距离运输及贮藏、嫁接时间、嫁接方法等方面，研究嫁接技术与嫁接效果的关系，逐步建立适合当地条件的樟子松嫁接红松技术体系。基于这些分析，本项目主要从良种壮苗、人工造林、樟子松嫁接红松等角度开展研究，为樟子松人工林早衰防控、提质增效提供依据，为其科学抚育、持续更新研究打好基础。

主要参考文献

Copes D L，1987. Effects of rootstock age on leader growth，plagiotropism，and union formation in Douglas-fir grafts [J]. Tree Planter's Notes(38)：14-18.

Lim T K，2012. *Pinus koraiensis* [M]//Edible Medicinal and Non-Medicinal Plants. Springer，Dordrecht：297-303.

Yi J J，Cheng C L，Li X Y，et al，2017. Protective mechanisms of purified polyphenols from pinecones of *Pinus koraiensis* on spleen tissues in tumor-bearing S180 mice in vivo [J]. Food & Function(8)：151.

Yi J J, Qu H, Wu Y Z, et al, 2017. Study on antitumor, antioxidant and immunoregulatory activities of the purified polyphenols from pinecone of *Pinus koraiensis* on tumor-bearing S180 mice in vivo [J]. International Journal of Biological Macromolecules(94): 735-744.

Yi J J, Wang Z Y, Bai H N, et al, 2016. Polyphenols from pinecones of Pinus koraiensis induce apoptosis in colon cancer cells through the activation of caspase in vitro [J]. RSC advances(6): 5278-5287.

Zhang Y D, Xin C, Qiu J Q, et al, 2019. Essential Oil from *Pinus Koraiensis* Pinecones Inhibits Gastric Cancer Cells via the HIPPO/YAP Signaling Pathway [J]. Molecules(24): 3851.

Zhu J, Wang K, Sun Y, et al, 2014. Response of *Pinus koraiensis* seedling growth to different light conditions based on the assessment of photosynthesis in current and one-year-old needles [J]. Journal of Forestry Research, 25(1): 53-62.

安宇宁，迟琳琳，宋鸽，等，2011. 不同修枝措施对樟子松母树生长与结实的影响[J]. 防护林科技(3)：7-8.

白晓霞，鱼慧利，张静，等，2020. 榆林沙地樟子松人工林可持续经营措施研究[J]. 榆林学院学报，30(4)：46-49.

白昀，刘小军，2009. 灌水对樟子松种子园母树生长及结实的影响[J]. 陕西林业科技(4)：31-34.

毕国力，李和成，吕永芹，1989. 樟子松种子园母树修剪及其效果分析[J]. 吉林林业科技(6)：10-12.

陈爱玲，陈青山，蔡丽萍，2001. 杉木建柏混交林土壤肥力的研究[J]. 南京林业大学学报(3)：42-46.

陈龙池，汪思龙，陈楚莹，2004. 杉木人工林衰退机理探讨[J]. 应用生态学报，15(10)：1953-1957.

戴继先，1997. 樟子松防风背阴整地造林试验[J]. 河北林业科技(3)：17-18.

戴继先，1998. 影响干旱沙地樟子松造林成活率因素数量化分析[J]. 吉林林业科技(3)：150-154.

方奇，1987. 杉木连栽对土壤肥力及其杉木生长的影响[J]. 林业科学，24(4)：289-391.

黄冬梅，2017. 杉木纯林与混交林林下植物多样性比较[J]. 安徽农业科学，45(1)：13-16.

黄跃新，杨丽，王利宏，2016. 不同地区红松接穗对樟子松嫁接苗成活率和生长量的影响[J]. 安徽农学通报，22(16)：90-91.

康宏樟，朱教君，李智辉，等，2004. 沙地樟子松天然分布与引种栽培[J]. 生态学杂志(5)：134-139.

康宏樟，朱教君，徐美玲，2005. 沙地樟子松人工林营林技术研究进展[J]. 生态学杂志，24(7)：799-806.

康义，2019. 塞罕坝地区红松嫁接技术研究[J]. 安徽农学通报，25(7)：109-110，161.

焦树仁，2010. 樟子松沙地造林技术综述[J]. 防护林科技(6)：52-54.

李景文，1997. 红松混交林生态与经营[M]. 哈尔滨：东北林业大学出版社.

李蒙蒙，丁国栋，高广磊，等，2016. 樟子松在中国北方 10 省(区)引种的适宜性[J]. 中国沙漠，36(4)：1021-1028.

刘颖，张海军，2009. 红松嫁接技术[J]. 林业工程学报，23(1)：117-119.

罗竹梅，杨涛，史社强，等，2019. 榆林沙区红松异砧嫁接成活率的影响因素研究[J]. 陕西林业科技，47(6)：25-28.

宁依萍，王国义，张淑华，等，1993. 提高红松嫁接效果的技术措施[J]. 林业科技(4)：15-16.

齐鸿儒，1991. 红松人工林[M]. 北京：中国林业出版社.

宋立宁，朱教君，郑晓，2017. 基于沙地樟子松人工林衰退机制的营林方案[J]. 生态学杂志，36(11)：3249-3256.

宋瑞丰，2014. 木兰林区樟子松初级种子园建立初探[J]. 现代园艺(14)：64.

苏世平，张继平，付广军，等，2006. 榆林沙区荒漠化成因及防治对策[J]. 西北林学院学报，21(2)：16-19.

佟宝禄，李春耀，郭兆庆，等，1995. 风沙区樟子松抗旱造林技术[J]. 防护林科技(2)：22-24.

王继志，叶燕萍，田俊德，等，1992. 樟子松嫁接红松的种子含油率的变异[J]. 吉林林业科技(4)：9-10.

王曼，安宇宁，尤国春，等，2007. 沙地樟子松种子园施肥试验[J]. 防护林科技(6)：26-27.

王庆斌，王庆臣，李艳飞，2000. 红松异砧高枝嫁接试验[J]. 林业科技，5(3)：5，22.

王晓艳，2020. 福建柏与杉木混交林林分生长研究[J]. 林业勘察设计(1)：19-23.

徐树堂，宋晓东，尤国春，等，2007. 章古台沙地樟子松嫁接红松技术的研究[J]. 防护林科技(3)：3-4.

徐树堂，高映寰，许忠志，1993. 樟子松种子园母树施肥效果分析[J]. 辽宁林业科技(1)：3-6，12.

徐鑫，毛文东，刘国艳，等，2014. 松仁营养成分及松子油理化性质和活性成分分析[J]. 营养学报，36(1)：99-101.

许贵瑞，2020. 杉木与红锥不同造林方式生长效果研究[J]. 河北林业科技(1)：18-20.

阎雄飞，曹存宏，袁小琴，等，2019. 截冠处理对种子园樟子松壮龄母树结实的影响[J]. 北京林业大学学报，41(8)：48-56.

杨承栋，1997. 杉木人工林地力衰退的原因机制及其防治措施[J]. 世界林业研究(4)：34-39.

尤国春，杨树军，安宇宁，等，2011. 干旱、半干旱地区异砧红松嫁接技术研究[J]. 防护林科技(5)：9-11.

俞新妥，1992. 杉木人工林地力和养分循环研究进展[J]. 福建林学院学报，12(3)：264-274.

张莉，2019. 杉木厚朴人工混交林与杉木纯林生物量对比[J]. 安徽农学通报，25(9)：55-56.

张树根，张泽宁，聂向东，2008. 樟子松遗传改良研究现状及育种策略[J]. 林业调查规划(5)：116-119.

张耀，张惠，张林媚，2017a. 樟子松嫁接红松生长特性的影响因素[J]. 安徽农业科学，45(1)：153-154.

张耀，郭彩云，张林媚，等，2017b. 榆林毛乌素沙地樟子松嫁接红松技术研究[J]. 陕西林业科技(5)：44-48.

张治来，曹正，张治发，等，2010. 榆林毛乌素沙地樟子松种子园提高结实量措施[J]. 林业调查规划，35(1)：87-91.

赵晓彬，刘光哲，2007. 沙地樟子松引种栽培及造林技术研究综述[J]. 西北林学院学报(5)：86-89.

赵晓彬，朱建军，郜超，等，2018. 陕北毛乌素沙地樟子松引种造林综合分析[J]. 防护林科技(7)：52-54.

曾德慧，姜凤岐，1995. 从水量平衡角度探讨沙地樟子松人工林的合理密度[J]. 防护林科技(1)：4-7.

朱弘，宋金辉，王红梅，2011. 樟子松种子园土壤改良与母树生长的关系[J]. 防护林科技(2)：36-37.

朱教君，曾德慧，康宏樟，等，2005. 沙地樟子松人工林衰退机制[M]. 北京：中国林业出版社.

第2章

樟子松引进与良种基地建设

1 材料与方法

1.1 研究材料

嫁接繁殖材料从内蒙古红花尔基引进，其优树是根据生长、树形、材质、结实能力、抗性等性状采用5株大树法选择，共64株。良种基地于1977—1980年定砧，1980—1984年采集所选择优树的中、上部无病虫害、生长旺盛的枝条进行嫁接建立种子园，同期建立采穗圃。1982—1985年进行补植，采用3年生苗木移栽造林后第三年统计苗木保存情况，17年时开展母树木不同坡位生长与结实情况调查，种子园进入盛花期后开展开花结实习性调查，2008年开展种子园不同无性系生长量的调查。1993年和2005年采种建立子代测定林，2008年调查子代测定林生长情况。1991年和2005年建立展示林，2001—2003年开展施肥试验。

1.2 研究方法

1.2.1 樟子松引进及效果评价

保存状况 造林第三年在种子园内分大区进行保存情况的调查统计。

生长情况 在不同的立地条件下，以沙盖黄土地不同坡位的17年生母树林为调查对象，各个坡位随机抽取80~100株测定树高、胸径、冠幅等指标。

物候及开花结实情况 选择10株标准株，定点观测叶芽、球花、球果的生长发育过程。其中，叶片的发育过程从叶芽出现开始定点观测，每周两次；球果变硬后，每周观测一次；球果停止生长后，每月观测一次，直到12月底。雄球花的发育从6月3日起，对选取的标准株10个定点观测雄球花生长发育过程，每周观测一次，直至雄球果发育基本停止。球果的发育过程，每周观测两次球果的果径变化，至球果变硬每周观测一次，直至球果停止生长。

结实情况 在不同的立地条件下，以沙盖黄土地不同坡位的17a母树林为调查对象，各个坡位随机抽取80~100株调查结实情况，包括球果数量、大小、出种数等情况。

1.2.2 种子园水肥管理

气象因子对植株生长的影响 根据樟子松种子园近15年(1993—2007年)的气象资料，包括年平均气温、年降雨量、年蒸发量、年相对湿度、年极端高温、年极端低温、≥10 ℃积温、年日照时数、年平均风速及最大风速、最冷月平均气温、最热月平均气温、无霜期、年日照率、地表温度、干燥度(蒸发量/降水量)、水热商数(降水量/平均气温)，结合当年树高生长量，分析气象因子对树高生长的影响。

灌溉对植株生长的影响 在其他条件及管理措施相同的情况下，比较种子园中灌溉与否对27个优树无性系(1、2、3、4、5、6、7、8、9、10、11、12、14、16、17、20、25、26、27、28、29、30、33、34、35、40、48)植株生长的影响，每个无性系各调查10株，其中5株为灌溉区，5株为对照区，对其树高、胸径、冠幅进行测定，分析灌溉对无性系生长的影响。

施肥对植株生长结实的影响 对已进入结实盛期的植株进行施肥比较，分别统计其树高、胸径、球果数量、挂果率等指标，分析施肥对植株生长和结实的影响。

1.2.3 种子园建设效果评价

无性系生长情况调查 按种子园的区划，对各大区的每个无性系各调查5株，每木检测树高、胸径和冠幅。根据种子园的地形特点，其中1、3区为一组，调查30个无性系；5、6区为另一组，调查50个无性系。

无性系结实状况调查 对种子园的结实产量于2004年、2006年和2007年共调查三次，针对灌溉情况，于2006年和2007年连续两年调查种子园灌溉对结实的影响。

球果性状 对种子园的种子与对照种子各随机采摘20个，测量果长、果径，称量果重，并统计单果出种数。

种子性状 根据GB 2772—1999《林木种子检验规程》，对种子净度、种子千粒重、种子生活力、种子发芽能力进行测定。

种子净度测定 对樟子松种子园种子与商品种子(即对照，下同)进行比较，分析种子净度差异。对测定样品称重后，将测定样品中各种成分分离并分别称重，如果测定值在容许差异范围之内即可计算种子净度。

种子千粒重测定 从净度分析后的纯净种子中随机数取100粒、重复8次，分别称重；将所得数值分别计算方差、标准差、变异系数和平均重量(一般种子的变异系数不超过4.0，就可计算测定结果)；将各重复的100粒种子的平均重量换算成1000粒种子的重量，即$10\times\overline{X}$。

种子生活力测定 采用四唑染色法和靛蓝染色法，对樟子松种子园种子(贮藏一年)和对照进行比较分析。首先用始温45 ℃的水浸种24 h进行预处理，去除种皮；然后对胚和胚乳进行染色鉴定，具体做法是将剥出的种仁放入四唑溶液(靛蓝溶液)中，使溶液淹没种仁，置黑暗处保持30 ℃染色3 h。染色结束后，用清水冲洗种仁。根据染色的部位、染色面积的大小，逐粒判断种子的生活力。通过鉴定，将种子评为有生活力和无生活力两类，最后计算有生活力种子的百分率。

种子发芽能力测定 从净度分析后的纯净种子中随机取3个重复，每个重复50粒，用始温45 ℃水浸种24 h，再用0.15%的福尔马林消毒30 min，清水冲洗3次后播入纸质发芽床置于发芽箱，发芽箱温度25 ℃、相对湿度70%、光照1500 lx左右，记录逐日发芽粒数。发芽结束后，计算发芽率。

子代测定林调查 2008年7月对子代测定林分的家系进行每木检尺，调查树高、胸径、冠幅等，对所观测数据进行统计分析，并利用二元材积公式计算材积(宫淑琴，2002)。

1.3 数据分析

测定调查数据采用Excel进行统计、整理，利用SPSS分析软件进行单因素方差分析、多重比较、极差分析、变异系数分析、逐步回归分析、相关性分析，并估算遗传力、亲本的一般配合力及预期遗传增益(沈熙环，1990；陈晓阳和沈熙环，2005)。

研究中涉及的主要参数、指标计算如下：

$$方差=\frac{n(\sum x^2)-(\sum x)^2}{n(n-1)}(其中 x 为观察值；n 为重复次数)$$

$$标准差(S)=\sqrt{方差}$$

$$变异系数=\frac{S}{\overline{X}}\times 100 \qquad (其中 \overline{X} 为平均值)$$

$$保存率(\%)=\frac{现有植株数量}{应栽植物数量}\times 100$$

$$净度(\%)=\frac{纯净种子重}{纯净种子重+其他植物种子重+夹杂物重}\times 100$$

$$生活力(\%)=\frac{有生活力种粒数}{供试种子数}\times 100$$

$$发芽率(\%)=\frac{发芽种粒数}{供试种子数}\times 100$$

2 结果与分析

2.1 樟子松引进与效果评价

2.1.1 保存状况

榆林市樟子松种子园采用3年生苗木栽植，造林第三年调查保存情况，按照大区分别统计如下(表2-1)。

表2-1 樟子松移栽3年后的保存情况

大区编号	栽植数量(株)	现存数量(株)	保存率(%)
1	2184	1898	86.90
3	2336	1983	84.89
4	2391	2163	90.46
5	1796	1203	66.98
6	1071	793	74.04
平均	9778	8040	80.66

由表2-1可知，樟子松引种到榆林后，在不采用特殊保护措施的情况下，苗木栽植3年后保存率平均达到80%以上，最高达90%以上，自然条件相对较差的5区也达到66.98%以上。

2.1.2 生长情况

对引入的樟子松栽植在不同的立地条件下，以沙盖黄土地不同坡位的17年生母树林为调查对象，各个部位随机抽取80~100株调查树高、胸径、冠幅、结实等情况，结果见表2-2。

表2-2 不同坡位引种樟子松生长情况

坡位	树高				胸径				冠幅			
	变动范围(m)	平均值(m)	比率	变异系数(%)	变动范围(cm)	平均值(cm)	比率	变异系数(%)	变动范围(m)	平均值(m)	比率	变异系数(%)
上部	2.00~6.26	3.81	1.00	21.78	2.8~10.7	6.47	1.00	29.98	0.98~3.70	2.15	1.00	26.98
中部	3.44~7.15	5.15	1.35	16.70	5.6~13.4	8.92	1.38	22.42	1.72~4.68	2.84	1.32	22.54
下部	3.10~7.90	5.53	1.45	16.09	4.4~13.5	9.33	1.44	20.36	2.01~4.52	2.91	1.35	20.21

由表2-2可知，樟子松在不同部位均生长良好，但生长量存在明显差异：坡下部的生长最好，树高、胸径和冠幅生长量分别是坡上部的1.45倍、1.44倍和1.35倍；坡中部的

生长与坡下部的相比稍差一点，但比坡上的好，树高、胸径和冠幅生长量分别是坡上部的 1.35 倍、1.38 倍和 1.32 倍。这是由于从上部到下部，土层厚度依次增大、土壤水肥的储量依次升高，风速却依次减小，从而形成一个水分和养分为主的环境梯度，对樟子松的适宜程度依次增强。从表 2-2 中还可看出，三个部位的樟子松在树高、胸径、冠幅生长量方面的变异系数也呈现出一定规律性变化，即上部>中部>下部。由此表明，有利的环境条件不仅促进樟子松的生长，而且促使林相发育整齐；不利的环境条件不仅影响樟子松的生长，而且加速了林木个体之间的分化(对环境资源竞争的结果)。

2.1.3　物候及开花结实

叶芽发育　根据调查结果绘制叶片发育过程曲线图(图 2-1)。从图 2-1 可知，叶芽从 4 月开始生长，5 月是快速生长期，到 6 月生长变得缓慢，以后逐渐停止生长。

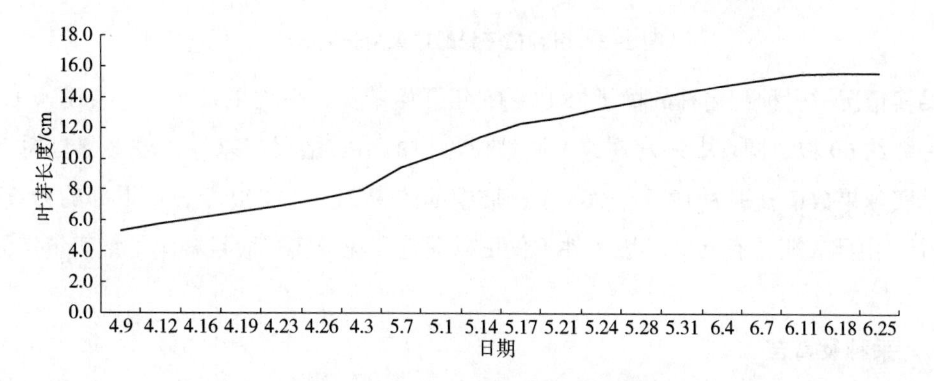

图 2-1　引种樟子松叶芽生长曲线图

雄球花发育　从 6 月 3 日起，选标准株 10 株定点观测雄球花生长发育过程，每周观测一次，直至雄球果发育基本停止，对调查结果作图(图 2-2)。结果表明，雄球花的发育从 6 月开始，大约持续 3 周，以后逐渐生长缓慢，到 6 月下旬基本停止生长。

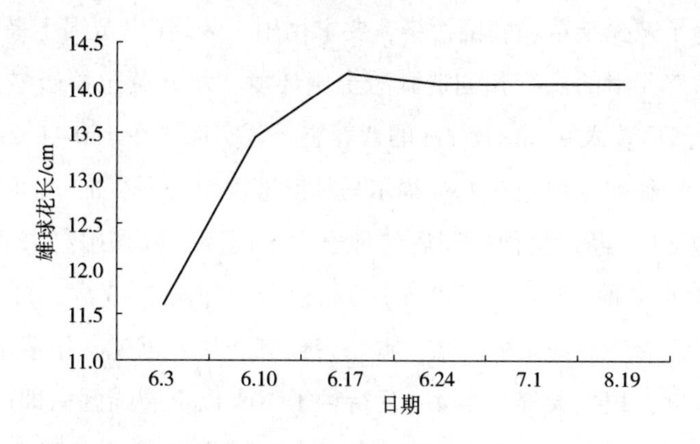

图 2-2　引种樟子松雄球花生长曲线图

球果发育　球果开始发育时，选 10 株标准株定点观测其生长发育过程，每周观测两次球果的果径变化，至球果变硬每周观测一次，直至球果停止生长，绘制曲线图(图

2-3)。结果表明，球果的发育同雄球花的发育出现快速生长的时间有所不同。而且，球果的生长缓慢，整个生长期从4月持续到7月。

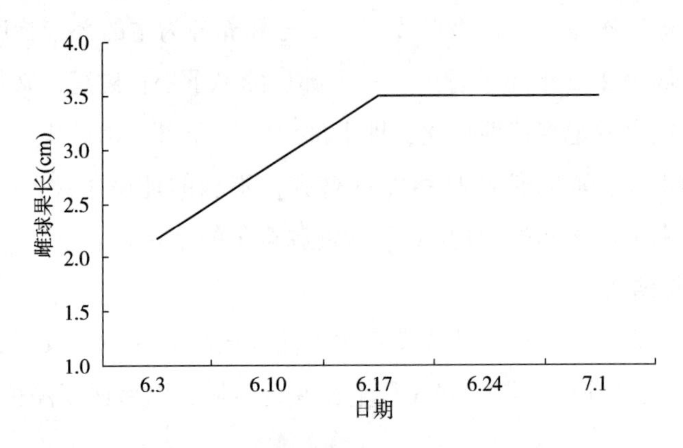

图 2-3 引种樟子松雌球果生长曲线图

结实情况 引种到榆林的樟子松13~15年开始结实，平均果长5 cm、果径4 cm，单果出种数约60粒。调查中还发现，不同坡位母树的结实量存在差异，坡上部母树近两年的总结实球果数量分别为12个、803个，坡中部的为21个、820个，坡下部的为646个、1017个。由此表明，有利的环境条件不仅可以促进开花结实，而且减小了结实量年际之间的差异。

2.1.4 采种及育苗

种子采收 引种到榆林的樟子松进入结实期后，于秋季10月份球果成熟后至翌年3月份以前均可采摘。

球果处理 用清水浸泡7 d，然后放入干燥室，室温45 ℃、最高不超过55 ℃。通过干燥使球鳞开裂种子散出，然后处理干净，产种率1.2%~1.7%。

整床装袋 为了减少杂草、病菌污染，要求用生土装袋(以黄绵土最好)并进行消毒处理。为保证苗期营养元素的供给和创造微酸土壤环境，每方黄土拌硫酸亚铁10 kg、磷肥5 kg，过筛拌匀，然后装入9 cm×18 cm的营养袋，紧实地摆在1.0~1.2 m宽的营养床上。

种子处理 在播种前一周用0.15%福尔马林溶液浸泡种子2 h，也可用0.5%的高锰酸钾或硫酸亚铁浸泡2 h。经过浸种处理后的种子用于催芽，可采用温水或拌沙催芽。温水催芽采用50℃的温水浸种2 h后，用0.5%的高锰酸钾冲洗2~3次，再用清水浸泡12 h，清水冲洗后捞出装入麻袋放向阳处，盖上湿草帘或麻袋片，早晚各用清水淘洗一次，保持种子的湿度和新鲜度，根据天气，3~4 d后待种子70%以上裂嘴露白即可。拌沙催芽是在浸种后将种子与消毒后的净沙按1∶1的比例拌匀，装入麻袋放在阳光下或温床上催芽，用草帘或麻袋片覆盖，勤翻种子，适当喷水，保持湿度，根据天气，3~4 d后待种子70%以上裂嘴露白即可。

播种　种子经处理后即可播种，播种期为 4 月中下旬至 5 月上旬，表层土壤稳定超过 8~10 ℃为宜。播种前灌足底水，用 3%的白矾溶液或 5%的敌克松溶液喷洒进行苗床消毒。播种深度用指头或细木棍点深 0.5~0.8 cm 左右的穴，每穴点播 5~7 粒(每 1 万个营养袋用干种子 0.6 kg 左右)，然后覆盖干净细沙 0.5~0.8 cm 并扫平，漫灌一次使种子与沙、土紧密结合，以利于保持湿润。播种后为保持苗床湿润、恒温，在苗床上搭设小拱棚，早晚洒水保湿，晚上最好加盖保温薄膜使苗床温度保持 10 ℃以上；中午揭开两端通风散热，使温床内温度不超过 45 ℃，便于快速出苗、减少地下病虫危害。

病虫害防治　播种完及时喷施 800~1000 倍 50%托布津或多菌灵一次进行床面消毒。苗木出齐后喷施混合药液防治立枯病，一周后喷施一次，10~15 d 后再喷施一次。每亩用 200 g 毒死蜱加 1.5 kg 小米或玉米糁子，用 200 mL 水拌匀后撒在床面防治蝼蛄危害。

2.1.5　病虫害情况

引种的樟子松在榆林从未发生过较大的病虫害，但病虫害是影响母树结实量的重要因素之一，为提高樟子松的产量和质量，必须把病虫害防治放在重要位置。在防治的过程中，按照预防为主、即发即防、综合诊治的方针，加强监测、预报，对发现带有病虫的枝叶及植株及时做病理切片，对症下药，并将病枝、病叶清理出林地集中焚烧。特别是对易发生且严重影响林木生长结实的松针锈病等病害，采用特效药粉锈宁 1200~1500 倍液喷雾防治以及广谱性药剂菌毒清、多菌灵、利菌特 300~500 倍液喷雾防治，每年连续防治 3 次、连防 3 年，有效地控制了病害的发生。危害樟子松较重的害虫是方皱鳃金龟，药物防治采用 5%西维因粉喷粉，在成虫产卵期之前每间隔 20 d 喷一次，连续大面积喷粉；人工捕杀必须要在成虫产卵期之前进行，即成虫后翅退化、不能飞翔且成虫活动集中时期极易捕杀。

2.2　种子园的建立

2.2.1　园址选择及整地

园址选择　种子园是林木良种繁育基地，以生产优良种子为经营目的。园址选择妥当与否，直接影响到种子的品质、产量、成本以及经营管理水平。综合考虑樟子松的生物学特性、农林业用地情况、交通条件、经营管理，特别是种子采收和水源灌溉问题以及花粉源的隔离等实际情况，将榆林市樟子松种子园园址选在榆林城南 15.0 km 处。此处交通便利，通信快捷，电力充足，远离居民点，避免人畜破坏，便于开展科研和生产活动。全园总土地面积 373.0 hm^2，其中可灌溉面积 113 hm^2；地形东高西低，地类以盖沙黄土和流动沙地为主。

整地　由于种子园园址属半干旱地区，年降水量分布不均，而且地形高低起伏不平，相对高差较大，为了更好地保水、保肥、保土和进行水肥管理，根据实际情况，对种子园区分台阶进行了平整，并进行了土壤改良，改良的技术措施采取大穴换土，整地规格为 1 m×1 m×1 m，每坑换土 1 m^3 并施有机肥 10 kg。

2.2.2 种子园总体规划

为了便于经营管理，控制布局以及记录登记，以山脊、山沟、道路和水渠为分界线将其划分为6个大区，各大区又以坡向、坡位、小山脊、林道和水渠划分为54个小区，每个小区面积都在0.7 hm^2左右，总面积为32.6 hm^2。大区之间有大道相通，小区之间有小道相连，小区内部有作业道，方便日常管理及机械化作业。无性系配置方法全园统一采用错位顺序排列，每个小区无性系数量根据面积大小，控制在10~15个，株行距为6 m×6 m。各大区和小区的面积、栽植株数、无性系个数见表2-3。

表2-3 樟子松种子园区划表

大区号	大区		小区			
	面积(亩)	株数(株)	小区号	面积(亩)	株数(株)	无性系个数
1	44.9	830	2	7.0	129	15
			3	8.2	151	15
			4	8.2	151	15
			5	8.1	150	15
			6	7.1	131	15
			7	6.3	118	15
2	83.5	2925	1	4.8	355	11
			2	9.4	174	15
			3	9.9	183	15
			5	10.0	740	14
			6	10.0	185	15
			7	9.5	175	15
			8	10.1	747	13
			9	7.1	131	15
			10	6.8	126	15
			11	4.6	85	15
			12	1.3	24	15
3	68.7	1270	6	12.3	228	15
			7	12.8	236	15
			8	13.1	242	15
			9	13.0	240	15
			10	8.1	150	15
			11	9.4	174	15
4	60.0	1108	4	10.6	196	10
			5	10.3	190	10
			6	10.1	186	10
			7	9.9	183	13
			8	9.7	179	15
			9	9.4	174	15

（续）

大区号	大区		小区			
	面积(亩)	株数(株)	小区号	面积(亩)	株数(株)	无性系个数
5	99.8	1982	1	5.5	101	15
			2	6.2	114	15
			3	6.7	123	10
			4	6.8	125	10
			5	6.6	122	9
			6	6.4	118	9
			7	6.4	118	15
			8	7.6	140	15
			9	6.9	127	15
			10	7.7	142	15
			11	7.0	129	15
			12	7.0	129	15
			13	7.0	182	13
			14	6.0	156	15
			15	4.0	104	15
			16	2.0	52	15
6	69.6	1413	6	3.8	70	15
			7	6.0	111	15
			8	5.3	98	15
			9	9.7	179	15
			10	10.6	192	15
			11	8.9	164	15
			12	8.5	157	15
			13	8.3	216	10
			14	8.7	226	10

2.2.3　苗木准备

优树选择　优树选自内蒙古红花尔基，根据生长、树形、材质、结实能力、外形、抗性等性状，采用 5 株大树法，共选优树 64 株(表 2-4)。

表 2-4　种子园优树基本情况表

优树编号	林龄(年)	胸径(cm)	树高(m)	优树编号	林龄(年)	胸径(cm)	树高(m)
1	40	29.9	15.5	33	60	34.0	21.5
2	45	33.4	16.5	34	47	35.0	20.5

（续）

优树编号	林龄(年)	胸径(cm)	树高(m)	优树编号	林龄(年)	胸径(cm)	树高(m)
3	42	26.7	17.7	35	54	33.4	20.0
4	42	32.8	17.0	36	66	38.2	22.0
5	40	27.4	15.5	37	55	33.4	21.0
6	45	34.4	16.0	38	52	31.8	18.5
7	45	34.0	17.8	39	63	35.0	21.5
8	40	26.7	15.8	40	60	38.2	20.0
9	50	35.6	18.0	41	58	30.6	19.0
10	40	30.2	17.0	42	61	35.0	20.6
11	40	28.6	15.5	43	60	35.0	19.1
12	41	30.6	15.7	44	56	34.4	20.0
13	42	27.7	17.8	45	56	33.8	19.0
14	45	26.1	17.5	46	52	42.0	21.0
15	48	46.0	22.0	47	48	31.0	19.0
16	47	34.0	23.0	48	45	31.4	18.5
17	40	28.6	20.0	49	50	31.8	18.3
18	50	33.4	18.0	50	55	27.0	18.5
19	54	31.8	18.5	51	50	36.6	19.0
20	56	39.0	20.0	52	50	41.4	20.0
21	42	37.2	21.0	53	47	28.0	19.5
22	42	35.0	21.0	54	48	35.0	20.5
23	40	35.0	18.0	55	63	32.2	18.0
24	44	38.8	21.0	56	50	28.0	17.0
25	42	31.2	19.0	57	52	30.6	18.0
26	45	35.0	19.5	58	52	31.8	18.5
27	41	37.3	19.0	59	51	37.6	19.0
28	40	25.4	18.0	60	52	31.2	19.3
29	42	29.3	19.0	61	49	33.8	18.5
30	45	31.8	16.5	62	52	34.0	18.0
31	50	30.3	18.0	63	52	28.7	18.0
32	55	31.8	19.0	64	52	28.7	18.0

定砧　于 1977 年开始定植樟子松砧木，砧木栽植一般在 9 月下旬到 10 月上旬或在早春苗木萌动前进行，每穴预先定植 2 株砧木。苗木全部用 3~5 年生樟子松营养袋大苗，栽前穴内灌水，到 1980 年完成定植。

砧木定植后每年进行两次抚育锄草，且对砧木四周松土并除萌，把较高的杂灌木和杂草砍去，以不影响砧木生长为度。为在 2~3 年内砧木培育达到地径 5 cm，每年 5~6 月施农家肥 100 kg/亩，即在距砧木 20 cm 处开一条深 20 cm 的环形沟，肥料均匀施入沟内后覆土。由于本地区气候比较干旱寒冷，注意对苗木进行灌水和入冬后覆土埋苗防冻，确保砧木正常生长及顺利越冬。

密度设计　樟子松种子园的种植密度直接影响母株的光照条件，从而影响母株的生长发育、结实和单位面积种子产量。在确定种子园的栽植密度时，主要考虑以下因素：有利于植株正常发育，增加种子产量；保证植株有足够的不同无性系（家系）、充足的花粉授粉，以提高种子的遗传品质，减小种子园内自交可能性；为今后去劣疏伐淘汰劣株创造条件。根据樟子松的生长特点和立地条件，樟子松初植的株行距为 6 m×6 m，即 270 株/hm^2。

2.2.4　嫁接

接穗的采集、储藏　接穗采自内蒙古红花尔基林场所选择优树的中、上部无病虫害、生长旺盛的枝条。穗条长 8~12 cm，每株优树分别捆装入塑料袋中，然后放入适量的积雪或碎冰，封好后运输到储藏地点进行储藏。储藏方法是挖深 2.0~2.5 m，长、宽视穗条多少而定的储藏窖，底部铺上积雪或碎冰，一层接穗一层积雪或碎冰摆放好，在最上一层接穗上面盖上碎冰后，再用锯末覆盖，防止积雪或碎冰融化。

嫁接　种子园于 1980 年开始嫁接，1984 年完成嫁接。每年 3~4 月采用髓心形成层对接法，取储藏的接穗，穗长 6~8 cm，去掉接穗下部的针叶，靠近顶芽处留 2 cm 长度的针叶，用嫁接刀从接穗的底部沿髓心向上切至距顶芽 2.0~2.5 cm 处，以不碰伤所留的针叶为宜，削出平滑切面，再在接穗下端背面斜切一刀削成马耳形。然后选择粗细与接穗相适宜的砧木，砧木去掉针叶后，用刀从下沿形成层向上切削，长度应与接穗切口长度一致。最后将接穗与砧木贴严，用塑料条自上而下环绕扣压绑好，松紧适中，以不透气、不进雨水为原则。最终，共嫁接 64 个无性系。

嫁接后管理　穗条嫁接在砧木当年生的主梢上，砧木不截顶。接后 60 d 左右拆除塑料保湿袋，检查愈合情况；90 d 左右放松嫁接绑扎带，待年底或翌年春再解去绑扎带；嫁接成活的接株在 8~9 月截去砧木主梢。由于冬天雪比较大，风也很大，加上接穗与砧木创面愈合不完全，必须将长出的接株立竿扶绑，防止风吹雪压。

1982 年到 1985 年对种子园缺株进行了补植。补植时利用苗圃地 5~6 年生大苗分系进行嫁接，嫁接采用采穗圃的穗条，成活后在冬季进行冻土移栽，对号补植，完成种子园的营建。经几年的补接、补植和精心的抚育管理，种子园接株保存率平均达95.14%(表2-5)。

表2-5　各大区嫁接成活保存株数及比例

大区	定砧株数(株)	嫁接株数(株)	保存株数(株)	保存率(%)
1	830	819	783	95.60
2	2952	2930	2784	95.02
3	1270	1258	1210	96.18
4	1108	1098	1004	91.44
5	1982	1974	1925	97.52
6	1314	1301	1218	93.62
合计	9456	9380	8924	95.14

2.2.5　采穗圃的建立

榆林沙区樟子松采穗圃是结合种子园建立起来的。采穗圃营建的繁殖材料来自内蒙古红花尔基，共选64株优树作为采集穗条的母树。1977—1980年进行定砧，1980—1984年进行嫁接，每个无性系嫁接16~30株。樟子松采穗圃以生产穗条为经营目的，采穗圃以高密度种植为宜，株行距3 m×3 m，各无性系在全园内采取单系顺序排列，采穗圃面积2.0 hm^2。

2.2.6　子代测定林的建立

1993—1994在现有的64个无性系中收集到52个无性系种子，并采集当地樟子松人工林种子作为对照，分别处理，按系育苗。苗期试验采用完全随机区组排列，4株小区；根据自然地势，可分为五个重复即5个大区，面积20亩，其中1~5区的面积分别为1.5、5.6、3.7、3.9、5.3亩，株行距为5 m×5 m。1996年9月人工整地挖穴，栽植穴规格为80 cm×80 cm×80 cm，每穴施绿肥10 kg。1997年10月造林，造林时采用3~4年生苗木。同时，每个大区四周设保护行。在造林之前，先将试验地普遍灌溉一次，栽植后根据墒情及时灌溉。于1997年建立子代测定林1.3 hm^2，2005年新建子代测定林3.4 hm^2，共建子代测定林4.7 hm^2。

造林时做到随起苗随栽植，起苗时保持根系完整并带35 cm×35 cm×40 cm的土团，尽量减少对苗木根系的损伤。栽植时，栽正踏实、不窝根，并使用适量保水剂。栽后及时覆膜，减少水分蒸发，并加强抚育管理，每年进行2次松土除草，并根据实际情况适时灌水，保证苗木的正常生长。同时，每株施0.2 kg复合肥。按照配置图造林，造林后1~2年对未成活植株及时进行补植，同时在定植图上标明，以后不予调查，统计时作为缺株处理。

2.2.7 展示林的建立

于 1991 年建立樟子松展示林 33.3 hm^2，2005 年又新建立樟子松展示林 34.0 hm^2，共建立樟子松展示林 67.3 hm^2。种子来源为樟子松初级种子园的混合种，9～10 月份进行采收，冷藏备用。造林时采用穴状整地，栽植穴规格为 100 cm×100 cm×100 cm，每穴施有机肥10 kg，整地在定植半年内进行；选择 2 年生的Ⅰ级苗造林，地径>0.4 cm、苗高>15.0 cm、根系长度>10.0 cm；株行距为 2 m×2 m，即初植密度 2500 株/hm^2。采用随机区组，区组内进行随机排列，每小区 4 株，重复 6～10 次，并绘制定植图。其他措施，如整地、育苗、苗木选择、栽植、苗木管理等，与子代测定林相同。

2.2.8 辅助设施的建立

辅助设施也是种子园的重要组成部分，对种子园生产的顺利进行起到十分关键的作用。辅助设施包括道路系统、灌溉系统、生产用房、配电房、宣传碑等。

道路系统 种子园内的道路根据生产和种子园管理需要的不同，分为干道、支道和生产道路。通过种子园内的道路，将种子园各个地方紧密联系起来，便于生产物资和种子的运送。其中，干道是连接各区的主要道路，道路宽 6 m，沙石路面，总长度 2000 m；支道是连接各小区通往干道的道路，道路宽 4 m，沙石路面，总长度 3000 m；生产道路是各小区用于各种作业生产的道路，道路宽 3 m，沙石路面，总长度 5200 m。

灌溉系统 为了满足种子园内的各种生产用水，在种子园内布设了完整的灌溉系统，包括抽水站、灌溉渠道、涵洞等。目前，种子园主要利用的水源是从园内穿过的三岔湾干渠。因此，需要通过抽水泵把水抽到高处，由于落差比较大，建立了二级抽水泵。种子园现有灌溉渠道总长为 3300 m，其中主渠道长 800 m、一级渠道长 700 m、二级渠道长 1800 m。在渠道与道路交汇处设置小型涵洞 20 座，在主渠道、一级渠道和二级渠道之间设立小型闸门。这些设施有利于种子园正常灌溉的顺利实施。

生产用房 种子园的生产用房也是种子园建设的内容之一，包括种子晒场、种子库房、种子检验室、档案管理室、信息管理室、机具室、农药库和办公室等。这些房屋建筑、种子加工等辅助场所设立在种子园的中心地带，方便管理和缩短运输路程。其中，种子晒场 1000 m^2，用混凝土铺好、抹平。

种子库房 种子采收后经适时加工处理，短期存放于 230 m^2的种子库房，确保种子的储藏品质和用种安全，为造林提供繁殖材料。

综合管理用房 包括检验室、机具室、档案室、农药库和办公用房等共 504 m^2，以满足种子检验、档案管理、信息管理和办公需要，提高种子园的经营管理水平。

2.3 种子园的管理

种子园管理是采取各种措施促使种子园尽早投产，并保证连续获得大量高质量的种子，最终实现经遗传改良的林木种子的高产稳产，具体措施包括土壤管理、肥水管理、树体管理、去劣疏伐、花粉管理和病虫害防治等。榆林樟子松种子园从定植建园到现在，经过近 30 多年的实践，总结出一套适宜当地条件且比较完整的樟子松种子园经营管理技术，为种子园大量生产品质优良的种子打下了坚实的基础。

2.3.1 土壤管理

除草 杂草不仅会大量消耗土壤内的养分，还容易滋生各种病虫害，严重影响树木的生长，需要及时进行清除，以改善林内的通风和卫生条件、增加土壤肥力，同时有利于母树的生长。根据种子园杂草生长情况，结合种子园实际情况，每年全面除草 2 次，第一次在 5 月中旬进行，第二次在 8 月下旬杂草结籽前进行。由于清除杂草的工作量大，如果都采用人工除草，需要大量的人力物力支持才能顺利完成，势必给单位带来沉重的负担。因此，综合考虑种子园的实际情况，每年的 5 月下旬进行人工除草，8 月下旬采用化学除草。这样既清除了种子园的杂草，又为单位节约一笔不小的开支，为种子园的可持续发展创造了条件。

每年的 5 月下旬开展人工除草，用锄头对种子园进行全面杂草清除，并将杂草埋入土壤，腐烂后可以增加土壤肥力、提高土壤的通透性，且除草的效果好。除人工除草外，还可以采用草甘膦除草，每亩采用 15%的草甘膦 1.45 kg，以 2.5：100 比例配制成水溶液、渗入 0.15 kg 柴油与 0.17 kg 洗衣粉搅拌均匀使用，在 8 月下旬高温季节的晴天对准杂草进行人工喷射，喷到杂草叶面出现水珠即可。此法除草效果不错，方便快捷，对病虫害也有一定的抑制作用。

为了减少园内杂草，间种了大豆、紫花苜蓿、草木樨、沙打旺等绿肥植物。从效果来看，以种植紫花苜蓿最好。在林地内种植绿肥，不仅提高土壤的肥力、改良土壤的结构，还有效减少杂草的生长和繁殖。这种以耕代抚的方法效果好，还可以节约抚育经费。

松土 松土也是种子园管理的内容之一。松土分为两种，一是对土壤的表层进行松土，二是对土壤进行深翻。每年对土壤表层进行松土一次，一般安排在冬季休闲季节，且母树处于休眠期，有利于土层蓄水、减少蒸发。同时，把在土壤内越冬的虫卵翻到地面上，利用冬季的低温将其冻死，有利于来年病虫害的减少。对樟子松树冠投影内进行松土，松土的深度在 15 cm 左右，松土有利于根系的生长，对树冠扩展、枝叶生长、花芽分化也有不同程度的促进作用。同时，砍除林缘和林内的杂木，增加透光度、减少土壤养分消耗。

深翻土壤可以改善土壤环境，如增加土壤通透性、促进微生物活动、加速枯枝落叶分解，对母树根系和地上部分的生长具有极大促进作用。另外，由于深翻能切断根系、调整根冠比，在短期内具有促进开花结实的作用。深翻与不深翻对比，深翻地段的土壤疏松、树冠圆满、花芽分化好，平均单株果实增产 30%。由于全园土壤深翻工作量大，且深翻的效果只能保持几年，因此不需要每年都进行，一般 5 年进行一次即可。

2.3.2 水肥管理

种子园进入结实期后，不但要进行营养生长，还需要投入大量的营养满足生殖生长的需求。因此，为了满足母树对水肥条件的要求更高，有必要对母树进行灌溉和施肥。

灌溉 水分是影响树木光合作用的重要因子，在干旱、半干旱的榆林地区尤为突出，环境水分严重亏缺，特别是在树木年生长发育的重要季节即春夏季，风大雨少，往往造成树木严重水分胁迫，导致树木光合作用低下，严重时甚至导致树木死亡。因此，水分成为该区树木光合产量大小的限制因子，制约着树木生长和繁殖潜力的正常发挥。

樟子松母树既要维持自身的正常生长，又要形成大量的雌、雄花进行正常的开花结实，就必须从土壤中吸收大量的水分。因此，充足的水分供应是保证母树正常生长、开花结实的重要措施。缺水会影响母树的营养生长和生殖生长，根据樟子松的物候并结合种子园的实际情况，每年对樟子松灌水 4 次，每次每株灌水 100 kg。第一次灌水在 3 月初，为樟子松正常萌动提供水分保障；第二次灌水在 4 月初，此时樟子松顶芽开始生长，光合作用逐渐增强，对水分的需求也逐渐加大，灌溉可为萌芽展叶提供水分保障；第三次灌水在 5 月初，此时为樟子松全年高生长的最高峰，对水分需求极大，灌水可以促进树体扩张；第四次灌水在 6 月初，樟子松的球果进入迅速膨大期，灌水有利于促进果实发育，提高种子产量和品质。灌水试验表明，与对照相比，灌水能促进樟子松生长，树高提高 4.6%；对产量虽无明显的促进作用，但可以提高种子的饱满度。

施肥 施肥提高母树的营养水平、促进母树生长发育，使之形成一定规模的树体和完整的分枝系统，形成良好的树体结构，为生殖生长奠定良好基础，因而有利于种子产量和播种品质的提升，削弱结实大小年现象。因此，加强水肥管理是种子园提质增产的重要技术措施之一。种子园进入产种利用期，为了保证良好的营养生长和生殖生长，对水肥条件的要求更高。同时，合理施肥能有效地促进母树营养物质的积累，可促进形成花芽并顺利开花和结果，从而保证母树连年高产、稳产。因此，要对土壤样品进行不定期测试，确定其所缺养分及 pH 值，并及时给予补充调节，使土壤条件满足樟子松生长发育需求。

N、P、K 是樟子松母树不可缺少的肥料三要素，通常按 2∶3∶1 比例混合后施用。施肥时，按树冠投影开深 40~50 cm 环形沟，均匀地撒下混合后的肥料，每株施 2.0~2.5 kg。施肥的时间要把握好，同样的肥料在不同的时间使用，效果差异明显。种子园施肥不同于一般林木，施肥时间应配合花芽分化和种子发育的节律。根据樟子松种子园的开花习性，第一次施肥必须在 5 月中旬至月底前完成，6 月初正是球果的膨大期；第二次施肥必须在 6 月底至 7 月初前完成，此时正是花芽分化时期，为翌年的种子高产稳产提供保障。除了施用这些大量元素外，每株加施硼砂 30~50 g，其单株和单位面积球果产量、球果的出籽率、发芽率和种子千粒重有明显提高。

2001—2003年对樟子松种子园进行施肥试验，结果见表2-6。

表2-6　樟子松种子园施肥效果表

调查指标	2001年		2002年		2003年	
	施肥	对照	施肥	对照	施肥	对照
树高(m)	10.0	9.5	10.8	10.2	11.8	11.1
胸径(cm)	20.5	19.8	21.8	21.0	23.2	22.2
球果数量(个)	196	174	260	201	228	187
挂果率(%)	89	76	97	80	94	78

施肥试验表明，施肥对母树生长具有明显的促进作用，施肥的树高比对照高出0.5~0.7 m，胸径大0.7~1.0 cm。施肥还能明显促进结实，与对照相比，球果数量增加12.0%~29.3%，挂果率增加13.0%~17%。由此可见，施肥不仅能促进母树的营养生长，对母树结实也有明显的促进作用。

2.3.3　树体管理

树体修剪是提高种子产量和改善雌雄球花空间分布状况的有效措施。适时科学的修剪，可使母树形成合理的树体结构，改善树冠内的通风透光条件，保持最大的结实面积，调节生长与结实的关系，保证种子园的高产和稳产。樟子松的修剪和去顶一般于冬末春初树液流动前的1个月进行，用枝剪或小锯子截去枝条或顶梢，伤口要平整光滑，也可在伤口涂抹具有保护作用的药剂，以避免病虫害发生。

修剪　修剪可以改善树冠结构，调节树冠内部的光照条件，促进母树花芽分化。因此，当母树生长发育到一定阶段后需要及时修剪。一是将母树距地面1.3 m以下的枝条贴干剪掉，这样既能减少营养的消耗，又对植株的雌雄花量影响不大；二是剪掉内膛枝条，它影响树冠内部通风透光，同时也消耗了大量的树体营养，应及时将其剪掉，以促使树冠上的其他枝条快速生长，有利于母树开花结实；三是修剪主枝。从樟子松雌、雄球花在树冠的分布来看，雌花在树冠外围上下均有分布但以树冠中部较多，雄花则主要分布在树冠下半部；随树龄增大，结实层逐渐向上、向外推移。樟子松种子园进入结实盛期后，需要进行适当的修剪，使树冠每轮保留3~4个主枝，其余全部剪掉。这样可使树冠内部通风、增加光照，雌球花量和种子产量可分别提高15.0%和26.0%。同时，修剪时注意剪去枯死枝、病虫枝等生长发育具有潜在危险的枝条。

去顶　当采种母树到达一定年龄阶段，雌球花产量不再增加或仅有少量增加，这时作为截顶时期较为合适。此时树冠顶端优势已明显削弱，可避免去顶后截口下缘轮枝取代顶梢的现象。通过截顶，母树高生长受到限制，促进了侧枝发育，扩大了树冠，增加了结实面积，可提高种子产量。同时，去顶矮化了树体，方便采种。试验结果表明，樟子松去顶后，雌花产量成倍增加，种子产量增加 50.0%~80.0%。同时，根据樟子松在榆林的生长情况，截顶年龄 10 年左右为宜，截顶高度在 5~6 m。

2.3.4　去劣疏伐

光是影响母株结实的主要因子之一，保持合理郁闭度是保障种子园高产稳产的前提条件。樟子松是阳性速生树种，对光照和温度有较强的敏感性，这一特性也必然在林木的开花结实生理阶段反映出来。克服光照不足的有效办法就是及时疏伐，去劣疏伐不仅使母树充分接受阳光、合理利用空间，还可以使优良无性系间相互充分授粉，提高种子园的种子产量和质量。去劣疏伐不仅要伐掉那些经过子代测定证明遗传品质较差的无性系，而且也要伐掉长期结实很少和花期不遇的无性系，以改善母树的光照和通风条件，增加有效结实面积，提高种子园产量和品质。

疏伐时间的确定　去劣疏伐早晚，其效果有很大的区别。较早，有利于种子遗传品质及早改善，提高种子园的单位时间遗传增益，并可使保留的无性植株有较好的发育空间，有利于增加种子产量。但是，较早去劣疏伐效果往往受性状测定结果可靠性的制约。因此，为了在生产实践中便于操作，我们认为当多数母树中部侧枝相接或郁闭度达 0.6 以上时，就应对种子园进行疏伐。

疏伐对象的确定　疏伐对象的确定要慎重，需要综合考虑无性系子代测定结果和综合选择结果。在子代测定中，常常会发现子代生长优良但无性系结实量较少的现象。为达到提高种子园产量和品质的双重目的，对于产量高而子代表现差的无性系，应予以伐除；对于子代表现优良的无性系，即使产量低，也应作为父本保留；其余的无性系去留问题，可以按无性系综合选择结果确定。

疏伐强度的确定　确定疏伐强度要考虑许多因素，如郁闭度、产量和无性系的保留比例。疏伐强度过大时，会使种子园的产量迅速下降，影响良种供应能力。另外，当保留数目低于一定程度后，其遗传多样性也逐渐降低，遗传适应性变窄，限制了子代遗传增益的提高幅度，对子代林分稳定性也会有一定影响。去劣疏伐后优良无性系的最终保留比例，要考虑初级种子园的面积、供种范围、无性系数量和预期遗传增益等多种因素。

种子园疏伐后林地透光量增加，湿度减小有利于林地温度的提高，这不仅有利于大小孢子叶球的发育，特别是着生在下侧轮枝上的小孢子叶球发育，增加了花粉的密度，使大孢子叶球充分授粉。同时，有利于土壤微生物对有机物的分解和母树根系的活动、增加了养分的供给与吸收能力，对母树的开花结实也产生了间接的促进作用。

研究表明，疏伐后雌、雄球花量分别是疏伐前的 3.2 倍和 2.1 倍，是对照的 3.5 倍和 2.8 倍；疏伐后单株结实量分别比疏伐前和对照提高了 1.7 倍和 1.9 倍，说明疏伐不仅对母树单株结实量具有明显的促进作用，而且提高了种子的千粒重及球果出种率。

2.3.5 花粉管理

隔离带的设置 为了保护种子园内的林木，并阻止外源同种劣质花粉侵入而降低种子的遗传品质，在种子园周围栽植宽20 m的落叶阔叶树(杨树、榆树、刺槐等)作为隔离防护林带。同时，因樟子松能分泌大量松脂，防止火灾的发生就显得十分重要。为防止外源火种进入种子园，应环绕种子园建立5 m左右的防火带，并铲除防火带上的灌木和杂草。

花芽特征 樟子松为雌雄同株，雌花大多数分布在树冠中上部，雄花大多数则分布在中下部。雄花芽为混合花芽，在冬芽萌动以后开始膨大；雄球花可分两种颜色，一种是草绿色，一种是粉红色，但以前者居多。雌花花芽位于新梢顶端，外覆芽鳞，随着新梢的伸长，雌花花芽慢慢露出，开放时浅红色，可授期为粉红色，基部可见透明黏液。

开花习性 樟子松雄花一般在5月上旬开始开花，5月中、下旬开始散粉，散粉一般持续7 d左右，到5月底花期结束。雄球花单个花序开放，是从基部向顶端发育，散粉时也是基部较顶端早，一般基部较顶部散粉早2~3 d，但也有极少数与此顺序相反。对多个花序共同着生的整个花序簇而言，是从基部向顶端发育，散粉时也是按此顺序。樟子松散粉期为7 d，其中3~4 d为散粉的高峰期，散粉占整个散粉量的80%以上。由于樟子松散粉期较短，散粉后仍有部分雌花错过授粉期，所以很难达到100%授粉率。樟子松花粉在不同时间散粉量不同，随着气温升高、空气湿度变小，空中花粉密度随之增大，早8点密度较小、10点较大、13点密度最大，下午气温降低、风速减弱，花粉密度略减。樟子松雌花一般在5月中旬开始开花，5月下旬为可授期，可授期一般持续3~5 d，到5月底或6月初结束。雌球花开放时从花芽顶端向基部逐渐开放，而在球鳞增厚闭合时则是基部的先闭合，顶端的后闭合。

花期的同步性 在营建初级无性系种子园时，往往不可能对选择的优树进行花期观测。因此，初级无性系种子园中无性系花期参差不齐的现象很普遍。对樟子松各无性系的花期观测发现，不同无性系间雌雄球花期起始时间、结束时间和持续时间存在一定的差异。多数无性系内的散粉期与授粉期具有同步性，同一无性系内分株间花期同步性较好。一方面，花期的差异性和同步性使种子园内随机交配不均等，可能失去很多杂交组合。另一方面，无性系自身雌雄花期重叠较高又增大无性系自交的机率。因此，必须采取相应的措施以减少花期系间不遇或系内重叠所造成的损失，应采取调配花粉组成，及时开展人工辅助授粉，减少自交，从而提高种子园种子的产量和品质。

辅助授粉 由于该种子园中雌雄花期同步性较差，雄花散粉盛期与雌花可授期间隔达3~5 d，当种子园内大多数无性系可授期到来时，散粉盛期已过，园内花粉密度大幅度下降，从而严重影响了种子园内的种子产量和品质。另外，樟子松的雌、雄球花着生特点(雌花着生在树冠上部而雄球花着生在下部)，对樟子松的充分授粉相当不利。因此，有必要进行人工辅助授粉。在散粉前2~3 d，将经过挑选的优良无性系花粉采回、混匀，再用滑石粉和花粉按 1∶4 的比例稀释备用。在雌花授粉期，一是用喷粉器把花粉喷洒到雌花上，二是用鸡毛刷往雌球花上弹粉，三是用大型注射器往雌球花上喷粉。实践证明，经过人工辅助授粉，不仅可以增加种子的产量，还可以克服自交或少数无性系花粉占统治地位带来的后果，拓展种子的遗传基础、提高种子的遗传品质。对樟子松进行人工辅助授粉，取得良好效果。其中，辅助授粉一次，种子产量提高 17.0%；辅助授粉二次，种子产量提高 28.0%。

2.3.6　病虫害防治

要使种子园稳产、高产，必须保证种子园母树的正常生长，防止花、果实和种子遭病虫危害。严重的病虫害，不仅会造成树体衰弱，降低种子产量和质量，而且会使多年的建设工作受到影响。因此，防治病虫害是种子园经营管理的基本内容。在防治的过程中，按照预防为主、即发即防、综合诊治的方针，加强监测、预报，对发现带有病虫的枝叶及植株及时做病理切片，对症下药，并将病枝、病叶清理出林地集中焚烧。樟子松引种到榆林后，病虫害比较少。

病害　种子园中主要病害有樟子松松针锈病。松针锈病是国内外松类针叶上分布广、寄主多的一类病害，我国从南到北都有分布，受害树种有樟子松、云南松、马尾松、华山松、黑松、油松、赤松、红松等(高凤山等，2001)。但是，在榆林樟子松种子园发病较轻，至今病害都没有造成实质性的危害。松针发病初期产生褪绿斑点，渐生圆形或椭圆形的性孢子器，橙黄色，多在近轴面，呈单行或双行沿松针纵向排列，性孢子器之间的距离不等。性孢子器长 0.5~1.5 mm、宽 0.5~0.8 mm、高 0.3~0.5 mm，其周围有淡黄色褪绿斑。随着性孢子器的逐渐消失，松针上长出黄色疱囊，为春孢子器，春孢子成熟后破囊散出，在松针上留下白色膜状包被，病叶常常枯死早落。但也有的针叶病后只上半部枯死，下半部仍保持绿色，因此第二年又可以产生性孢子器和春孢子器，春孢子仍可进行传播侵染。连年发病的苗木、幼树轻者影响生长，重者可致枯死。防治方法是用特效药粉锈宁 1200~1500 倍液喷雾，或用广谱性药剂菌毒清、多菌灵、利菌特 300~500 倍液喷雾，每年连续防治 3 次、连防 3 年，可有效控制病害的发生。

虫害　樟子松种子园主要的虫害为方皱鳃金龟。方皱鳃金龟采用 5% 西维因粉防治，在成虫产卵期之前每间隔 20 d 喷一次；或在成虫后翅退化，不能飞翔且成虫活动集中时采取人工捕杀，效果也好。

樟子松种子园内主要鼠种为甘肃鼢鼠和中华鼢鼠，它们通过洞道对林木常年造成危害，直接啃食幼龄樟子松的根系，一旦找到取食对象就反复危害，最终导致植株死亡。鼠害的防治方法，一是毒饵灭鼠，最佳防治日期为早春 4 月，此时老鼠的食物短缺。具体做法是将土豆和萝卜切碎、炒热，每公斤土豆、萝卜加热豆沙、磷化锌各 30~50 g 拌匀，在园内每 5~6 g 毒饵为一小堆，均匀施放或者放在老鼠的洞口进行诱杀。二是机械捕杀，采用使用方便、适用范围广、效果比较好的捕鼠工具——丁字形弓箭进行灭鼠。

种子园所在区域野兔比较多，在缺乏食物的时间，野兔就会啃食樟子松幼树。兔害的防治方法比较简单，就是对栽植的苗木采用高培土的措施进行预防。

病虫害防治是种子园经营管理中不可忽视的一项工作。但是，为保持种子园内的生态平衡及生物种群的多样性，不应该提倡大面积喷洒农药防治；而应以生物防治为主，充分发挥天敌的作用；并做好虫情监测预报，及时培育天敌；加强种子园抚育管理，改善种子园的卫生环境，增强母树对病虫害的抵抗能力。

2.3.7 建立完备的技术档案

技术档案是种子园经营的原始记录，记载着建园的方法和步骤，是提高建园水平和进一步营建高级种子园的重要依据，建立完整的档案是种子园建设的重要组成部分。因此，种子园建立了专门的档案室，由专人负责管理，并制定严格、规范的管理制度。档案规范化管理，包括档案的查阅和借阅建立严格的登记制度、档案的防霉和防虫措施、定期检查资料有无损失，从而有效保证档案资料的安全性和完整性。

根据《林木选择育种技术要领》等一系列良种基地建设的要求，建立健全了种子园的技术档案，主要包括：种子园规划设计说明书，种子园区划图，种子园无性系配置图，展示林登记表，种子园优树登记表，种子园营建情况登记表，展示林疏伐情况记载表，种子园经营活动及采种情况登记表，展示林经营管理及采种情况登记表，子代测定结果登记表，参试无性系登记表，苗期测定记录，田间排列详图等各级各类技术档案。

2.3.8 采穗圃管理

采穗圃的经营管理包括土壤管理、水肥管理、树体管理以及病虫害预测、预报和防治工作等。

土壤管理 采穗圃内杂草比较多，盖度达到40%~50%，不仅消耗大量肥水资源，还抑制采穗母树的生长发育。因此，需要对采穗圃进行全面松土和除草，每年抚育1次，时间在5~6月份。

水肥管理 为了保障采穗母树的生长发育和穗条生产，采穗圃必须进行施肥。每株母树施复合肥0.5 kg，采用辐射沟施肥并覆土。同时，根据旱情进行适时灌水，一般每年1次。

树体管理 采穗母树是为了生产更多穗条，必须对采穗母树进行修枝，其主要目的是促使母树多萌发质量优良的枝条。修枝主要剪去徒长枝、重叠枝和内膛枝，改善母树的通风透光条件、减少母树营养的消耗。每年修枝一次，时间在3月底母树萌动之前。为了幼化穗条，还要对采穗母树进行截干，以距地面20 cm处进行截干效果最好。

2.3.9 子代测定林管理

子代测定林的经营管理也包括土壤管理、水肥管理、观测调查以及病虫害预测、预报和防治工作等。

土壤管理 子测林内杂草比较多，当盖度达到50%~60%时，需要进行全面松土和除草，每年抚育2次，以保证幼树正常生长发育。

水肥管理 为了促进樟子松幼树的生长发育，子代测定林需要施肥。每株施复合肥0.2 kg，采用辐射沟施肥并覆土。由于本地区旱季时间长且旱情重，樟子松幼树耐寒能力相对较差，一般每年要灌水3次，确保幼树的正常生长。

子代测定林的观测、调查 当子代林达到能正确评定所需性状的年龄时，需要对子代林进行调查，调查因子包括生长量、干形、分枝习性、材性、适应性、抗性等。

2.3.10 展示林管理

展示林的经营管理也包括土壤管理、水肥管理、树体管理、去劣疏伐、病虫鼠害防治等内容。同时，在展示林内设标准地进行物候观测、结实量调查，并保存好各项调查资料，分类编号、归卷建档，为种子园今后管理提供科学依据。

土壤管理 展示林内杂草比较多，盖度达到40%~50%时需要进行松土和除草，每年抚育2次。

水肥管理 为了促进母树生长发育和开花结实，每株母树施复合肥0.4 kg，采用辐射沟施肥并覆土。同时，根据旱情进行适时灌水，一般每年2次。

树体管理 修枝可以调整母树的树体营养空间，使之达到理想的冠形，促进早结实、多结实。主要对密枝型母树剪去徒长枝、重叠枝。每年修枝一次，时间在3月底母树萌动之前。截顶是在母树长到一定高度截掉其向上生长主枝，以促进侧枝伸展。由于樟子松是高生长比较旺盛，适时截顶既有利于侧枝发展增加结实面积，对采种也十分有利。

去劣疏伐 在疏伐前，根据母树的生长及结实情况，确定需要保留的母树和疏伐的母树，并使保留母树分布尽量均匀。当母树林的郁闭度超过0.6时应进行疏伐，主要是伐除枯立木、风折木、病腐木、被压木、形质低劣的不良母树和部分非目的树种。疏伐后，郁闭度保留在0.3~0.4，疏伐间隔期为3~5年。

2.4 种子园建设效果评价

2.4.1 营养生长情况

（1） 无性系生长状况

按种子园的区划，对各大区的每个无性系各调查5株，每木检测树高、胸径和冠幅。根据种子园的地形特点，其中1、3区为一组，累计调查30个无性系；5、6区为另一组，累计调查50个无性系，各部分的无性系配置如下(表2-7)。

表 2-7　樟子松种子园无性系配置

位置	配置无性系
1、3 区	1、2、3、4、5、6、7、8、9、10、11、12、13、14、16、17、20、25、26、27、28、29、30、33、34、35、36、37、40、48
5、6 区	1、2、3、4、5、6、7、8、9、10、11、12、14、15、16、17、18、19、20、21、22、23、24、25、26、27、28、29、30、31、32、33、34、35、38、39、40、41、42、43、44、45、46、47、48、49、50、51、52、53

经对 1、3 区 30 个无性系和 5、6 区 50 个无性系生长性状(包括胸径、树高和冠幅)调查数据的整理，并进行方差分析，结果见表 2-8。

表 2-8　樟子松种子园无性系生长量方差分析表

大区	生长量	变异来源	平方和	自由度	均方	*F* 值	*p*
1、3 区	树高	无性系间	230.924	29	7.963	5.947**	0.000
		无性系内	160.664	120	1.339		
		总的	391.588	149			
	胸径	无性系间	932.793	29	32.165	2.254**	0.001
		无性系内	1712.360	120	14.270		
		总的	2645.153	149			
	冠幅	无性系间	74.565	29	2.571	2.111**	0.003
		无性系内	146.180	120	1.218		
		总的	220.745	149			
5、6 区	树高	无性系间	496.432	49	10.131	4.322**	.000
		无性系内	468.828	200	2.344		
		总的	965.260	249			
	胸径	无性系间	892.414	49	18.213	1.761**	0.004
		无性系内	2068.092	200	10.340		
		总的	2960.506	249			
	冠幅	无性系间	81.986	49	1.673	2.091**	0.000
		无性系内	160.024	200	.800		
		总的	242.010	249			

注：当 $p<0.05$ 时，差异显著，以*表示；当 $p<0.01$ 时，差异极显著，以**表示。

由表 2-8 的分析结果表明：1、3 区和 5、6 区树高(F=5.947**、4.322**)、胸径(F=2.254**、1.761**)、冠幅(F=2.111**、2.091**)在各无性系间均存在极显著差异，说明不同无性系在生长遗传特性上有所不同，进一步进行极差和变异系数的分析，见表 2-9、2-10。

表 2-9　樟子松种子园无性系生长量比较(1、3 区)

无性系号	树高			胸径			冠幅		
	平均值(m)	极差(m)	变异系数(%)	平均值(cm)	极差(cm)	变异系数(%)	平均值(m)	极差(m)	变异系数(%)
1	13.24 abc A	2.50	6.98	29.44	6.10	9.01	7.60	2.10	12.38
2	13.20 abc A	7.30	20.92	23.00	5.90	9.49	6.08	2.10	13.23
3	9.70 fgh CDE	3.70	14.99	18.70	6.90	14.80	5.94	1.50	9.79
4	12.48 abcde ABCD	1.90	6.09	25.50	6.90	12.43	7.36	3.40	18.17
5	12.14 abcdefg ABCD	2.00	6.83	22.10	6.90	12.86	7.06	1.70	9.79
6	12.66 abcd ABC	2.70	8.77	24.46	3.70	6.26	7.30	2.80	16.21
7	13.50 a A	2.40	7.91	27.92	6.70	9.52	8.04	3.60	16.61
8	12.84 abcd AB	2.70	8.65	26.94	11.50	18.95	7.34	2.80	14.50
9	13.44 ab A	2.20	6.54	25.58	9.10	14.89	6.96	1.60	9.45
10	12.94 abcd A	2.60	8.33	22.16	13.20	22.26	7.06	2.50	13.08
11	12.28 abcdef ABCD	1.40	4.17	24.52	12.30	20.56	7.04	2.30	12.81
12	12.86 abcd AB	1.70	5.70	22.62	11.80	22.58	7.76	1.30	7.44
13	11.78 abcdefg ABCD	2.70	8.52	23.40	7.70	13.56	7.08	2.70	18.13
14	12.26 abcdef ABCD	1.60	5.08	24.28	4.70	7.38	6.98	1.90	10.30
16	10.66 cdefgh ABCDE	2.70	10.75	24.32	8.00	12.99	7.44	1.50	8.43
17	9.82 efgh BCDE	4.50	17.54	19.64	11.90	25.90	5.26	2.30	18.99
20	11.82 abcdefg ABCD	3.90	12.35	24.36	11.30	18.72	7.30	2.50	13.77
25	11.28 abcdefgh ABCDE	2.10	7.89	21.94	5.50	10.36	6.54	1.40	7.99
26	10.78 abcdefgh ABCDE	2.20	8.91	24.14	12.70	19.92	7.32	3.40	18.99
27	10.72 bcdefgh ABCDE	1.80	6.96	22.62	9.20	18.64	6.70	4.20	24.20
28	10.90 abcdefgh ABCDE	2.80	10.03	23.40	11.10	18.88	7.56	6.50	32.86
29	11.64 abcdefg ABCDE	2.40	9.14	22.94	14.90	25.34	7.34	4.20	23.39
30	10.42 defgh ABCDE	3.40	12.85	25.08	8.00	12.18	7.44	3.50	19.45
33	10.62 cdefgh ABCDE	3.10	11.82	21.14	4.00	7.61	6.36	0.90	7.08
34	11.54 abcdefg ABCDE	2.30	9.48	27.52	7.60	12.19	8.50	2.20	10.69
35	11.06 abcdefgh ABCDE	2.40	9.41	21.38	9.30	18.03	6.10	2.60	15.64
36	8.64 h E	2.60	12.64	19.34	9.50	20.02	5.80	1.10	7.21
37	11.74 abcdefg ABCD	1.70	5.41	19.78	14.80	28.84	6.58	4.00	22.24
40	9.48 gh DE	3.20	15.06	22.46	7.60	13.79	6.22	1.20	7.58
48	11.12 abcdefgh ABCDE	1.30	4.73	23.52	1.10	1.84	6.20	2.00	12.18
平均	11.59	2.66	9.48	23.47	8.66	15.33	6.94	2.53	14.42

注：同一栏数字后不同小写字母表示差异显著($p<0.05$)，同一栏数字后不同大写字母表示差异极显著($p<0.01$)。

由表 2-9 可见，1、3 区各无性系生长表现较好，但性状平均值相差较大，其变异幅度为：树高 9. 70~13. 50 m，超出平均值的无性系有 16 个；胸径 18. 70~29. 44 cm，超出平均值的无性系有 14 个；冠幅 5. 26~8. 50 m，超出平均数的无性系有 19 个。优树无性系 1、4、6、7、8、9、11、14、20 号在胸径、树高和冠幅三个方面均超过平均值，而 3、17、25、27、33、35、36、40 号无性系在生长量方面均低于平均值。从上表还可以看出，树高、胸径、冠幅三个性状的极差均值分别为 2. 66 m、8. 66 cm、2. 53 m，相对于 30 个无性系的均值(树高平均值 11. 59 m、胸径平均值 23. 47 cm、冠幅平均值 6. 94 m)都较小，说明无性系内的变异较小。

表 2-10　樟子松种子园无性系生长量比较(5、6 区)

无性系号	树高			胸径			冠幅		
	平均值(m)	极差(m)	变异系数(%)	平均值(m)	极差(m)	变异系数(%)	平均值(m)	极差(m)	变异系数(%)
1	10. 84 abcde ABCD	5. 70	19. 19	13. 68	9. 40	24. 89	3. 12	2. 10	24. 87
2	8. 50 cde BCD	4. 20	19. 98	16. 40	9. 80	28. 09	4. 62	2. 10	19. 92
3	8. 02 de CD	1. 80	10. 81	12. 40	6. 30	20. 02	3. 72	2. 60	27. 57
4	10. 64 abcde ABCD	3. 70	15. 44	15. 26	7. 60	22. 19	4. 30	1. 60	14. 43
5	8. 02 de CD	2. 20	10. 88	16. 20	6. 10	16. 52	5. 12	1. 90	16. 07
6	7. 90 de CD	1. 60	8. 44	13. 38	3. 50	11. 88	3. 70	2. 10	21. 71
7	12. 76 ab AB	7. 10	20. 06	16. 52	14. 20	34. 37	4. 24	3. 40	29. 53
8	8. 38 cde CD	3. 70	18. 74	15. 26	11. 70	29. 67	5. 48	3. 40	24. 39
9	7. 10 e D	2. 60	18. 69	13. 02	12. 10	41. 14	3. 36	1. 40	19. 58
10	9. 44 abcde ABCD	2. 00	9. 93	15. 40	6. 80	17. 82	3. 74	1. 80	18. 39
11	8. 16 de CD	2. 90	13. 30	13. 66	5. 20	14. 94	4. 50	2. 00	19. 75
12	8. 24 cde CD	1. 30	6. 10	15. 36	6. 00	17. 40	4. 54	1. 20	10. 97
14	8. 44 cde CD	3. 10	14. 77	14. 64	9. 60	25. 24	4. 56	3. 10	28. 79
15	9. 78 abcde ABCD	5. 10	23. 71	14. 62	10. 20	30. 93	4. 28	1. 50	14. 91
16	10. 90 abcde ABCD	6. 90	23. 04	14. 56	7. 00	20. 33	4. 00	1. 70	17. 14
17	9. 62 abcde ABCD	4. 40	17. 81	13. 04	5. 40	17. 48	3. 50	2. 20	25. 15
18	9. 76 abcde ABCD	4. 70	19. 18	13. 00	5. 90	20. 97	4. 02	1. 90	17. 54
19	9. 50 abcde ABCD	3. 60	15. 25	13. 58	4. 80	13. 32	4. 66	1. 40	11. 91
20	10. 90 abcde ABCD	5. 30	18. 66	13. 88	9. 30	29. 54	4. 48	3. 30	28. 38
21	10. 04 abcde ABCD	5. 20	19. 83	12. 46	7. 70	24. 30	4. 52	2. 10	19. 12
22	10. 80 abcde ABCD	5. 80	20. 26	15. 44	6. 20	16. 67	5. 74	1. 60	10. 85
23	8. 10 de CD	2. 30	10. 87	14. 86	9. 50	26. 21	4. 78	1. 50	15. 75
24	8. 36 cde CD	2. 20	9. 37	12. 36	5. 50	17. 45	4. 38	2. 80	30. 31

（续）

无性系号	树高			胸径			冠幅		
	平均值（m）	极差（m）	变异系数(%)	平均值（m）	极差（m）	变异系数(%)	平均值（m）	极差（m）	变异系数(%)
25	9.68 abcde ABCD	5.60	22.44	11.92	10.50	37.40	3.46	2.00	21.69
26	12.08 abc ABC	3.80	13.24	16.88	3.70	8.31	4.42	1.30	12.54
27	8.38 cde CD	1.10	5.30	18.20	5.50	11.63	5.36	1.00	7.98
28	8.00 de CD	3.10	16.65	9.64	2.40	10.28	3.68	1.60	17.76
29	11.42 abcd ABCD	4.20	13.17	15.74	6.50	18.06	4.54	2.40	20.76
30	10.94 abcde ABCD	2.30	8.76	15.58	4.90	12.42	4.28	2.10	19.08
31	8.90 cde ABCD	3.10	13.10	13.12	5.40	16.62	4.24	1.30	13.51
32	8.56 cde BCD	3.40	19.31	16.60	11.50	27.99	4.70	3.60	27.74
33	9.82 abcde ABCD	2.60	11.12	15.50	5.20	12.51	4.18	1.40	14.09
34	13.06 a A	3.50	10.39	18.72	3.50	7.38	4.94	2.20	17.62
35	8.58 cde BCD	3.70	20.41	14.94	11.00	29.23	4.02	3.30	33.35
38	8.38 cde CD	3.20	14.60	11.66	3.80	12.47	3.44	1.20	15.33
39	9.88 abcde ABCD	2.70	10.41	15.56	3.20	9.74	4.52	1.70	14.11
40	9.64 abcde ABCD	5.00	19.36	15.28	13.40	33.75	3.40	3.10	32.94
41	7.90 de CD	2.00	11.74	12.32	4.80	15.51	4.10	2.40	21.19
42	8.70 cde BCD	2.70	13.03	13.36	4.90	16.42	3.86	2.30	25.95
43	9.78 abcde ABCD	3.80	15.70	18.06	12.40	30.14	4.80	3.60	30.94
44	8.14 de CD	1.80	8.58	15.96	7.60	20.07	4.92	2.60	19.30
45	9.34 abcde ABCD	3.00	12.13	13.66	7.20	21.62	4.74	1.40	12.17
46	9.08 bcde ABCD	3.40	14.00	13.68	4.60	13.50	4.00	1.70	16.20
47	10.60 abcde ABCD	4.60	17.51	11.76	5.50	21.06	4.60	3.40	32.50
48	7.30 e D	1.70	9.34	12.56	4.40	13.85	3.64	0.80	9.03
49	11.74 abcd ABC	3.80	15.81	15.66	3.80	11.39	4.20	1.80	17.66
50	11.28 abcd ABCD	6.20	20.25	14.92	7.00	18.44	3.48	1.30	16.68
51	11.68 abcd ABC	3.90	13.10	15.92	6.70	15.66	3.76	2.20	21.82
52	10.02 abcde ABCD	4.50	16.40	16.32	6.90	17.97	4.20	1.90	18.60
53	9.50 abcde ABCD	3.70	15.02	18.16	11.60	29.66	4.82	2.80	22.65
平均	9.53	3.60	14.90	14.61	7.15	20.29	4.27	2.10	20.00

注：同一栏数字后不同小写字母表示差异显著($p<0.05$)，同一栏数字后不同大写字母表示差异极显著($p<0.01$)。

由表2-10可见，5、6区各无性系生长性状平均值相差较大，其变异幅度为：树高7.10~13.06 m，超出平均值的无性系有24个；胸径9.64~18.72 cm，超出平均值的无性系有26个；冠幅3.12~5.74 m，超出平均数的无性系有24个。优树无性系4、22、26、29、30、34、39、43号在胸径、树高和冠幅三个方面均超过平均值，而3、6、9、28、

31、38、41、42、46、48号无性系在生长量方面均低于平均值。从上表还可以看出，树高、胸径、冠幅三个方面的极差均值分别为3.60 m、7.15 cm、2.10 m，比50个无性系的平均值(树高平均值9.53 m、胸径平均值14.61 cm、冠幅平均值4.27 m)明显偏小，说明无性系内的变异较小。

从表2-9、2-10中还可知，树高变异系数的均值为9.48%~14.90%，胸径变异系数的均值为5.33%~20.29%，冠幅变异系数的均值为14.42%~20.00%，这些性状在无性系内变异系数的均值和极差都较小，反映了不同性状的遗传稳定性好，说明树体受遗传控制较大。同时，从变异系数的均值和极差可以看出，树高的变异系数最小，说明树高受遗传控制更大。

以樟子松种子园1、3区30个无性系共150株树和5、6区50个无性系250株树的树高与其他生长指标进行相关分析，结果见表2-11。

表2-11 樟子松树高与其他生长因子的相关性

性状	胸径	冠幅	位置
树高	0.421**	0.307**	1、3区
树高	0.505**	0.287**	5、6区

结果表明，生长因子树高与胸径、冠幅之间存在着极显著的正相关，可见以树高作为评价樟子松优良无性系的主要因子可靠性更大，即树高值大其胸径、冠幅生长量的值也大(见表2-11)。

根据表2-8方差分析的结果估算重复力可知，树高的重复力为0.399~0.497、胸径为0.132~0.201、冠幅为0.179~0.182，树高的重复力最高。

综上所述，从种子园无性系的生长量的变异分析(表2-9、2-10)、相关分析(表2-11)和重复力估算等结果可以看出，以树高作为各无性系生长指标评定的主要因子，采用LSR法分析，以进一步比较各无性系间的差异性。对1、3区30个无性系进行多重比较可以看出(表2-9)，无性系7、9、1、2、10与17、3、40、36差异极显著，即从树高看7、9、1、2、10无性系最好，17、3、40、36无性系最差，其余无性系次之；最好的7、9、1、2、10无性系高生长超出平均参试无性系平均值14.41%。从表2-10可以看出，对5、6区50个无性系，无性系34、7、26、49、51与48、9差异极显著，即从树高来看，34、7、26、49、51无性系最好，48、9无性系最差，其余无性系次之；最好的34、7、26、49、51无性系高生长超出平均参试无性系平均值28.65%。

由表2-9、2-10可知，无性系植株营养生长之间存在一定的差异，而无性系植株的生长状况又是进行去劣疏伐的一个主要标准，同时也会影响开花结实(沈熙环，1992)。因此，种子园管理也应注重树体的营养管理。但是，优树选择属于表型选择，其表型的好坏并不代表基因型的优劣。因此，无性系间存在生长差异，还要结合无性系开花结实情况、子代测定等进行分析，以淘汰生长不良、开花结实差的无性系，实现优树无性系的再选择。

（2）灌溉对无性系生长的影响

在其他条件及管理措施相同情况下，比较种子园中灌溉与否对27个优树无性系（1、2、3、4、5、6、7、8、9、10、11、12、14、16、17、20、25、26、27、28、29、30、33、34、35、40、48）植株生长的影响，每个无性系各调查10株，其中5株为灌溉区、5株为对照区（表2-12）。

表2-12　灌溉对樟子松无性系植株生长的影响

无性系号	树高			胸径			冠幅		
	灌溉区平均值(m)	对照区平均值(m)	灌溉区/对照区	灌溉区平均值(cm)	对照区平均值(cm)	灌溉区/对照区	灌溉区平均值(m)	对照区平均值(m)	灌溉区/对照区
1	13.24	10.84	1.22	29.44	13.68	2.15	7.60	3.12	2.44
2	13.20	8.50	1.55	23.00	16.40	1.40	6.08	4.62	1.32
3	9.70	8.02	1.21	18.70	12.40	1.51	5.94	3.72	1.60
4	12.48	10.64	1.17	25.50	15.26	1.67	7.36	4.30	1.71
5	12.14	8.02	1.51	22.10	16.20	1.36	7.06	5.12	1.38
6	12.66	7.90	1.60	24.46	13.38	1.83	7.30	3.70	1.97
7	13.50	12.76	1.06	27.92	16.52	1.69	8.04	4.24	1.90
8	12.84	8.38	1.53	26.94	15.26	1.77	7.34	5.48	1.34
9	13.44	7.10	1.89	25.58	13.02	1.96	6.96	3.36	2.07
10	12.94	9.44	1.37	22.16	15.40	1.44	7.06	3.74	1.89
11	12.28	8.16	1.50	24.52	13.66	1.80	7.04	4.50	1.56
12	12.86	8.24	1.56	22.62	15.36	1.47	7.76	4.54	1.71
14	12.26	8.44	1.45	24.28	14.64	1.66	6.98	4.56	1.53
16	10.66	10.90	0.98	24.32	14.56	1.67	7.44	4.00	1.86
17	9.82	9.62	1.02	19.64	13.04	1.51	5.26	3.50	1.50
20	11.82	10.90	1.08	24.36	13.88	1.76	7.30	4.48	1.63
25	11.28	9.68	1.17	21.94	11.92	1.84	6.54	3.46	1.89
26	10.78	12.08	0.89	24.14	16.88	1.43	7.32	4.42	1.66
27	10.72	8.38	1.28	22.62	18.20	1.24	6.70	5.36	1.25
28	10.90	8.00	1.36	23.40	9.64	2.43	7.56	3.68	2.05
29	11.64	11.42	1.02	22.94	15.74	1.46	7.34	4.54	1.62
30	10.42	10.94	0.95	25.08	15.58	1.61	7.44	4.28	1.74
33	10.62	9.82	1.08	21.14	15.50	1.36	6.36	4.18	1.52

（续）

无性系号	树高			胸径			冠幅		
	灌溉区平均值(m)	对照区平均值(m)	灌溉区/对照区	灌溉区平均值(cm)	对照区平均值(cm)	灌溉区/对照区	灌溉区平均值(m)	对照区平均值(m)	灌溉区/对照区
34	11.54	13.06	0.88	27.52	18.72	1.47	8.50	4.94	1.72
35	11.06	8.58	1.29	21.38	14.94	1.43	6.10	4.02	1.52
40	9.48	9.64	0.98	22.46	15.28	1.47	6.22	3.40	1.83
48	11.12	7.30	1.52	23.52	12.56	1.87	6.20	3.64	1.70
平均	11.68	9.51	1.27	23.77	14.73	1.64	6.99	4.18	1.70

由表2-12可知，灌溉可促进无性系植株生长，树高、胸径、冠幅的生长超出对照的百分率分别为27%、64%、70%。但灌溉对各无性系植株生长的影响不同，有的无性系植株的生长量甚至超过对照100%，这也说明水肥管理的重要性。

(3) 气象因子对植株生长的影响

气候是制约植物生长发育的主要因子之一，但各种气象因子的重要性不同且又相互影响。根据樟子松种子园近15年(1993—2007年)的气象资料，以当年的树高生长量为因变量，进行逐步回归分析。

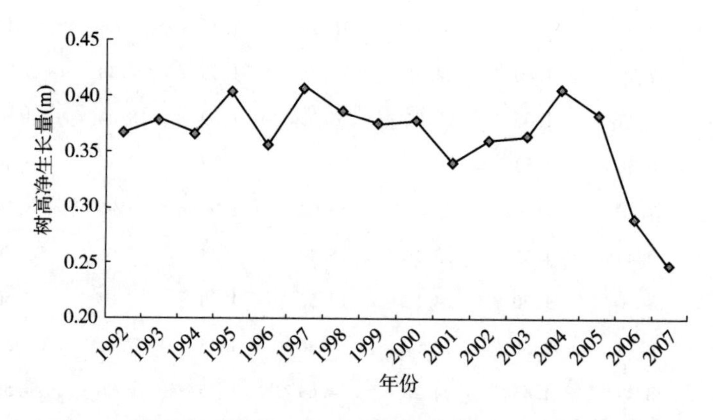

图2-4　樟子松种子园64株标准株年均树高净生长量曲线图

回归结果为：

$$H=0.455+0.002x_1-0.047x_2$$
$$(R=0.760,\ a<0.01)$$

式中：H为树高年净生长量，x_1为水热商数，x_2为年均风速。

上述结果表明，樟子松树高的年净生长量的76%以上可由水热商数和平均风速解释。水热商数是降水量与平均气温的比值，平均风速的大小也会影响水分因子。相关分析结果表明，樟子松树高生长与降水量($r=0.662**$)、水热商数($r=0.741**$)呈极显著正相关，与相对湿度($r=0.612**$)呈显著正相关，与≥10 ℃积温($r=-0.741**$)、最热月平均气温(r=-0.728＊＊)、干燥度(r=-0.736＊＊)呈极显著负相关，其余因子相关不显著。由此可知，水热状况及其平衡关系是影响榆林地区樟子松生长的主导因子。

2.4.2　开花结实状况

(1) 不同无性系的结实状况

种子园从 1991 年开始部分无性系结实，到 1993 年已全面结实，并采种建立子代测定林 1.3 hm^2。对种子园的结实产量于 2004 年、2006 年和 2007 年共调查三次，结果见图 2-5、2-6、2-7。

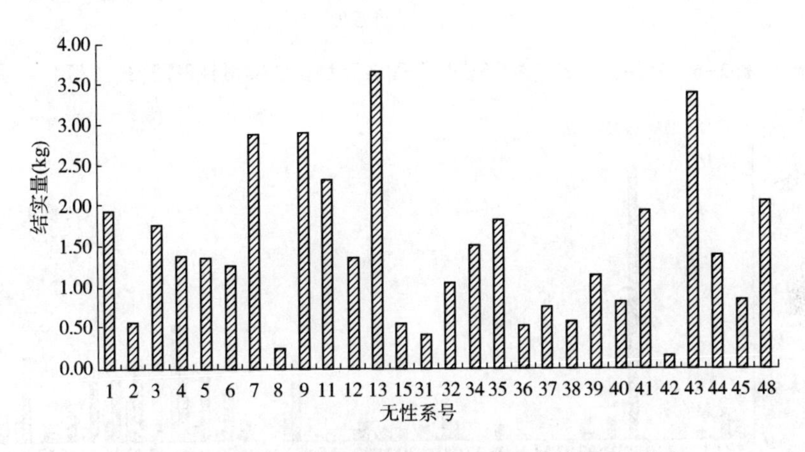

图 2-5　2004 年樟子松种子园各无性系结实量柱形图

从图 2-5 可知，各无性系的球果产量差异悬殊，波动幅度为 0.15~3.64 kg。在所调查的 28 个无性系中，结实量最多的是 13 号无性系，为 3.64 kg；其次是 43 号无性系，为 3.38 kg；最少的是 42 号无性系，仅 0.15 kg。结实最多的 13 号无性系与最少的 42 号无性系相比，相差 24 倍。结实量较高的 30%的无性系(13、43、9、7、11、48、41、1)累计贡献可占 52%左右的产量，而结实量较少的 40%的无性系(32、45、40、37、2、38、15、36、31、8、42)仅占总产量的 16%，其余 32%的结实量由结实量中等的 30%的无性系提供。种子园无性系间的结实差异势必会影响种子园种子的产量和品质，但另一方面可为建园无性系的再选择提供了较大的潜力。

在 2004 年结实量调查的基础上，2006 年、2007 年连续两年选 64 株标准株实测结实球果数量。其中 1、3 区 30 个优树无性系(1、2、、3、4、5、6、7、8、10、11、12、13、14、16、17、20、25、30、31、32、33、34、35、36、37、40、48)各 1 株，5、6 区 34 个无性系(15、16、17、18、19、20、21、22、23、24、25、26、27、28、29、30、31、32、33、34、35、36、38、39、40、41、42、43、44、45、46、47、49、52)各 1 株，结果如图 2-6、2-7 所示。

从图 2-6 和图 2-7 中可以看出，各无性系的结实差异比较明显，但各无性系在调查的两年间表现出一定的连续性，如图 2-5 的种子园 1、3 区，结实较好的无性系为 4、8、10、

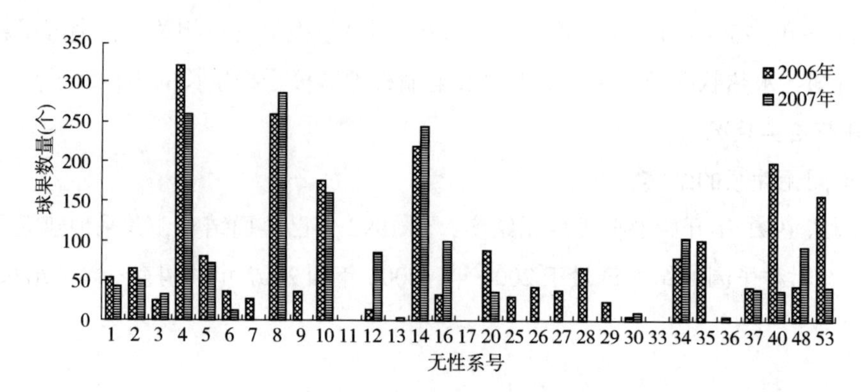

图 2-6　2006、2007 年樟子松种子园各无性系结实量柱形图(1、3 区)

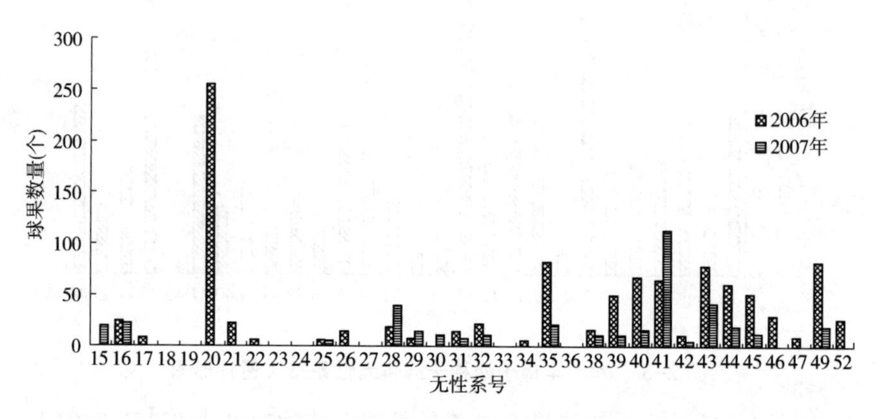

图 2-7　2006、2007 年樟子松种子园各无性系结实量柱形图(5、6 区)

14 号，在两年的调查中均表现结实多且稳定；图 2-6 的种子园 5、6 区，两年结实较好的有 40、41、43、44 号，而其他无性系结实少或未结实。种子园内无性系间结实球果数量差异较大，但在年度间表现出一定的稳定性，这种差异受遗传因素控制，可望选出结实高产稳产的无性系。从图 2-6 和图 2-7 中还可看出，2006 年的平均结实比 2007 年好。这是否存在结实的“大小年”现象，有待进一步研究。

(2) 灌溉对无性系结实的影响

种子园灌溉与否对结实的影响连续两年进行调查，并绘成图 2-8。从图 2-8 中可以看出，各无性系表现有所差异，从 2006 年的结实来看，除 17、20 号外，其他无性系都表现出灌溉区的结实高于对照区，而 2007 年仅有 16、20、34、40 号的结实在灌溉区的结实高于对照区，另有 5 个无性系均未结实。

2.4.3　种实性状

(1) 球果性状

对种子园的种子与对照种子各随机采摘 20 个，测量果长、果径，称量果重，并统计单果出种数。结果表明，种子园的单果重和单果出种数方面都高于对照果实(表 2-13)。

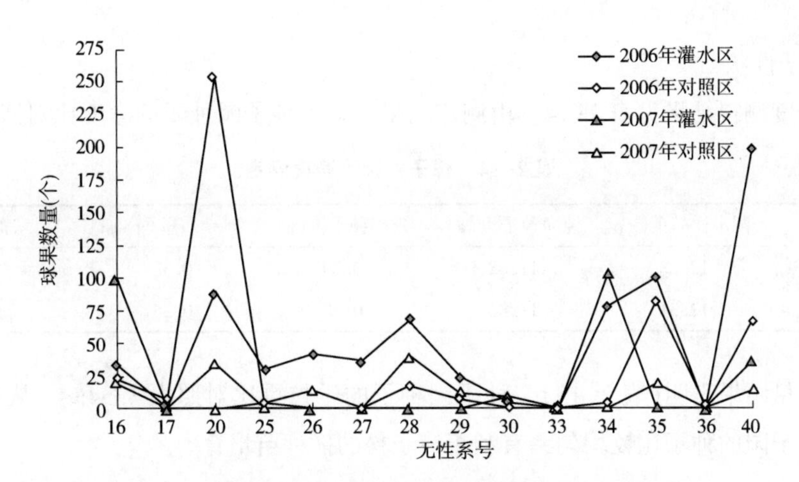

图 2-8 灌溉对樟子松种子园无性系结实的影响曲线图

表 2-13 樟子松种实性状

对照					种子园				
编号	单果重(g)	果长(cm)	果径(cm)	单果出种数(粒)	编号	单果重(g)	果长(cm)	果径(cm)	单果出种数(粒)
1	18.41	6.9	4.2	85	1	12.71	4.9	3.4	72
2	12.21	5.1	3.8	82	2	6.97	4.1	2.8	62
3	10.12	5.4	3.9	73	3	6.47	3.9	2.8	60
4	9.01	5.4	3.1	69	4	7.86	4.1	4.1	56
5	8.22	4.2	3.2	65	5	12.33	4.8	3.4	73
6	7.16	4.0	3.2	57	6	6.38	3.8	2.8	62
7	7.01	4.4	3.1	57	7	16.53	5.7	3.4	60
8	8.01	3.8	3.6	57	8	17.64	6.5	3.6	75
9	7.63	4.8	3.7	56	9	12.34	5.3	3.2	65
10	5.36	3.7	3.2	56	10	5.47	3.8	2.4	52
11	6.78	3.9	2.9	70	11	14.57	5.6	3.4	74
12	6.38	4.4	3.0	54	12	5.19	3.7	2.5	48
13	6.82	3.9	3.3	36	13	17.89	6.0	4.2	89
14	7.93	4.7	3.2	70	14	9.40	4.4	3.3	70
15	4.94	3.6	3.0	42	15	6.77	4.0	2.9	48
16	5.17	3.4	2.6	38	16	9.09	4.5	3.2	62
17	5.02	3.6	3.1	52	17	5.04	3.8	2.4	46
18	8.01	3.0	2.5	60	18	3.77	3.3	2.3	42
19	7.23	3.1	2.6	58	19	5.66	3.8	3.1	56
20	7.51	4.0	3.0	59	20	8.00	4.0	3.0	60
平均	7.95	4.3	3.2	60	平均	9.50	4.5	3.1	62

(2)种子性状

种子净度测得结果见表2-14。由测定结果可知，种子园种子的净度比对照稍高。

表2-14　樟子松种子净度测定

样品	测定样品重(g)	纯净种子重(g)	破碎种子重(g)	杂质重(g)	净度(%)
对照	12.28	11.62	0.29	0.32	95.01
种子园种子	12.31	11.86	0.10	0.35	96.34

种子重量结果表明(表2-15)，种子园种子的千粒重比对照大33.4%，从变异系数也可看出，种子园的种子比较均匀，有利于樟子松的播种苗培育。

表2-15　樟子松种子重量分析结果

样品	平均值(g)	标准差	变异系数(%)	千粒重(g)
对照	0.688	0.0184	2.674	6.88
种子园种子	0.918	0.0104	1.133	9.18

生活力测定结果表明，四唑染色法测定对照与种子园种子生活力分别为93%和92%。靛蓝染色法测定对照与种子园种子生活力分别为98%和97%。其中，种子园种子为贮藏一年的种子，而对照是当年的种子。由生活力测定结果可以看出两者并无差异，说明种子园种子经过常规方法贮藏后生活力没有明显下降。

种子发芽测定结果可知，对照种子发芽率为40%，种子园种子发芽率为20%。种子园的种子发芽率比对照有所下降，这可能是因为种子园的种子经过了贮藏而导致发芽率降低。

2.4.4　子代测定

(1) 参试家系各性状差异分析

对优树无性系子代测定林中各家系11年生树高、胸径和冠幅进行统计分析及比较，并利用二元材积公式计算材积，结果见表2-16。

表2-16　樟子松优树无性系子代生长比较

家系号	平均生长量				与同龄最差家系生长量的比值			
	树高(m)	胸径(cm)	冠幅(m)	材积(m^3)	树高	胸径	冠幅	材积
1	2.90	4.53	1.63	0.003704	1.46	2.42	1.48	7.00
2	2.70	3.47	1.46	0.002102	1.36	1.85	1.32	3.97
3	2.65	3.80	1.42	0.002662	1.34	2.03	1.29	5.03
4	2.83	4.07	1.31	0.003281	1.43	2.17	1.19	6.20
5	2.65	3.80	1.63	0.002498	1.34	2.03	1.48	4.72

（续）

家系号	平均生长量				与同龄最差家系生长量的比值			
	树高(m)	胸径(cm)	冠幅(m)	材积(m^3)	树高	胸径	冠幅	材积
6	3.23	4.75	1.82	0.004455	1.63	2.54	1.65	8.42
7	3.26	5.67	1.91	0.005982	1.65	3.03	1.73	11.31
8	2.22	2.50	1.11	0.001009	1.12	1.34	1.01	1.91
9	2.50	3.15	1.22	0.002070	1.26	1.68	1.11	3.91
10	2.74	4.20	1.42	0.003130	1.38	2.25	1.29	5.92
11	2.65	3.90	1.58	0.002560	1.34	2.09	1.43	4.84
12	3.01	3.95	1.65	0.003339	1.52	2.11	1.50	6.31
13	3.55	5.00	1.98	0.005334	1.79	2.67	1.80	10.08
15	2.69	3.25	1.37	0.001966	1.36	1.74	1.25	3.72
16	4.09	6.50	2.21	0.009267	2.06	3.48	2.01	17.52
19	2.53	2.80	1.46	0.001349	1.28	1.50	1.33	2.55
20	3.60	4.67	1.60	0.004682	1.82	2.50	1.45	8.85
21	3.50	4.65	1.73	0.004451	1.77	2.49	1.57	8.41
25	3.20	4.03	1.66	0.003440	1.61	2.15	1.50	6.50
26	1.98	1.87	1.10	0.000529	1.00	1.00	1.00	1.00
27	3.71	5.20	2.07	0.006000	1.88	2.78	1.88	11.34
28	3.14	3.90	1.63	0.003390	1.58	2.09	1.48	6.41
29	2.50	3.80	1.18	0.002325	1.26	2.03	1.07	4.40
30	2.91	4.40	1.44	0.003512	1.47	2.35	1.30	6.64
32	3.21	3.65	1.43	0.002762	1.62	1.95	1.30	5.22
33	2.92	4.25	1.86	0.003261	1.47	2.27	1.69	6.16
34	2.26	3.03	1.30	0.001470	1.14	1.62	1.18	2.78
37	3.52	5.65	2.16	0.006414	1.78	3.02	1.96	12.12
40	2.45	3.35	1.38	0.001818	1.24	1.79	1.25	3.44
41	3.43	5.07	1.92	0.005106	1.73	2.71	1.74	9.65
43	3.09	5.10	1.56	0.004747	1.56	2.73	1.42	8.98
46	3.31	5.20	1.90	0.005234	1.67	2.78	1.73	9.89
49	3.15	5.20	1.78	0.005000	1.59	2.78	1.62	9.45
51	3.72	5.80	2.16	0.006995	1.88	3.10	1.96	13.22
52	2.87	3.90	1.42	0.002732	1.45	2.09	1.29	5.16
53	2.33	3.17	1.32	0.001596	1.18	1.69	1.20	3.02
CK	1.71	2.13	1.31	0.000590	0.87	1.14	1.19	1.12
平均	2.94	4.14	1.59	0.003534	1.48	2.22	1.45	6.68

从表 2-16 可知，樟子松种子园优树无性系自由授粉子代测定林各家系生长良好。在树高生长量方面，11 年生平均值为 2.94 m，比对照大 71.93%；参试的 36 个家系全部的树高平均值都大于对照，占 100%，最大家系 16 号的树高生长量是对照的 2.39 倍。在胸径生长量方面，11 年生平均值为 4.14 cm，比对照大 94.37%；在参试的 36 个家系中有 35 个家系大于对照，占 97.22%，其中大于对照 10%以上的占 97.22%，大于对照 20%以上的占 94.44%，大于对照 50%以上的占 83.88%，最大家系 16 号的胸径生长量是对照的 3.05 倍。在冠幅生长量方面，11 年生平均值为 1.59 m，比对照大 21.37%；在参试的 36 个家系中有 31 个家系大于对照，占 86.11%，最大家系 16 号的冠幅生长量是对照的 1.69 倍。在单株材积方面，11 年生平均值为 0.003534 m^3，比对照大 500%；在参试的 36 个家系中有 35 个家系大于对照，占 97.22%。其中，大于对照 50%以上的占 97.22%，大于对照 100%以上的占 94.44%，最大家系 16 号的单株材积是对照的 15.71 倍。

由表 2-17 可知，优树子代各家系 11 年生树高、胸径、冠幅、材积生长量之间均存在极显著差异，这为子代选择提供了可行性。对 36 个家系的树高、胸径、冠幅、材积进行多重比较。从结果(表 2-18)看出，11 年生有 17 个家系树高生长量超过总体家系平均值，其中 16、51、27、20、13、37、21、41、46、7、6 号家系与对照的差异均达到显著水平，16、51、27、20、13、37、21 号家系与最差的 26 家系也达到显著差异。36 个家系中有 17 个家系胸径生长量超过总体家系平均值，其中 16、51、7、37、27、46、49、43、41、13、6、20、21 号家系与对照及最差家系 26 号的差异均达到显著水平。36 个家系中有 18 个家系的冠幅生长量超过总体家系平均值，其中 16、51、37、27、13、41 号家系与对照及最

表 2-17　樟子松优树无性系子代测定方差分析表

性状	变异来源	平方和	自由度	均方	*F* 值	*p*
树高	家系间	29.740	36	0.826	4.296**	0.000
	家系内	13.462	70	0.192		
	总和	43.202	106			
胸径	家系间	115.628	36	3.212	5.001**	0.000
	家系内	44.960	70	0.642		
	总和	160.588	106			
冠幅	家系间	9.904	36	0.275	4.713**	0.000
	家系内	4.086	70	0.058		
	总和	13.990	106			
材积	家系间	0.000387	36	0.0000107	4.556 543**	0.000
	家系内	0.000165	70	0.0000024		
	总和	0.000553	106			

注：当 $p<0.05$ 时，表示差异显著，以*表示；当 $p<0.01$ 时，表示差异极显著，以**表示。

差家系 26 号的差异均达到显著水平。36 个家系中有 14 个家系的材积生长量超过总体家系平均值，其中 16、51、37、20 号家系与对照及最差家系 26 号的差异均达到显著水平。生长最优的是 16 号家系，其平均树高、胸径、冠幅、材积分别为 4. 09 m、6. 50 cm、2. 21 m 和 0. 009267 m^3，是最差家系子代 26 号的 206. 57%、347. 59%、200. 91%和 1570. 67%，是总体家系子代群体均值的 139. 12%、157. 00%、138. 99%和 262. 22%；其次是 51 号，平均树高、胸径、冠幅、材积分别为 3. 72 m、5. 80 cm、2. 16 m 和 0. 006995 m^3，分别是最差家系子代 26 号的 187. 88%、310. 16%、196. 36%和 1185. 59%，是总体家系子代群体均值的 126. 53%、140. 10%和 135. 85%。说明在家系子代层次的进一步选择仍可获得较大的增益，同时为种子园的去劣疏伐提供了依据。

表 2-18　樟子松优树无性系子代测定各家系间性状的显著性检验

家系	树高		胸径			冠幅			材积		
	均值(m)	显著性	家系	均值(cm)	显著性	家系	均值(m)	显著性	家系	均值(m^3)	显著性
16	4. 09	a	16	6. 50	a	16	2. 21	a	16	0. 009267	a
51	3. 72	ab	51	5. 80	ab	51	2. 16	ab	51	0. 006995	ab
27	3. 71	ab	7	5. 67	ab	37	2. 16	ab	37	0. 006414	abc
20	3. 60	ab	37	5. 65	ab	27	2. 07	abc	27	0. 006000	abcd
13	3. 55	ab	27	5. 20	abc	13	1. 98	abcd	7	0. 005982	abcd
37	3. 52	ab	46	5. 20	abc	41	1. 92	abcd	13	0. 005334	abcde
21	3. 50	ab	49	5. 20	abc	7	1. 91	abcde	46	0. 005234	abcde
41	3. 43	abc	43	5. 10	abc	46	1. 90	abcde	41	0. 005106	abcde
46	3. 31	abc	41	5. 07	abc	33	1. 86	abcde	49	0. 005000	abcde
7	3. 26	abc	13	5. 00	abc	6	1. 82	abcde	43	0. 004747	abcde
6	3. 23	abc	6	4. 75	abcd	49	1. 78	abcde	20	0. 004682	abcde
32	3. 21	abcd	20	4. 67	abcd	21	1. 73	abcde	6	0. 004455	abcde
25	3. 20	abcd	21	4. 65	abcd	25	1. 66	abcde	21	0. 004451	abcde
49	3. 15	abcd	1	4. 53	abcde	12	1. 65	abcde	1	0. 003704	bcde
28	3. 14	abcd	30	4. 40	abcde	28	1. 63	abcde	30	0. 003512	bcde
43	3. 09	abcd	33	4. 25	abcde	1	1. 63	abcde	25	0. 003440	bcde
12	3. 01	abcd	10	4. 20	abcde	5	1. 63	abcde	28	0. 003390	bcde
33	2. 92	abcd	4	4. 07	abcde	20	1. 60	abcde	12	0. 003339	bcde
30	2. 91	abcd	25	4. 03	abcde	11	1. 58	abcde	4	0. 003281	bcde
1	2. 90	abcd	12	3. 95	abcde	43	1. 56	abcde	33	0. 003261	bcde

（续）

家系	树高		胸径			冠幅			材积		
	均值(m)	显著性	家系	均值(cm)	显著性	家系	均值(m)	显著性	家系	均值(m^3)	显著性
52	2.87	abcd	28	3.90	abcde	2	1.46	abcde	10	0.003130	bcde
4	2.83	abcd	52	3.90	abcde	19	1.46	abcde	32	0.002762	bcde
10	2.74	abcd	11	3.90	abcde	30	1.44	abcde	52	0.002732	bcde
2	2.70	abcd	5	3.80	abcde	32	1.43	abcde	3	0.002662	bcde
15	2.69	abcd	3	3.80	abcde	52	1.42	abcde	11	0.002560	bcde
5	2.65	abcd	29	3.80	abcde	10	1.42	abcde	5	0.002498	bcde
11	2.65	abcd	32	3.65	bcde	3	1.42	abcde	29	0.002325	bcde
3	2.65	abcd	2	3.47	bcde	40	1.38	abcde	2	0.002102	bcde
19	2.53	bcd	40	3.35	bcde	15	1.37	bcde	9	0.002070	bcde
9	2.50	bcd	15	3.25	bcde	53	1.32	cde	15	0.001966	bcde
29	2.50	bcd	53	3.17	bcde	4	1.31	cde	40	0.001818	bcde
40	2.45	bcd	9	3.15	bcde	CK	1.31	cde	53	0.001596	cde
53	2.33	bcd	34	3.03	bcde	34	1.30	cde	34	0.001470	cde
34	2.26	bcd	19	2.80	cde	9	1.22	de	19	0.001349	cde
8	2.22	bcd	8	2.50	cde	29	1.18	de	8	0.001009	de
26	1.98	cd	CK	2.13	de	8	1.11	e	CK	0.000590	e
CK	1.71	d	26	1.87	e	26	1.10	e	26	0.000529	e
总平均值	2.94			4.14			1.59			0.003534	

注：显著性一栏不同小写字母表示差异显著($p<0.05$)。

经平均数显著性检验(t 检验)，家系的平均树高、平均胸径、平均冠幅、平均单株材积均极显著优于对照。从以上分析看出，樟子松种子园子代生长具有明显的优异性，但仍有少数几个家系低于对照，由此说明优良的表型并不一定产生优良的子代。因此，表型选择后的遗传测定是非常重要的，只有通过子代测定，用子代的遗传表现性状来评价亲本，才能提高选择效果。

(2) 亲本一般配合力的估算

本次研究中，樟子松优树树高性状的一般配合力即为各家系树高均值与树高总平均值之间的差值，结果见表 2-19。各家系在树高、胸径、冠幅、材积等方面的一般配合力高低秩序有所差异，对树高性状，16、51、27、20、13、37、21、41、46、7、6 等优树的一般配合力较高，结合胸径、材积考虑，这 11 个优树无性系的子代表现较好。因此，在种子园去劣疏伐时可考虑选用这 11 个樟子松优树无性系建立种子园，充分利用这些亲本基因的累加效应。

表 2-19　樟子松优树无性系一般配合力测定值

树高		胸径		冠幅		材积	
家系	一般配合力	家系	一般配合力	家系	一般配合力	家系	一般配合力
16	1. 15	16	2. 36	16	0. 62	16	0. 009267
51	0. 78	51	1. 66	51	0. 57	51	0. 006995
27	0. 77	7	1. 53	37	0. 57	37	0. 006414
20	0. 66	37	1. 51	27	0. 48	27	0. 006000
13	0. 61	27	1. 06	13	0. 39	7	0. 005982
37	0. 58	46	1. 06	41	0. 33	13	0. 005334
21	0. 56	49	1. 06	7	0. 32	46	0. 005234
41	0. 49	43	0. 96	46	0. 31	41	0. 005106
46	0. 37	41	0. 93	33	0. 27	49	0. 005000
7	0. 32	13	0. 86	6	0. 23	43	0. 004747
6	0. 29	6	0. 61	49	0. 19	20	0. 004682
32	0. 27	20	0. 53	21	0. 14	6	0. 004455
25	0. 26	21	0. 51	25	0. 07	21	0. 004451
49	0. 21	1	0. 39	12	0. 06	1	0. 003704
28	0. 2	30	0. 26	28	0. 04	30	0. 003512
43	0. 15	33	0. 11	1	0. 04	25	0. 003440
12	0. 07	10	0. 06	5	0. 04	28	0. 003390
33	-0. 02	4	-0. 07	20	0. 01	12	0. 003339
30	-0. 03	25	-0. 11	11	-0. 01	4	0. 003281
1	-0. 04	12	-0. 19	43	-0. 03	33	0. 003261
52	-0. 07	28	-0. 24	2	-0. 13	10	0. 003130
4	-0. 11	52	-0. 24	19	-0. 13	32	0. 002762
10	-0. 2	11	-0. 24	30	-0. 15	52	0. 002732
2	-0. 24	5	-0. 34	32	-0. 16	3	0. 002662
15	-0. 25	3	-0. 34	52	-0. 17	11	0. 002560
5	-0. 29	29	-0. 34	10	-0. 17	5	0. 002498
11	-0. 29	32	-0. 49	3	-0. 17	29	0. 002325
3	-0. 29	2	-0. 67	40	-0. 21	2	0. 002102
19	-0. 41	40	-0. 79	15	-0. 22	9	0. 002070
9	-0. 44	15	-0. 89	53	-0. 27	15	0. 001966
29	-0. 44	53	-0. 97	4	-0. 28	40	0. 001818
40	-0. 49	9	-0. 99	CK	-0. 28	53	0. 001596
53	-0. 61	34	-1. 11	34	-0. 29	34	0. 001470
34	-0. 68	19	-1. 34	9	-0. 37	19	0. 001349
8	-0. 72	8	-1. 64	29	-0. 41	8	0. 001009
26	-0. 96	CK	-2. 01	8	-0. 48	CK	0. 000590
CK	-1. 23	26	-2. 27	26	-0. 49	26	0. 000529

(3)遗传力及遗传增益的估算

根据表2-17，从期望均方的结构可知，家系均方既包含了家系的遗传变量，又包含了环境变量。因此，如按家系平均值选择时，可用家系均方中遗传变量部分占家系均方的比值作为家系遗传力的估计值(沈熙环，1990；陈晓阳和沈熙环，2005)。因此，所计算树高、胸径、冠幅、材积的家系遗传力分别为0.77、0.80、0.79，0.78，这些生长性状的遗传力较高，说明这些生长性状的变异主要来自遗传因素，受环境变动的影响较小。如果从36个家系中选择11个用树高表现较好的家系(16、51、27、20、13、37、21、41、46、7、6)，即选择比率为0.31，查表得选择强度为1.14。根据选择强度、表型方差、家系遗传力及原始群体平均值(调和平均数为2.88)，可估算树高的预期遗传增益为18.71%，即通过11个家系的选择在树高性状方面可获得18.71%的增益。

2.4.5 采穗圃的利用

榆林市樟子松种子园所建立的为初级采穗圃，建圃材料是未经遗传测定的优树，它只是提供建立初级无性系种子园，无性系鉴定和资源保存所需要的种条。樟子松采穗圃按高干圆柱形进行修剪，于1989年和1990年两次采条，1989年对其中的14个无性系共采集780个接穗，1990年又对46个无性系采集2790个接穗。该采穗圃除采穗外，主要用作优树收集，30年生时树高平均12.0 m，最高达16.0 m；胸径平均为18.0 cm，最大的为27.0 cm。

2.4.6 展示林生长状况

1990年建立樟子松展示林33.3 hm^2，2005年又新建立樟子松展示林33.3 hm^2，共建立樟子松展示林66.6 hm^2。1990年建立的展示林树高2.00~7.90 m，平均4.83 m；胸径2.8~13.5 cm，平均8.2 cm；冠幅0.98~4.52 m，平均2.63 m；生长势旺盛。现已经有70%以上的植株开始结实，其中有少部分已大量结实，全林平均每株结实球果为10个，最多的单株结实达300多个。2005年新建立的樟子松展示林长势良好，保存率达98%以上，2008年测定平均苗高79.3 cm、平均地径2.1 cm。

2.5 讨论

樟子松天然分布于我国大兴安岭和呼伦贝尔沙地草原，集中在呼伦贝尔草原(郑万钧，1983；唐麓君，2005)。红花尔基沙地樟子松林位于呼伦贝尔沙地的南端、大兴安岭西坡中部向内蒙古高原的过渡带，界于北纬47°36′~48°35′、东经118°58′~120°32′，属于中温带大陆性季风气候，地处半湿润、半干旱地区(郑元润，1999；高明福等，2006)。樟子松引种地榆林市地处毛乌素沙漠南缘、陕北黄土高原北端，位于北纬36°57′~39°34′、东经107°28′~111°15′，气候属温带干旱大陆性季风气候(任德存，2005)，为半干旱区。由此可见，榆林引种樟子松，将其分布范围向南推移 10 个纬度、向西推移 10 个经度，是迄今为止樟子松引种分布的最南端。而且，樟子松的引种成功，填补了榆林毛乌素沙地无常绿乔木树种大面积造林的空白，对于控制冬春季节风沙危害起到极其重要的作用。在靖边县治沙站，30 年生樟子松林不仅长势明显优于同龄油松林，并且在人工栽植的乔木和灌木林下形成盖度很高的草本层和生物结皮，表现出明显的森林环境特征。与原产地及其他引种地相比，樟子松引入榆林后生长量并没有降低(郭永堂，1994；高崇华等，1996；苏红军等，2005；赵思金和张泳新，2005)。与原产地及其他引种地相比，榆林位于半干旱地区，地处毛乌素沙地南端，干旱缺水、风蚀沙埋、土壤贫瘠等环境胁迫，对樟子松引种和栽培形成潜在威胁。为了提高樟子松的引种和造林效果，经过多年探索提出了沙地樟子松“六位一体”造林技术，对樟子松的引种成功和高效造林起到了关键作用。同时，几乎与引种同步建立了“榆林市樟子松良种基地”，为从良种壮苗、科学造林、合理抚育等不同环节防控早衰奠定了基础。

樟子松耐旱、耐寒、耐贫瘠，适应性较强，生长迅速，是我国北方半干旱风沙地区营造防风固沙林、农田防护林、草场防护林、水土保持林和用材林的主要树种(康宏樟等，2004)。为了满足生产上对樟子松种子的大量需求、不断提高遗传品质和适应性，相继在其天然分布区的东北和华北建成多处种子园(王丽娟和衣俊鹏，1994；李希才等，1995；徐树堂，1995；刘录等，1996；李树春等，1997；王福森等，1997；李炳艳等，2000)。榆林市进行樟子松引种的同时，在优良种源红花尔基开展优树选择，建成了拥有 64 个优树无性系的樟子松种子园以及子代测定林、展示林和采穗圃，是迄今为止西北地区唯一的樟子松良种基地。种子园的建立是针叶树育种最有效的方法之一(杜超群等，2020)。此外，建立了优良种质资源采穗圃和引种示范林，将引种、研究、示范和推广等环节连接起来，从而使引种和推广整体工作得以顺利完成。

种子园管理是为获得高产稳产的种子，主要包括树体管理、土壤管理、去劣疏伐、病虫害防治等方面。掌握母树生长与气象因子的关系，可为种子园的科学管理提供依据。但是，气象因子在影响母树生长的同时，气象因子之间也相互影响，因此筛选主导因子就显得极其重要(沈海龙等，1995；周智彬，2002；刘建泉和陈江，2003)。为了掌握榆林毛乌素沙地的具体情况，本研究在分析生长量与单个气象因子关系的基础上，采用逐步回归分析，证明樟子松树高的年净生长量的 76%以上可由水热商数和平均风速解释，即影响樟子松生长的主导因子是水热商数和年均风速。进一步相关分析表明，樟子松树高生长与降水量、水热商数呈极显著正相关，与相对湿度呈显著正相关，与≥10 ℃积温、最热月平均气温、干燥度呈极显著负相关，其余因子相关不显著。水热商数是降水量与平均气温的比值，平均风速的大小也会影响水分因子。由此可知，水热状况及其平衡关系是影响榆林地区樟子松生长的主导因子。在此基础上，提出了以水分管理为核心的樟子松种子园经营技术体系。同时，水肥管理的重要性在其他种子园经营管理中也受到重视(葛艺早等，2016)。实践表明，灌溉可促进无性系植株生长，也有利于改善母树结实状况。但灌溉对各无性系植株生长的影响有所不同，各无性系结实表现也有所差异。当然，灌溉与施肥对植株生长结实的影响并不是一致的，有的无性系仅在营养生长方面有促进作用，树体生长性状与球果产量间存在一定的正相关关系，树体大、树冠开阔则种子产量高(王行轩等，1995；徐树堂，1995；钟伟华等，1998；张利民等，2002；陈凡等，2004)，但这种相关关系会随生长发育阶段的不同而发生改变(崔宝禄等，2002)。无论如何，树体结构的形成是开花结实的基础。除水肥管理之外，树体管理也是促进母株生长与结实的关键因素(阎雄飞等，2019a，2019b；刘永华等，2020)。研究表明，矮化可降低樟子松母树结实高度便于球果采集，又能促进樟子松结实、提高种子的产量和质量，近年来成为种子园母树科学经营管理的研究热点(王福森等，2017)。对樟子松母树截冠、拉枝垂吊处理，可提高结实的产量和种子质量(阎雄飞等，2019b)。疏伐是促进母树生长和发育、提高种子产量和质量的关键性措施。通过疏伐，可以有效地改善林分光照、水肥和卫生条件，调整立木结构，以扩大母树地下和地上空间营养面积，有利于树冠的扩展和母树结实量的提高。种子园开花结实是影响种子生产数量与品质的重要因素，调查表明，各无性系结实不均衡，结实比例不高，这方面针叶树的种子园研究报道较多(覃开展和罗筱娥，2001；包秀兰等，2003；许玉兰等，2006；陈坦等，2019)，如火炬松种子园20%的无性系提供了全园近80%的种子产量(成应忠等，2004)，马尾松种子园绝大部分产量是由小部分无性系生产的(季孔庶等，2005)，日本落叶松种子园母树结实比例仅为10%等(杜超群等，2019)。这种不均衡性为种子园建园亲本的再选择提供基础(周雪燕等，2020)。但不同无性系在年度间又具有一定的稳定性，这在马尾松(陈敬德，1998；金国庆等，1998；覃开展和罗筱娥，2001；谭健晖，2001)、火炬松(钟伟华等，1998)、红松(王行轩等，1995，2001)等研究中得到证实。

子代测定是提高种子园种子的遗传品质、增加种子园遗传增益的必要手段，通过测定各家系的生长表现，估算其亲本的一般配合力、遗传力和遗传增益，筛选出好的无性系，为已建成的初级种子园留优去劣的疏伐和建立改良代种子园提供依据(吴振明等，2019；郭成博等，2020)。樟子松种子园的建园材料是只经过表型性状初选的优树，其选育的遗传基础信息缺乏。对樟子松11年生的子代测定林调查结果可知，优树无性系子代各家系之间在树高、胸径、冠幅、材积等生长性状方面均存在极显著差异，这种变异为二代种子园的建立提供了基础信息(贯春雨等，2017)。变异来源、性状相关及重复力计算结果表明，以树高生长量作为评价樟子松优良无性系的主要因子最为适宜。因此，以树高作为评价因子，结合胸径、材积差异，通过一般配合力计算，从64个无性系中评选出11个优树无性系的子代表现良好，树高生长量为对照的209%、为参试家系平均值的122%。通过这

11 个优树无性系的选择，在树高性状方面可望获得 18.71%的增益。研究结果为榆林毛乌素沙地筛选出适宜推广的优良家系，同时也为种子园的去劣疏伐或重建提供了理论依据。当然，子代测定后选优重建在一定程度上会降低遗传多样性，目前针对种子园遗传多样性的研究较多(童跃伟等，2019；杜超群等，2020；童茜坪等，2020)，通过建园亲本材料遗传多样性的分析，结合子代测定结果(郭成博等，2020)，可为高世代种子园的建立奠定基础，为后期育种策略的制定和遗传改良的可持续发展提供参考依据。种子园通过有性过程生产改良种子，既要获得较高的遗传增益(金国庆等，2019)，又必须保持较宽的遗传基础(李义良等，2009；杜超群等，2020)，保证所生产的种子具有一定的遗传多样性，这对确保种子育苗所营造的林分具有较强的适应性，尤其对避免极端气候等环境因子造成林分损失至关重要(于大德等，2014；杜超群等，2020)。下一步可以开展该种子园各无性系间的遗传多样性分析，也可从其他地区或者原产地引进其他优良种质资源补充进入育种群体进而提高遗传多样性，拓宽遗传基础(杜超群等，2020)。此外，子代测定结果随植株生长发育阶段发生变化(吴振明等，2019)、遗传多样性随着遗传改良进程的变化状况(杜超群等，2020)也是值得关注的问题，下一步可开展相关研究和探讨。当然，林木生长周期较长，开展子代测定耗时较长，结合当今种子园 BWB 的评价方法，可以大大缩短测定时间(袁虎威等，2016，2017)，这也是樟子松种子园下一阶段可以探讨的问题。

2.6　小结

在分析樟子松引种必要性和可行性的基础上，根据引种地和原产地的自然条件差异，确定以距离较近、自然条件比较相似的红花尔基沙地樟子松作为引入种源，并制定了科学合理的技术路线和栽培技术，尤其是抗旱造林和防风固沙措施，最终使引种获得成功，具体表现为樟子松引入后造林保存率较高、营养生长良好、物候及开花结实正常、种子具备一定的繁殖能力、没有发生严重的病虫危害，适应性较强，樟子松的引种成功，填补了榆林毛乌素沙地无常绿乔木树种大面积造林的空白。在引种初步成功以及建立适用造林技术的基础上，积极进行樟子松推广应用。目前，该地区樟子松造林面积已达 105000 多 hm^2，并在榆林市横山县建成西北最大的樟子松示范基地。调查结果表明，樟子松与当地的油松相比，具有生长快、树干通直、适应性强等特性，而且能够形成比油松更加稳定的森林生态系统。

根据生长、干形和抗性等指标，在原产地内蒙古红花尔基选择优树 64 株，并以此为繁殖材料，进行园址选择、种子园区划、建园无性系配置、建园材料嫁接培育栽植等环节，建成无性系种子园，同时建立了相应的优树收集区(兼作采穗圃)、子代测定林和展示林，是迄今为止西北地区唯一的樟子松良种基地。目前，种子园已基本进入结实盛期，种子质量好、纯度高、具备较好的发芽能力。

种子园科学管理是保证高产稳产、提高种子品质的关键环节，其内容主要包括土壤管理、水肥管理、树体管理、去劣疏伐、花粉管理和病虫害防治等。对于干旱缺水、土壤贫瘠的毛乌素沙地而言，水肥管理至关重要。连年生长量与气候因子的相关分析结果表明，水热状况及其平衡关系、年均风速是影响榆林地区樟子松生长的主导因子。田间试验结果表明，适时灌水不仅明显促进母树营养生长，而且有利于改善母树结实状况，通过养分的快速积累提高种子产量、改善种子品质。同时，松土除草能明显改善土壤水肥状况、减少杂草竞争，是种子园土壤管理经济而有效的途径。基于这些研究成果，确立了以水分管理为核心的种子园经营技术体系以及抗旱造林和防风固沙栽植为核心的人工林营造配套技术，为樟子松的推广应用提供了支撑。

榆林市樟子松种子园至今在遗传改良上已显示出一定的效果，各无性系之间的生长量存在极显著差异，且重复力较高，树高为 0.399~0.497、胸径为 0.132~0.201、冠幅为 0.179~0.182。种子园已基本进入结实盛期，其种子质量好、纯度高；结实在年份间存在较大的波动，但各无性系相对稳定，受遗传因素的控制较大。生长性状遗传力较高，树高、胸径、冠幅、材积分别达 0.77、0.80、0.79、0.78，一般配合力也较高。对其变异来源、性状相关及重复力计算表明，以树高生长量作为评价樟子松优良无性系的主要因子最为适宜。以树高为评价因子，筛选出 11 个家系，树高生长量为对照的 209%、为参试家系平均值的 122%，预期增益为 18.71%。研究结果不仅为榆林毛乌素沙地筛选出适宜推广的优良家系，还为种子园的去劣疏伐或重建提供了理论依据。

主要参考文献

包秀兰，敖妍，安守芹，等，2003. 以配子供量、球果量数量性状对油松种子园去劣疏伐研究[J]. 内蒙古农业大学学报，24(4)：78-82.

陈凡，张利民，徐小刚，等，2004. 利用灰色关联度分析红松种子园无性系结实与生长因子的关系[J]. 林业资源管理(4)：35-37，51.

陈敬德，1998. 马尾松无性系种子园产量变异的研究[J]. 南京林业大学学报，22(3)；81-85.

陈坦，张振，楚秀丽，等，2019. 马尾松二代无性系种子园的花期同步性[J]. 林业科学，55(1)：146-156.

陈晓阳，沈熙环，2005. 林木育种学[M]. 北京：高等教育出版社.

崔宝禄，杨俊明，郑辉，等，2005. 我国针叶树种子园结实量的研究进展[J]. 河北林果研究，20(2)：120-123，137.

杜超群，许业洲，孙晓梅，2020. 日本落叶松种子园群体遗传多样性评价[J]. 森林与环境学报，40(4)：406-411.

高崇华，李志忠，付强，1996. 毛乌素沙地引种樟子松调查报告[J]. 内蒙古林业科技(1)：29-32.

高凤山，魏建华，胡英阁，等，2001. 樟子松遗传改良研究概述[J]. 辽宁林业科技(3)：5-8.

高明福，罗刚，塔娜，等，2006. 红花尔基林业局森林资源现状分析及经营对策[J]. 内蒙古林业调查设计，29(3)：33-34，44.

葛艺早，刘文飞，吴建平，等，2016. 不同施肥处理对杉木种子园种子品质的影响[J]. 森林与环境学报，36(4)：442-448.

宫淑琴，刘东兰，2002. 大兴安岭地区樟子松人工林材积表的编制[J]. 林业资源管理(5)：31—32，20.

贯春雨，王福森，李树森，等，2017. 樟子松第二代无性系种子园建立与经营管理技术[J]. 防护林科技(1)：126-127.

郭成博，李静，李春明，2020. 樟子松优良家系选择及高世代种子园营建技术研究[J]. 防护林科技(5)：1-6.

郭永堂，1994. 阿尔泰地区引种樟子松生长情况调查[J]. 防护林科技(3)：52-53.

胡集瑞，2007. 11 年生马尾松种子园自由授粉子代测定林的分析研究[J]. 福建林业科技，34(3)：31-35.

季孔庶，樊民亮，徐立安，2005. 马尾松无性系种子园半同胞子代变异分析和家系选择[J]. 林业科学，41(6)：43-49.

金国庆，秦国峰，周志春，等，1998. 马尾松无性系种子园球果产量的遗传变异[J]. 林业科学研究，11(3)：277-284.

金国庆，张振，余启新，等，2019. 马尾松 2 个世代种子园 6 年生家系生长的遗传变异与增益比较[J]. 林业科学，55(7)：57-67.

康宏樟，朱教君，李智辉，等，2004. 沙地樟子松天然分布与引种栽培[J]. 生态学杂志，23(5)：134-139.

李炳艳，朱万昌，杨菲，等，2000. 切根对樟子松无性系种子园结实量的影响[J]. 林业科技，25(2)：6-7.

李树春，高峰，张韧，等，1997. 樟子松种子园花粉空间飞散规律及密度的研究[J]. 吉林林业科技(6)：16-17.

李希才，郭承文，王祥岐，等，1995. 樟子松种子园花粉的时空变化研究[J]. 东北林业大学学报，23(2)：1-6.

李义良，赵奋成，张应中，等，2009. 分子标记在松树遗传与进化研究中的应用[J]. 分子植物育种，7(5)：1004-1009.

刘建泉，陈江，2003. 影响酒泉地区樟子松生长的因素及其生长量预测模型[J]. 东北林业大学学报，31(5)：33-39.

刘录，毛玉琪，张景林，等，1996. 樟子松种子园种子播种品质研究[J]. 吉林林业科技(1)：22-24.

刘永华，李鲜花，刘波，等，2020. 母树截冠处理对樟子松种子萌发、幼苗生长及根系特征的影响[J]. 陕西农业科学，66(5)：48-49，53.

龙应忠，吴际友，童方平，等，2004. 火炬松种子园无性系种实性状遗传与变异研究[J]. 南京林业大学学报(自然科学版)，28(6)：103-106.

任德存，2005. 走进榆林[M]. 西安：陕西旅游出版社.

沈海龙，李世文，胡详一，等，1995. 东北东部山地樟子松生长与气候因子的相关分析[J]. 东北林业大学学报，23(3)：33-39.

沈熙环，1990. 林木育种学[M]. 北京：中国林业出版社.

沈熙环，1992. 种子园技术[M]. 北京：科学技术出版社.

苏红军，赵峰，李红光，2005. 沙地樟子松生长规律的研究[J]. 防护林科技，5：12-13.

覃开展，罗筱娥，2001. 马尾松种子园无性系生长结实规律研究[J]. 广西林业科学，30(1)：28-31.

谭健晖，2001. 马尾松种子园无性系开花习性研究[J]. 广西林业科学，30(2)：76-78.

唐麓君，2005. 治沙造林工程学[M]. 北京：中国林业出版社.

童茜坪，剡丽梅，张磊，等，2020. 红松种子园单株 ISSR-PCR 遗传多样性分析[J]. 林业科技，45(2)：17-20

童跃伟，唐杨，陈红，等，2019. 松种子园种群表型多样性研究[J]. 生态学报，39(17)：6341-6348.

王福森，李树森，李晶，等，2017. 樟子松无性系种子园矮化处理对结实及种子品质的影响[J]. 东北林业大学学报，45(5)：26-28.

王福森，郑洲泉，张梅，1997. 樟子松、长白落叶松种子园开花结实规律研究[J]. 吉林林业科技(5)：11-15.

王行轩，张立民，庞志慧，1995. 红松种子园树木开花结实规律[J]. 林业科技通讯(9)：16-17.

王行轩，张利民，庞志慧，2001. 红松结实性状的选择效果[J]. 东北林业大学学报，29(3)：31-36.

王丽娟，衣俊鹏，1994. 樟子松种子园败育研究[J]. 辽宁林业科技(1)：1-4.

吴振明，陈明皋，吴际友，等，2019. 湿地松种子园家系生长表现[J]. 中南林业科技大学学报，39(4)：1-4.

徐树堂，1995. 樟子松种子园无性系产种量差异分析[J]. 辽宁林业科技(1)：7-10.

许玉兰，段安安，唐社云，等，2006. 思茅松无性系种子园结实习性研究[J]. 西部林业科学，35(3)：39-42.

阎雄飞，刘永华，冯永宏，等，2019a. 2 种截冠处理对种子园樟子松幼龄母树生长的影响[J]. 农学学报，9(10)：42-47.

阎雄飞，曹存宏，袁小琴，等，2019b. 截冠处理对种子园樟子松壮龄母树结实的影响[J]. 北京林业大学学报，41(8)：48-56.

于大德，袁定昌，张登荣，等，2014. 华北落叶松种子园不同世代间遗传多样性变化[J]. 植物遗传资源学报，15(5)：940-947.

袁虎威，梁胜发，符学军，等，2016. 山西油松第二代种子园亲本选择与配置设计[J]. 北京林业大学学报，38(3)：47-54.

袁虎威，王晓飞，杜清平，等，2017. 基于 BWB 的油松初级种子园混合子代优树选择与配置设计[J]. 北京林业大学学报，39(11)：28-34.

张利民，王行轩，王玉光，2002. 红松生长结实与分杈关系的研究[J]. 辽宁林业科技(5)：19-20.

张治来，曹正，张治发，等，2010. 榆林毛乌素沙地樟子松种子园提高结实量措施[J]. 林业调查规划，35(1)：87-91.

赵思金，张泳新，2005. 章古台沙地不同立地樟子松生长状况分析[J]. 辽宁农业职业技术学院学报，7(2)：3-6.

郑万钧，1983. 中国树木志(第 1 卷)[M]. 北京：中国林业出版社.

郑元润，1999. 红花尔基沙地樟子松种群优势度增长动态及自疏规律的研究[J]. 武汉植物学研究，17(4)：339-344.

钟伟华，黄少伟，何昭珩，等，1998. 火炬松种子园无性系产果力变异与选择研究[J]. 林业科学研究，11(1)：70-77.

周雪燕，高海燕，李召珉，等，2020. 基于生长与结实评价红松种子园亲本[J]. 植物研究，40(3)：376-385.

周智彬，2002. 沙漠地区樟子松生长的多元统计分析及影响因子研究[J]. 防护林科技(1)：1-4.

第3章

沙地“高效防衰”造林技术

1 材料与方法

1.1 试验材料

研究区位于陕西省榆林市横山县西北部毛乌素沙漠的延伸区，地处东经108°56′~110°02′、北纬37°22′~38°14′，海拔980~1534 m；属暖温带半干旱气候，冬长夏短，日温差较大，春季多风沙。年均气温8.6 ℃，年均降水量397.4 mm，多集中在7、8、9三个月；地貌主要为流动、半固定或固定沙地，流动沙地多为新月形沙丘和新月形沙丘链，固定、半固定沙地多为格状沙丘，相对高差3~8 m；土壤以风沙土为主，地下水位2~20 m。研究对象为樟子松人工林，以幼龄林和中龄林为主。研究范围限于“横山县樟子松百万亩示范林基地”，包括试验林、示范林和大面积推广造林。与以前的传统造林区别在于，“高效防衰”造林技术在贯彻执行“合理稀植”原则的前提下，采用了铺设沙障、大坑换土、壮苗深栽、浇水覆膜、套篓防护、混交造林(与固氮灌木混交)单项措施、多项措施或全部措施组装配套应用。

1.2 研究方法

1.2.1 试验布设

为了解“高效防衰”每项技术解决关键问题的效果，设置了多处林地试验。林地试验大多采用单因素对比设计，要求除了试验因素差异以外，其他条件一致，且每个小区(处理)面积不小于667 m^2(即樟子松株数不小于30)，重复3次。多因素试验及综合配套技术试验，由于小区占地面积较大而结合示范与推广进行，并通过样地(小区)调查测定相关指标。试验结果的测定内容和方法，与样地调查基本相同。

1.2.2 样地设置

为了解“高效防衰”造林技术大面积应用效果，在示范与推广地区开展样地调查。样地选择采用典型抽样法，即在全面考察和路线踏查的基础上，选取具有代表性、典型性和可比性的地段设置样地。以不少于30株樟子松确定样地面积，样地边界处于樟子松株行距中央。乔木层调查后，在其四个顶点和中心各设置1个5 m×5 m、2 m×2 m的样方分别进行灌木层、草本层、土壤特征、生物结皮等的相关指标测定。

1.2.3 样地调查

1.2.3.1 样地环境调查

样地(小区)非生物环境调查主要包括地理位置、地形地势、土壤种类及其剖面特征等，生物环境调查主要包括乔木层树种组成及其郁闭度和密度、灌木层(草本层)种类组成及其盖度和多度、枯落物和生物结皮盖度及其厚度等。其中，乔木层依托样地调查，灌木层、草本层、枯落物、生物结皮及土壤特征依托样方调查。

1.2.3.2 生长量测定

乔木生长量采用“每木检尺”法，即在样地(或小区)内逐株测定树高、地径(胸径)、冠幅生长量并记载生长势、枯梢、病虫危害等情况；灌木和草本生长量依托样方进行调查，灌木层主要测定丛高、丛幅、分枝数等，草本层主要测定优势种类及其平均高度。

1.2.3.3 生物量测定

乔木地上生物量测定采用平均标准木法，即根据每木检尺结果计算出林分平均高度、胸径(或地径)、冠幅，并依此进行平均标准木选择，对其干、枝、叶分别称重；地下根系采用全挖法，即将主根和侧根全部挖出称重。然后，将上述构件取一定数量的样品带回实验室烘至恒重，推算种群总生物量、各个构件生物量(kg/hm^2)干重及其分配比例(%)。

1.2.3.4 土壤性状测定

土壤样品是在小样方内采集非原状土，取样深度为30~50 cm(樟子松根系集中分布层)，重复3次，然后将其带回实验室烘至恒重，计算土壤含水率，养分含量测定按照鲁如坤(2000)的相关方法进行。

1.2.3.5 风蚀沙埋参数测定

在样地内，调查每1株樟子松的生长状况、风倒情况、弯曲(偏冠)程度(分为4级)、沙埋深度、风蚀深度等参数，统计保存率、风倒率、风蚀沙埋率等参数。

1.3 数据分析

首先，将原始数据录入Excel里进行求和、平均值、变异系数等基本特征统计。然后，将数据导入SPSS或SAS统计软件里进行差异显著性检验、回归分析、方程求导并作图。

2 结果与分析

2.1 “高效防衰”造林技术的含义

2.1.1 诞生背景

由于干旱缺水、风蚀沙埋、土壤贫瘠、人畜(动物)干扰等环境胁迫，新中国成立前毛乌素沙地曾经是“一年一场风、从春刮到冬”和“天上无飞鸟、地上不长草”的荒漠化景观，处于“风起沙尘扬、种田不产粮”以及“人缺粮、畜缺草、地缺肥”的贫困境地。新中国成立后，榆林人民在治沙过程中创造了“引水拉沙造良田”“飞播灌草建植被”“植树造林防风沙”等伟大举措，扭转了“沙进人退”局面，实现了“人进沙退”的宏愿，建成了“绿树成荫、鸟语花香”的新榆林，因此成为“全球治沙明珠”，并被誉为“榆林治沙模式”。然而，毛乌素沙地毕竟地处干旱、半干旱区，相应的地带性植被为干旱草原和荒漠草原，对大面积植被恢复和保持而言，干旱缺水、风蚀沙埋、土壤贫瘠、人畜(动物)干扰依然是影响林木存活、生长、成林、繁殖(更新)的主要因素。回顾治沙造林历程，许多教训依然历历在目，“造林难成活、存活难成林、成林难维持”的问题依然困扰着治沙事业的跨越发展。尤其是乔木“小老头”林随处可见，树干低矮、树冠庞大、长势衰弱、寿命缩短、更新(天然)困难，加之毛乌素沙地中国沙棘(*Hippophae rhamnoides* subsp. *sinensis*)人工林早衰、章古台沙地樟子松人工林早衰，给榆林治沙人提出了新的挑战。如何进一步提升造林效果防控早衰？如何实现现有林地防护作用的长期保持？另一方面，由于缺乏常绿树种，冬春季节一片枯黄、风沙肆虐，樟子松的引种成功使这一问题得到解决，但造林保存率低、生长缓慢、潜在早衰等问题依然存在。为了防控干旱缺水、风蚀沙埋、土壤贫瘠、人畜(动物)干扰等对林分生产力、林地土壤肥力以及群落稳定性长期维持造成的威胁，榆林治沙人在总结多年经验教训的基础上，结合樟子松的具体情况又提出了“高效防衰”系列造林技术，期望在提高造林保存率、促进林木生长、加速郁闭成林、防控群落早衰等方面取得新的突破。

2.1.2 具体措施

所谓“高效防衰”技术，包括造林效果提升和群落早衰防控双重含义：一是提高造林保存率、促进林木生长、加速群落郁闭，不断提升造林效果；二是长期维持林分生产力、林地土壤肥力、群落稳定性或持久性，从而防控(延缓)群落早衰、促进天然更新，持续发挥林地的防护作用。为此，针对毛乌素沙地风蚀沙埋、干旱缺水、土壤贫瘠、人畜(动物)干扰等环境胁迫，采用“防风固沙、改善水肥、合理稀植、混交造林”等途径减轻环境胁迫对林木和群落造成的压力。与之相应的系列技术是在极力推崇合理稀植的前提下，因地制宜地采用铺设沙障、大坑换土、壮苗深栽、浇水覆膜、套篓防护、混交造林措施，并通过组装配套形成一个抗旱节水、防风固沙的地段性或阶段性造林技术(措施)体系，达到增加土壤水分含量及其利用效率、控制风蚀沙埋危害、培肥土壤和防止人畜(动物)干扰之目的，从而提高造林保存率、促进林木生长、加速群落形成、防控群落早衰。

在“防风固沙、改善水肥、合理稀植、混交造林”策略中，合理稀植、混交造林源于理念上的转变。樟子松引进伊始，为了短期内见效，毛乌素沙地造林基本采用 2 m×2 m、2 m×3 m 的株行距，相应的造林密度为 2500 株/hm^2、1667 株/hm^2，即每亩 167 株、111 株。近年鉴于毛乌素沙地中国沙棘人工林、章古台沙地樟子松人工林早衰的教训，以及云杉(*Picea* spp.)、杉木(*Cunninghamia lanceolata*)纯林连栽致衰和径流林业中的“土壤水分植被承载力”理论，逐步将造林株行距扩大至4 m×5 m、5 m×6 m、6 m×6 m，相应的造林密度为500株/hm^2、333株/hm^2、278株/hm^2，即每亩33株、22株、19株。然而，稀植无疑使林冠覆盖率下降。为了保障防风固沙效果和防止纯林连栽致衰，与此同时提出了混交造林，主要指樟子松与紫穗槐(*Amorpha fruticosa*)、柠条(*Caragana korshinskii*)、沙棘等固氮灌木混交。这一理念的转变，可以有效避免林地生产力超过“土壤植被承载力”以及纯林连栽致衰，为樟子松的“高效防衰”造林技术体系研发奠定了基础。

樟子松沙地“高效防衰”造林技术的具体操作过程是：先在流动沙地、半固定沙地搭设生物(柴草)沙障，再栽植灌木(如紫穗槐、柠条、沙棘等固氮植物)固定流沙，大坑换土后每亩混交22~33株樟子松并浇水、覆膜、套笼，其主要技术流程可概括为搭设障蔽—栽植灌木(固氮灌木)—大坑换土—壮苗深栽(樟子松)—浇水覆膜—套笼防护，其技术关键是合理稀植、创新在于套篓栽植，以避免林分生产力超过“环境植被承载力”，并达到蓄水保墒、防止风蚀沙埋以及太阳暴晒和人畜(动物)干扰之目的，从而改善幼林生长的环境条件、提高造林成活率并促进幼林生长发育。尤其是在樟子松、固氮灌木混交林中，种间关系比较协调、生态经济效益兼顾。以种间关系而言，樟子松占据上层空间并吸收利用土壤深层的水分和养分，固氮灌木占据樟子松间隙的下层空间并吸收利用土壤浅层的水分和养分，从而在地上和地下形成资源利用位分离的复层结构、削弱甚至避免种间竞争。以生态防护作用而言，樟子松高大且四季常青可全年防风固沙，固氮灌木低矮密闭可有效固结流沙，两者的结合也提高了沙地植被覆盖度。以经济效益而言，樟子松木材良好、用途广泛，可提供一定数量的工业和农业用材；这些固氮灌木属于多用途树种(Multiple purpose tree)，不仅可以固氮培土，而且能够提供饲料、燃料、编制材料以及非木材产品加工原料。此外，樟子松可通过种子散布进行天然更新，固氮灌木可通过平茬进行萌蘖更新，能够保持群落的“持续生态位”，可在短期内恢复植被、避免林地土壤二次沙化。因此，这一技术的推广应用明显提高了樟子松的造林效果和早衰防控能力。

2.1.3　发展过程

榆林地处毛乌素沙地与黄土高原交错区，一直坚持“南治土、北治沙”的方针。在南治土的过程中，创造并积极推广应用多项抗旱造林技术，为黄土高原水土流失治理做出了卓越贡献。随着经验教训的积累和认识的不断提高，逐步将抗旱造林提升到“径流林业”高度，提出了著名的“土壤水分植被承载力”学说。这一事实说明，人们将“适地适树”提高到了“适地适群落”高度。具体而言，人工造林是一柄双刃剑，与立地水分条件相适应的群落必将促进植被恢复，超过“土壤水分植被承载力”的群落定会导致土壤干化(或土壤干层)，形成植被和环境退化的潜在危险。因此，维持林地土壤水分平衡及林地长期生产力稳定成为新的造林目标。在榆林市北部治沙的过程中，也有着类似的经历，认识提高与技术创新互动使榆林治沙取得一次又一次新成就。

以认识提高(理念转变)与技术创新互动而言，榆林植物治沙可以分为4个阶段。第一阶段以植被恢复为主要目标，通过飞播花棒(*Hedysarum scoparium*)、踏郎(*Hedysarum laeve*)、沙蒿、沙打旺(*Astragalus adsurgens*)、柠条等灌木和草本植物，初步形成了沙地植被演替的先锋群落，为沙地植物治理奠定了基础。第二阶段以提质增效为主要目标，通过人工栽植乔灌木树种形成了大面积防风固沙林和农田防护林，使原有灌草植被的防护能力得到显著提升。尤其是在樟子松的引种和栽培过程中，认识到干旱缺水、风蚀沙埋、土壤贫瘠、人畜干扰对造林效果的决定性影响，经过多年探索提出了“六位一体”技术，使其造林成效取得突破性提升(横山林业局，2011；叶竹林，2011；曹樾翊，2011；屈升银，2011；叶竹林，2014；曹樾翊，2014)，也使樟子松成为固沙造林的主要树种，截至目前已经发展到百余万亩，不仅缓解了冬春季节风沙危害问题，也为其他树种沙地造林提供了借鉴。第三阶段以改善环境为主要目标，通过点、线、面综合治理逐步促进整个沙地生态系统进入良性循环。具体而言，在抓好以沙地植被恢复为主题的面上治理的同时，加强城镇乡以及道路两侧破碎地段的绿化。经过多年努力，如今的榆林基本形成了点、线、面结合以及带、片、网镶嵌的绿色生态蓝图，也基本实现了“人进沙退”“林茂粮丰”“青山绿水”的宏大愿望。然而，近年来毛乌素沙地中国沙棘人工林、科尔沁沙地樟子松人工林早衰，以及德国云杉、杉木纯林连栽致衰和“土壤水分植被承载力”的出现，榆林人清醒地认识到沙地治理的第四阶段正在来袭，沙地植被如何持续发展、持续利用？该阶段在继续推广应用“六位一体”技术提高造林效果的同时，必须认识到环境植被承载力对群落长期稳定能力的制约作用，积极倡导沙地植物群落早衰防控、持续更新、林地长期生产力维持技术探讨和应用，合理稀植、混交造林只是相应措施之一，更新障碍、持续更新、林地长期生产力维持还有待进一步探讨。

2.2 沙障铺设技术及其防风固沙效果

毛乌素沙地风大风多，是我国风蚀沙埋最严重的地区之一，冬春季节沙尘、沙暴更加频繁，对造林苗木存活、保存和生长形成巨大威胁。观察结果表明，风蚀沙埋严重危害樟子松的正常生长发育，尤其是造林后大部分植株因风蚀沙埋导致树干弯曲、偏冠、倒伏甚至根系裸露而死亡。这种情况如果延续下去，必将给毛乌素沙地樟子松防风固沙林造成巨大损害。因此，做好防风固沙、提高造林效果已成为巩固毛乌素沙地风蚀荒漠化防治成就的重要任务。在多年探索的基础上，榆林治沙人提出了防风固沙最简单易行、效果良好的方法——铺设沙障。

2.2.1 沙障铺设技术要点

铺设之前，要根据主要风向确定沙障的走向，根据沙土的流动程度选择沙障的铺设方式。其中，沙土流动性较小的地段可采用带状沙障，带距与栽植行距吻合，苗木栽植于距离带状沙障一定距离的背风处；沙土流动性大的地段可采用网格沙障(形如棋盘)，栽植穴位于网格沙障的边角处。不管采用网格沙障还是带状沙障，沙障的走向都应与主风向垂直。此外，沙障还分为立式和卧式两种，卧式比较省工，在实践中使用较多。

带状沙障的搭设技术要点：①搭设材料就地取材，一般采用作物秸秆或沙柳、紫穗槐、沙蒿等灌木或草本植物的平茬枝干，将其绑扎成捆备用。②根据造林设计要求的行距放好基线，按照基线开槽。通常情况下，带间距离为1~6 m，与行距保持一致。③将备用的沙障材料均匀、足量、垂直(与沟槽延伸方向垂直)放于槽面之上，再用铁锹从其中部扎入槽中，扎入深度以地上留20 cm为宜。④向槽内填土，并用脚在两边踩实使其保持直立。最后，在沙障的两带之间挖掘栽植穴。

网格沙障的搭设技术要点：网格沙障搭设的过程和技术要点与带状沙障基本相同，其区别在于：①网格沙障在外观上呈棋盘式，一边与主风方向垂直，一边与主风方向平行。②网格沙障的规格根据造林的株行距确定，通常采用1 m×1 m或2 m×2 m，可通过缩小规格来提高防风固沙效果。

2.2.2 沙障的防风固沙效果

由表3-1可见：搭设沙障的樟子松主干通直、圆满、长势良好，主干弯曲及风倒率为10.0%；未搭设沙障的主干出现弯曲、风倒及枯黄现象，主干弯曲及风倒率达46.0%；与未搭设沙障相比，搭设沙障使主干弯曲及风倒率降低了36.0个百分点。搭设沙障的造林保存率高达100%，无沙障林地为81.8%，搭设沙障使造林保存率提高了18.2个百分点。搭设沙障樟子松的风蚀沙埋率为1.5%，最大沙埋深度2.0 cm、最大风蚀深度1.0 cm；未搭设沙障林地的风蚀沙埋率为24.8%，最大沙埋深度30.0 cm、最大风蚀深度20.0 cm；与未搭设沙障相比，搭设沙障使樟子松的风蚀沙埋率降低了23.3个百分点，最大沙埋、风蚀深度分别降低14倍和19倍。由此表明：搭设沙障能够有效减轻风蚀沙埋对树木存活及生长发育造成的危害，从而提高造林存活率并促进树木正常生长发育。观察还发现，搭设沙障与套笼相结合的效果更加突出。

表3-1 沙障的防风固沙效果

处理方式	主干特征	主干弯曲及风倒率(%)	保存率(%)	风蚀沙埋率(%)	最大沙埋深度(cm)	最大风蚀深度(cm)
搭设沙障	通直、圆满、长势良好	10.0	100.0	1.5	2.0	1.0
未搭设沙障	弯曲、枯黄、部分风倒	46.0	81.8	24.8	30.0	20.0
增量	—	-36.0	18.2	-23.3	-28.0	-19.0
增幅(倍)	—	—	—	—	-14.0	-19.0

2.2.3 沙障对造林保存率的影响

风蚀沙埋通过改变生境条件对树木生理生态过程形成压力，从而降低造林存活率与保存率。由表 3-2 可见：搭设沙障的樟子松保存率为 100.0%，未搭设沙障的 90.9%，搭设沙障使造林保存率提高 9.1 个百分点。另一方面，搭设沙障的樟子松没有整株个体死亡现象，未搭设沙障的樟子松具有一定数量的个体死亡外，树干弯曲、偏斜、倒伏现象比较普遍。差异显著性检验结果显示，搭设沙障的樟子松保存率显著高于未搭设沙障林地。由此表明：造林保存率差异由是否搭设沙障造成，搭设沙障能够有效减轻风蚀沙埋对环境条件及树木生理生态过程造成的压力，显著提高樟子松的造林保存率。

表 3-2　沙障对造林保存率的影响

处理方式	初值株数	死亡株数	保存率(%)
搭设障蔽	94	0	100.0a
未搭设障蔽	165	15	90.9b

注：同列不同小写字母表示差异显著($\rho<0.05$)。

2.2.4 沙障对樟子松生长的影响

如上所述，风蚀沙埋通过改变环境条件对树木生理生态过程产生压力，从而抑制树木正常生长发育。换而言之，风蚀沙埋对樟子松个体生长发育的影响明显地表现在生长量上。由表 3-3 可见：搭设沙障的樟子松生长量显著高于未搭设沙障林地，平均树高、地径、冠幅生长量分别提高 73.3%、66.6%和 60.7%。由此表明：樟子松的生长量差异由是否搭设沙障造成，搭设沙障能够有效减轻风蚀沙埋对环境条件及树木生理生态过程造成的压力，显著提高樟子松生长量、加速林分郁闭。

表 3-3　沙障对樟子松生长的影响

生长量	搭设沙障				未搭设沙障			
	重复 1	重复 2	重复 3	平均	重复 1	重复 2	重复 3	平均
树高(cm)	175.9	192.1	157.0	175.0a	95.5	101.7	130.9	101.0b
地径(mm)	56.6	50.1	42.7	49.8a	27.9	25.3	36.4	29.9b
冠幅(cm)	122.6	129.8	114.4	122.3a	66.2	71.9	90.3	76.1b

注：同行不同小写字母表示差异显著($\rho<0.05$)。

综上所述，搭设沙障能够有效减轻风蚀沙埋对樟子松生长发育造成的压力，保证植株的正常形态建成、提高造林保存率、促进林木生长、加速林分郁闭。但本文仅仅探讨了柴草沙障的防风固沙效果，在毛乌素沙地还有其他类型的沙障，如活植物沙障(即先栽植固沙灌木或草本植物作为沙障)、土方格沙障、仿生沙障等。这些沙障类似于柴草沙障，不仅效果良好，而且简单易行、成本低廉，值得在风沙区造林中推广应用。

2.3　大坑换土技术及其改土培肥效果

毛乌素沙地以风沙土为主，土壤中沙粒多而黏粒少，有机质及矿质养分含量低。因此，土壤可塑性差、结构疏松、漏水漏肥、易受侵蚀、升温散热快，从而降低了水分的利用效率，加之土壤养分贫瘠，严重制约樟子松的生长发育。借鉴人工造林的客土措施，榆林治沙人采用当地的黄绵土代替树穴内的风沙土，期望从改善土壤肥力、提高土壤水分利用效率、降低土壤流动性方面着手，改善环境条件、提升樟子松造林效果。

2.3.1　大坑换土技术要点

大坑换土应先挖好栽植穴，一般规格为 60 cm×60 cm×60 cm。栽植后回填时，以黄绵土替换风沙土，每穴约换土 50.0 kg(部分更换、体积按 30 cm×30 cm×30 cm 估算)。在常规造林(对照)中，栽植穴规格为 30 cm×30 cm×30 cm，直接用风沙土回填。其他造林措施均相同，包括铺设沙障、大苗深栽、栽后套笼等。

2.3.2　大坑换土的改土培肥效果

由表 3-4 可见：如果将风沙土更换为黄绵土，土壤水分、有机质以及全氮、全磷、全钾含量将分别增加 2.13、0.60、0.02、0.05、0.60 个百分点，土壤矿物质种类增加 8 种，保水保肥能力也会得到明显提升。如果以每穴更换 50 kg 黄绵土计算，树穴内土体中的水分、有机质以及全氮、全磷、全钾储量(土壤重量×养分含量增幅)将分别增加 1065.0 g、300.0 g、10.0 g、25.0 g、300.0 g。由此表明：大坑换土必将改善树穴内土体的理化性质，尤其是提高了土壤的水分、养分含量和储量，这对干旱缺水、养分贫瘠的毛乌素沙地来说至关重要，无疑可以提高造林存活率及幼林生长量。

表 3-4　大坑换土的改土培肥效果

土壤理化性质	风沙土	黄绵土	增量(增幅百分点)
土壤含水率(%)	5.10	7.23	2.13
土壤田间持水量(%)	18.0	20.0	2.0
土壤容重(g/cm^3)	1.70	1.83	0.13
土壤质地	松散通透，保水保肥能力差	不沙不黏，保水保肥能力强	—
土壤 pH 值	8.2	7.9	-0.3
土壤矿物质(种类)	15	23	8
有机质含量(%)	0.50	1.10	0.60
全氮(%)	0.02	0.04	0.02
全磷(%)	0.15	0.20	0.05
全钾(%)	1.10	1.70	0.60

2.3.3　大坑换土对造林效果的影响

如上所述，大坑换土改善了树穴内土体的水分、养分状况及其他理化性质，从而促进树木的存活与生长。由表 3-5 可见：大坑换土的樟子松其树高、地径、冠幅、新梢生长量及造林保存率均显著高于常规栽植，其中树高、地径、冠幅、新梢生长量分别增加 48.3 cm、17.4 mm、26.7 cm、9.0 cm，相应的提高百分率分别为 40.4%、57.2%、26.7%、32.3%、34.6%，造林保存率也提高了 23.0 个百分点。由此表明：樟子松的生长量及造林保存率大小取决于是否实施大坑换土，通过大坑换土改善了树穴内土体水分、养分储量及其他理化性质，从而提高了生长量与造林保存率。对于毛乌素沙地而言，这一措施对提高造林效果、促进幼林生长、加速林分郁闭具有重大意义。

表 3-5　大坑换土的造林效果

处理方式	树高(cm)	地径(mm)	冠幅(cm)	新梢(cm)	保存率(%)
大坑换土	167.9a	47.8a	109.3a	35.0a	88.0%a
常规栽植	119.6b	30.4b	82.6b	26.0b	65.0%b
增值	48.3	17.4	26.7	9.0	23.0
提高幅度(%)	40.4	57.2	32.3	34.6	23.0

注：同列不同小写字母表示差异显著($P<0.05$)。

综上所述，大坑换土有效改善了树穴内的土壤养分和水分状况，从而使樟子松造林保存率及生长量得到显著提升。究其原因：风沙土水分和养分含量低，而且质地松散、通透能力过强，保水保肥力差，干旱缺水、养分贫瘠导致幼苗存活与生长受到胁迫。黄绵土养分和水分含量相对较高，而且物理性状良好，与风沙土相比更加适于植物存活、生长。另一方面，大坑可以使樟子松的根系处于较深的土层中，利于植株吸收到更多水分、养分，对土壤温度的要求也易得到满足。因此，换土与大坑结合为苗木存活、生长提高了更加有利的环境条件。

2.4　壮苗深栽技术及其造林效果

在毛乌素沙地，樟子松造林也曾采用常规苗木和常规栽植(如栽植穴规格 30 cm×30 cm×30 cm)。事实证明，这样的常规造林模式难以抵御干旱缺水、风蚀沙埋等环境胁迫对苗木存活、生长造成的压力。借鉴毛乌素沙地杨柳截干造林和钻孔深栽经验，榆林治沙人提出了樟子松“壮苗深栽”造林技术，旨在克服常规苗的“先天不足”，减轻干旱缺水和风蚀沙埋造成的环境压力，通过多年的推广应用取得了良好效果。

2.4.1　壮苗深栽技术要点

樟子松壮苗要求为苗龄 3 年以上、地径>0.50 cm、苗高>20.0 cm，且主干通直圆满、根系发达完整、侧根和须根较多、木质化程度较高；深栽的要求为栽植穴规格 60 cm×60 cm×50 cm 或 60 cm×60 cm×60 cm(常规造林的栽植穴为 30 cm×30 cm×30 cm)，并适当加大栽植深度使根系触及栽植穴底部或深栽至第一轮侧枝处，以提高吸水、抗旱和抗风能力。为了培育壮苗，要求做到：①采用良种，种子由榆林市樟子松种子园提供。②促成培育，采用施肥、灌水、全光喷雾、切根等技术促进苗木生长发育。③及时覆盖，在出苗前覆盖薄膜或秸秆，以提高地温、保水保墒，同时防止风沙和鸟兽危害。④适时适当切根，促进苗木形成发达的根系。

2.4.2 壮苗深栽对土壤水分利用的影响

为探讨壮苗深栽(栽植穴规格为 60 cm×60 cm×60 cm)与常规栽植(栽植穴规格为 30 cm×30 cm×30 cm)对土壤水分利用状况的差别，测定了两种处理不同土层深度的土壤含水率变化过程(图 3-1)。测定过程中，隔天取样，连续测定 2 周。由图 3-1 可见：两种处理的土壤含水率均随土层深度的增大而上升，但其变化过程存在明显差异。0~10.0 cm 土层中，两种处理的含水率均低于 6.0%，这是由于表层土壤水分易于蒸发造成；10.0~50.0 cm 土层中，壮苗深栽处理的土壤含水率急剧增加并接近 10.0%，而常规栽植的仅增加到略高于 6.0%；50.0~110.0 cm 土层中，两种处理的土壤含水率随深度增大而缓慢上升并逐渐接近；110.0~200.0 cm 土层中，两种处理的土壤含水率均随深度的增大而上升且土壤含水率几乎一致，最终保持在 16.0%~18.0%之间。由此表明：壮苗深栽不仅可以合理利用土壤水分，而且能够提高根区土壤含水率及土壤水分储量。这一点，对于干旱缺水的毛乌素沙地的造林成活与幼树生长来说至关重要。

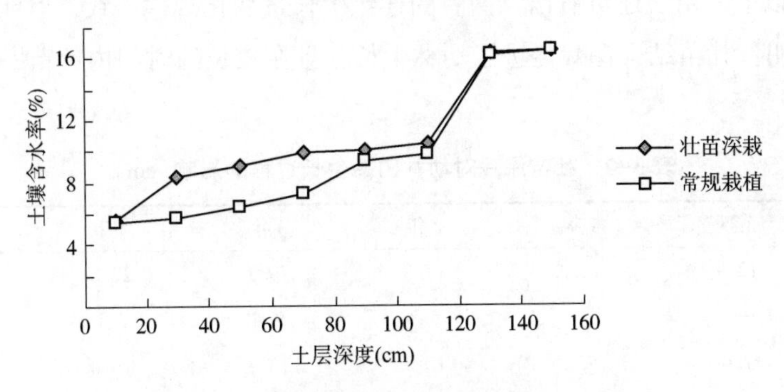

图 3-1 土壤含水率随土层深度的变化过程

2.4.3 壮苗深栽对造林效果的影响

正如上述分析，苗木栽植深度直接影响根区土层的土壤含水率和土壤水分储量，这必然导致造林保存率形成差异。由表 3-6 可见：壮苗深栽的造林保存率达到 85.9%，而常规栽植的造林保存率仅为 54.7%，壮苗深栽的造林保存率比常规栽植提高了 31.2 个百分点。统计检验结果显示，两者之间存在极显著差异。由此表明：造林保存率的高低取决于是否采用壮苗深栽措施，壮苗深栽提高了樟子松根区土层的土壤含水率及土壤水分储量，从而提高了造林保存率。

为了进一步探讨壮苗深栽对造林效果的影响，分析了壮苗深栽与常规栽植幼林生长量的差异(表 3-6)。由表 3-6 可见：与常规栽植相比，壮苗深栽使树高、地径、冠幅生长量分别提高了 55.2 cm、19.5 mm、37.8 cm，提高幅度分别为 59.7%、96.5%、62.4%。统计检验结果显示：壮苗深栽的树高、地径生长量极显著高于常规栽植，壮苗深栽的树冠生长量显著高于常规栽植。由此表明：樟子松幼林生长量大小取决于是否采用壮苗深栽措施，壮苗深栽提高了樟子松幼林树高、地径和冠幅生长量，从而加速郁闭成林。

表 3-6 壮苗深栽对造林效果的影响

处理方式	保存率(%)	树高(cm)	地径(mm)	冠幅(cm)
壮苗深栽	85.9A	147.6A	39.7A	98.4a
常规栽植	54.7B	92.4B	20.2B	60.6b
增量	31.2	55.2	19.5	37.8
增幅(%)	31.2	59.7	96.5	62.4

注：同列不同小写字母表示差异显著($P<0.05$)，同列不同大写字母表示差异极显著($P<0.01$)。

壮苗深栽提高造林效果的作用除了深栽，还有壮苗的影响。为此，对壮苗深栽与常规栽植的生长过程差异进行探讨。由表 3-7 可见：造林时，壮苗、常规苗的树高生长量分别为 12.9 cm、7.0 cm，两者相差 5.9 cm，壮苗比常规苗高出 84.3%。造林后的 1~5 年期间，壮苗与常规苗的生长量增量由 1 年时的 4.7 cm 增至 5 年时的 11.3 cm，提高幅度始终保持在 40.0%以上。由表还可看出：两者的连年生长量变化规律一致，但壮苗始终高于常规苗。由此表明：壮苗结合深栽促进了幼林生长，且在较长的时间内壮苗一直保持其生长优势。

表 3-7 壮苗深栽对幼林树高生长过程的影响(cm)

生长量	苗期	1 年	2 年	3 年	4 年	5 年
壮苗深栽	12.9	12.0	17.3	19.1	22.8	30.6
连年生长量	—	—	5.3	2.4	3.7	7.8
常规栽植	7.0	7.3	10.7	13.1	16.0	19.3
连年生长量	—	—	3.4	2.4	2.9	3.3
增量	5.9	4.7	6.6	6.0	6.8	11.3
增幅(%)	84.3	64.4	61.7	45.8	42.5	58.5

2.4.4 壮苗深栽对生物量投资与分配格局的影响

通过生物量投资与分配特征的探讨，可了解壮苗深栽与常规栽植的生态适应对策差异。由图 3-2 可见：壮苗深栽林分各个构件的生物量投资(积累)均明显高于常规栽植的林分，其提高幅度达到数倍以上。从生物量分配来看：壮苗深栽的地上占 85.4%、地下占 14.6%；在地上生物量的再分配中，树干、枝条、叶片分别占 35.9%、29.8%、19.7%。常规栽植的地上占 79.8%、地下占 20.2%；在地上生物量的再分配中，树干、枝条、叶片分别占25.3%、30.2%、24.3%。与常规栽植相比，壮苗深栽对各个构件具有更高的生物量投资；在生物量的再分配过程中，种群将更多的生物量投资于树干的生长。与壮苗深栽相比，常规栽植对各个构件的生物量投资较小；在生物量的再分配过程中，种群将更多的生物量投资于树冠的拓展和根系发育。由此表明：壮苗深栽的生物量投资大、分配于树干的比例高，常规栽植的生物量投资小、分配于枝叶和根系的比例高。因此，壮苗深栽的生长量显著高于常规苗木。

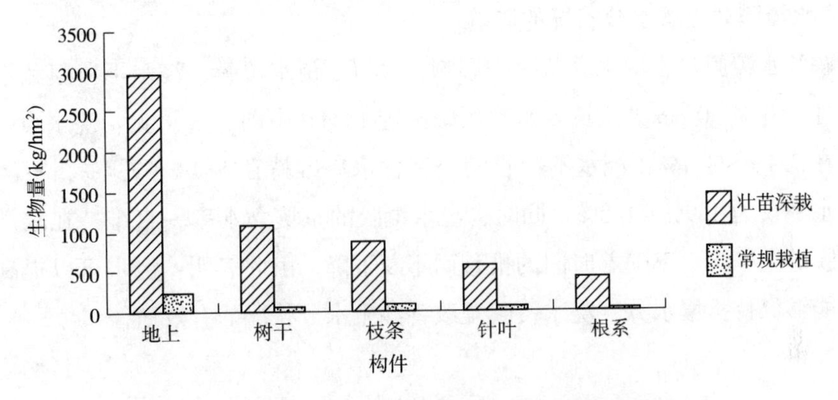

图3-2 壮苗深栽对生物量投资与分配格局的影响

综上所述，壮苗为造林后的良好生长奠定了物质基础，其存活、生长能力一直显著优于常规苗木。另一方面，深栽有利于苗木利用较深层次的土壤水分，减轻干旱胁迫对苗木存活与生长造成的压力。事实上，壮苗深栽对减轻风蚀沙埋危害也具有一定的作用。因此，壮苗与深栽结合对提升毛乌素沙地樟子松的造林效果起到了积极作用。

2.5 浇水覆膜技术及其保水效果

对干旱少雨的毛乌素沙地而言，蓄水保墒是提高造林成效的关键措施之一。但是，传统农业灌溉由于浪费水源、工程投资大而难以在大面积人工造林中应用，即便是膜上灌溉技术应用起来也因集约经营程度限制而难以实现。所谓膜上灌溉是利用农艺措施中的地膜或专门用于灌溉的地膜全部或部分覆盖土壤表面，利用专用膜孔或放苗孔、膜间空隙，在膜上实现输送和分配灌溉水的同时将水灌入田间。地膜覆盖种植方法控制了土壤的无效蒸发，可以充分利用当地土壤水资源和降水资源，减少灌溉水量或无须引水灌溉。借鉴农作物的膜上灌溉技术，榆林治沙人提出了浇水覆膜造林技术，现就浇水覆膜对土壤水分动态及其对毛乌素沙地造林成效的影响做如下分析。

2.5.1 浇水覆膜技术要点

浇水覆膜之前，首先要选择适宜的地膜种类。地膜是专用于农作物地面覆盖栽培的塑料薄膜，这种薄膜既不同于普通棚膜，又不同于水稻育秧膜，其主要特点是质地很薄

(0.005~0.015 mm)、韧性强。地膜主要分为三大类，即无色透明膜、有色膜、特种地膜。各种类型均有优缺点，无色透明膜透光性好、土壤增温效果明显，适用于东北、西北、华北等地旱区、寒区应用。毛乌素沙地樟子松造林时，浇水覆膜采用的是单株覆膜技术。单株覆盖薄膜就是在幼树定植、浇水后，每株树都覆盖1块1 m^2的薄膜，以树干为中心平铺在树盘上，四周覆土盖严以防失水和风刮。以后浇水追肥时，就在薄膜上扎3~4个深约15 cm的小洞，顺洞施肥、浇水后再将洞口用土封严即可。

2.5.2 浇水覆膜对土壤水分状况的影响

为了解浇水覆膜对土壤水分状况的影响，设置了浇水覆膜、浇水不覆膜和不浇水不覆膜三组处理，并对30 cm处土壤含水率跟踪测定14 d。由图3-3可见：浇水覆膜的土壤含水率保持在7.1%~8.1%，浇水不覆膜的土壤含水率维持在5.7%~7.4%，不浇水不覆膜的土壤含水率仅为3.9%~4.8%。同时，浇水覆膜的土壤含水率一直维持在较高水平，而浇水不覆膜的土壤含水率随着时间的推移而不断下降。由此表明：浇水可以提高土壤含水率、覆膜能够保持土壤水分，浇水覆膜是改善沙土水分状况的有效途径。

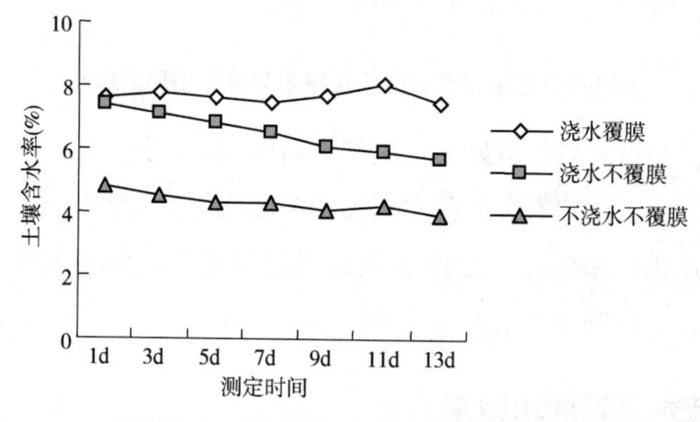

图3-3 浇水覆膜对土壤含水率的影响

2.5.3 浇水覆膜对造林效果的影响

是否浇水覆膜直接影响土壤水分状况，因此必然导致造林保存率形成差异。由表3-8可见：浇水覆膜的樟子松保存率高达97.5%，浇水不覆膜的保存率为80.0%，不浇水不覆膜保存率仅为72.5%。其中，浇水覆膜比浇水不覆膜提高17.5个百分点，比不浇水不覆膜提高25.0个百分点。经差异显著检验，浇水覆膜、浇水不覆膜、不浇水不覆膜之间的保存率存在极显著差异。由此表明：樟子松造林保存率高低取决于是否进行浇水覆膜处理，浇水覆膜通过提高土壤含水率和保持土壤水分，极显著地提高了樟子松的造林保存率。

由表3-8还可看出：浇水覆膜的树高生长量170.0 cm，比浇水不覆膜的树高生长量100.4 cm增加69.6 cm、提高幅度达69.3%，比不浇水不覆膜的树高生长量69.5 cm增加100.5 cm、提高幅度达144.6%；浇水覆膜的地径生长量为51.6 mm，比浇水不覆膜的地径生长量35.7 mm增加15.9 mm、提高幅度达44.5%，比不浇水不覆膜的地径生长量

23.6 cm增加 28.0 cm、提高幅度达 118.6%；浇水覆膜的树冠生长量 121.4 cm，比浇水不覆膜的树冠生长量 89.7 cm 增加 31.7 cm、提高幅度达 35.3%，比不浇水不覆膜的树冠生长量 60.4 cm 增加 61.0 cm、提高幅度达 101.0%。差异显著性检验结果显示：浇水覆膜、浇水不覆膜、不浇水不覆膜三种处理下，樟子松林的树高、地径、冠幅生长量均存在极显著差异，其中以浇水覆膜最高、浇水不覆膜次之、不浇水不覆膜最低。由此表明：樟子松幼树的生长量大小取决于是否实施浇水覆膜处理，浇水覆膜通过提高土壤含水率和保持土壤水分，可极显著地提高樟子松生长量，从而加速幼林郁闭。

表 3-8　浇水覆膜对保存率及生长量的影响

处理方式	保存率(%)	树高(cm)	地径(mm)	冠幅(cm)
浇水覆膜	97.5A	170.0A	51.6A	121.4A
浇水不覆膜	80.0B	100.4B	35.7B	89.7B
不浇水不覆膜	72.5C	69.5C	23.6C	60.4C

注：同列不同大写字母表示差异极显著($P<0.01$)。

综上所述，浇水可以提高土壤含水率、覆膜能够保持土壤水分，浇水与覆膜相结合是改善沙土水分状况的有效途径。随着土壤水分储量和水分利用效率的提高，造林效果随之提升。事实上，覆膜还可以起到一定的防风固沙作用，其效果有待进一步探讨。

2.6　套篓栽植技术及其多重功效

在毛乌素沙地，人工造林面临多重环境胁迫，除了风蚀沙埋，降水稀少、蒸发强烈、土壤贫瘠等也严重影响造林效果。此外，该区地带性植被为干草原或荒漠草原，是啮齿动物的聚居地，树木常常遭受野兔、鼠类等啮齿动物的危害。针对这些问题，通常采用搭设沙障、浇水覆膜、施肥或混交 、喷洒药剂或涂抹羊血等措施解决，这些措施在解决单一问题时具有良好的效果。然而，绝大多数造林地同时面临多重环境胁迫，此时单一措施就显得无能为力。在长期的实践探索中，榆林治沙人又总结出了套篓造林技术，期望综合解决多重环境胁迫问题。

2.6.1　套篓栽植技术要点

所谓套篓，就是对栽植后的每株樟子松幼苗套上特制的防护篓。防护篓用沙柳枝条编制而成，规格为上口直径 20.0 ~30.0 cm、下口直径 30.0~40.0 cm、高度50.0~60.0 cm(形似纸篓)，并在下口处保留 3 个长 10.0 cm 的腿脚。套篓时，用铁锹将防护篓的腿脚扎入土壤，使防护篓牢固直立地面。为了确保提高樟子松在毛乌素沙地的保存率，可将下列措施单独、部分或全部与套篓技术相结合。具体措施包括：搭设沙障，以作物秸秆为材料搭设 2 m×2 m 的网格状障蔽；大坑换土，栽植时用黄绵土替换风沙土进行回填；壮苗深栽，选择优质壮苗进行深栽，栽植穴的规格为 60 cm×60 cm×60 cm；浇水覆膜，定植前后浇足水，然后在根部覆上一层薄膜；营造混交林，樟子松与紫穗槐进行带状混交，混交比为1∶4。其中，樟子松株行距采用 5 m×6 m 或 6 m×6 m。最后，逐株樟子松幼苗套上防护篓。

2.6.2 套篓对环境因素的影响

2.6.2.1 套篓对土壤水分状况的影响

对土层 30 cm 处的土壤含水率测定结果显示（表 3-9）：套篓林地土壤含水率 6.89%，未套篓林地为 4.36%，套篓林地比未套篓林地提高了 2.53 个百分点。统计检验结果显示，套篓林地的土壤含水率极显著高于未套篓林地（$P<0.01$）。据此推算，在 1.0 m 土层内每公顷的土壤储水量（面积×土层深度×土壤容重×土壤含水率）套篓林地为 1171.3 t、未套篓林地为 741.2 t，套篓比未套篓增加 430.1 t、提高幅度为 58.0%。由此表明：土壤含水率高低取决于是否套篓，套篓可以显著提高林地土壤含水率和土壤水分储量。究其原因，毛乌素沙地终年光照强烈、春秋季节风大而多、夏季沙面温度很高，防护篓通过削弱光照、减轻风蚀、遮阴降温减少土壤和树体的水分蒸散，从而提高土壤含水率和土壤水分储量。

表 3-9 套篓处理对土壤含水率及水分储量的影响

处理方式	土壤含水率（%）	土壤容重（t/m^3）	土壤储水量（t/hm^2）
套篓	6.89	1.70	1171.3
未套篓	4.36	1.70	741.2
增量	2.53	—	430.1
增幅（%）	2.53	—	58.0

2.6.2.2 套篓对土壤养分状况的影响

对 0.50 m 土层内土壤养分含量测定结果显示（表 3-10）：套篓与未套篓林地的土壤 pH 值和全钾储量差异不显著，套篓林地的有机质、全氮、全磷、有效磷储量（面积×土层深度×土壤容重×土壤养分含量）极显著高于未套篓、水解氮和速效钾显著高于未套篓。其中，套篓可使有机质、全氮、全磷、水解氮、有效磷、速效钾分别增加 366.96 kg/hm^2、19.36 kg/hm^2、19.62 kg/hm^2、0.98 kg/hm^2、0.60 kg/hm^2、2.13 kg/hm^2，提高幅度分别为 83.86%、100.05%、49.99%、27.84%、60.61%、20.02%。调查时发现，防护篓不仅能够防止风蚀将枯枝落叶吹出树穴，而且可将林地的枯枝落物聚集在防护篓外侧，从而增加了树穴内外的枯枝落物数量。由此表明：土壤养分含量（储量）的高低取决于是否套篓，套篓通过阻止风吹和聚集枯枝落物（并经分解）提高林地土壤养分含量和储量。

表 3-10 套篓处理对土壤养分储量的影响

处理方式	pH 值	有机质（kg/hm^2）	全氮（kg/hm^2）	全磷（kg/hm^2）	全钾（kg/hm^2）	水解氮（kg/hm^2）	有效磷（kg/hm^2）	速效钾（kg/hm^2）
套篓	7.35a	804.57A	39.25A	58.87A	4258.32a	4.50a	1.59A	12.77a
未套篓	7.42a	437.61B	19.62B	39.25B	4356.44a	3.52b	0.99B	10.64b
增量	—	366.96	19.36	19.62	—	0.98	0.60	2.13
增幅（%）	—	83.86	100.05	49.99	—	27.84	60.61	20.02

注：同列不同小写字母表示差异显著（$P<0.05$），同列不同大写字母表示差异极显著（$P<0.01$）。

2.6.2.3　套篓对防风固沙能力的影响

为了解套笼对防风固沙能力的影响，对风蚀沙埋造成的主要后果进行了观察、测定和统计(表 3-11)。由表 3-11 可见：套篓林地的植株风蚀率为 8.0%、未套篓林地为 20.0%，套篓使植株风蚀率降低 12.0 个百分点；套篓林地的平均风蚀深度为 1.0 cm、未套篓林地为 4.0 cm，套篓使风蚀深度减少 3.0 cm、降低幅度为 75.0%；套篓林地的植株风倒角度小于 5.0°，未套篓林地植株风倒角度大于 10.0°、最大的接近于 90.0°；套篓林地的树干弯曲、偏冠率为 10.0%，未套篓林地为 60.0%，套篓使林木树干弯曲、偏冠率降低了 50.0 个百分点。套篓林地的平均沙埋深度为 1.0 cm、未套篓林地为 4.5 cm，套篓使沙埋深度降低 3.5 cm、降低幅度为 77.8%；套篓林地的植株沙埋率为 8.0%、未套篓林地为 70.0%，套篓使植株沙埋率降低了 62.0 个百分点。由此表明：套篓对减轻风蚀沙埋具有明显作用，从而保证了植株的正常形态建成。

2.6.2.4　套篓对群落基本特征的影响

由表 3-11 还可看出：套篓处理的林分郁闭度约为 0.59、未套篓的约为 0.38，套篓处理使林分郁闭度增加了 0.21、提高幅度为 55.3%；套篓处理的林下植物达到 10 余种、未套篓的仅 5 种，套篓使林下植物增多了 5 种以上、提高幅度大于 100.0%；套篓处理的林下植物盖度为 0.75、未套篓处理为 0.33，套篓比未套篓的林下植物盖度提高了 127.3%；套篓林地的生物结皮厚度、盖度分别为 0.80 mm、0.67，未套篓的林下生物结皮厚度、盖度分别为 0.50 mm、0.34，套篓比未套篓的生物结皮厚度和盖度分别提高 60.0%、97.1%。尤其是在套篓处理的林地出现了紫穗槐、花棒、沙蒿、沙米、冰草、金色狗尾草(*Setaria glauca*)、碱蓬(*Suaeda salsa*)、蓝刺头(*Echinops latifolius*)、醉马草(*Achnatherum inebrians*)等植物，说明森林环境正在逐步形成。由此表明：套篓通过改善林地环境条件，加速了森林群落及森林环境的形成。

表 3-11　套篓对风蚀沙埋及林地特征的影响

林地特征	套篓	不套篓	备注
植株风蚀率(%)	8.0	20.0	风蚀株数占样地总株数的百分比
平均风蚀深度(cm)	1.0	4.0	
风倒角度(°)	<5.0	>10.0	树干与垂线的夹角
树干弯曲、偏冠率(%)	10.0	60.0	树干弯曲、偏冠株数占样地总株数的百分比
植株沙埋率(%)	8.0	70.0	沙埋株数占样地总株数的百分比
平均沙埋深度(cm)	1.0	4.5	
林分郁闭度	0.59	0.38	
林下植物丰富度(种)	10	5	
林下植物盖度	0.75	0.33	
生物结皮厚度(cm)	0.80	0.50	
生物结皮盖度	0.67	0.34	生物结皮面积占样地面积的成数

除以上情况，套笼还具有阻挡作用，因此可以减轻动物危害和人畜干扰。调查结果显示：套笼处理的樟子松林地动物危害很少，而未经套笼处理的林地动物危害较多。由此表明：套笼可以有效阻挡野兔、鼠类、牛羊的啃食以及人为践踏，从而减轻动物危害和人畜干扰。

2.6.3 套篓对造林效果的影响

如上所述，由于套篓改善了林地条件，因此必然提高造林效果。由表 3-12 可见：套篓、未套篓林地的造林保存率分别为 89.0%、51.0%，套篓比未套篓林地提高了 38.0 个百分点；套篓林地的树高、地径、冠幅分别为 1.71 m、4.93 cm、1.15 m，未套篓林地的树高、地径、冠幅分别为 1.23 m、3.18 cm、0.86 m，套篓林地比未套篓的树高、地径、冠幅分别增加 0.48 m、1.75 cm、0.29 m，提高幅度分别为 39.0%、55.0%、33.7%；套篓、未套篓林地樟子松的当年新梢生长量分别为 48.0 cm、25.0 cm，套篓比未套篓增加 23.0 cm、提高幅度为 92.0%。统计检验结果显示，套篓林地的生长量及造林保存率均极显著或显著高于未套篓林地。由此表明：造林效果高低取决于是否套篓，套篓不仅可以提高造林保存率，而且能够加速林木生长和郁闭成林进程。

表 3-12　套篓处理对造林效果的影响

处理方式	树高(m)	地径(cm)	冠幅(m)	新梢(cm)	保存率(%)
套篓	1.71A	4.93A	1.15a	48.0A	89.0A
未套篓	1.23B	3.18B	0.86b	25.0B	51.0B
增量	0.48	1.75	0.29	23.0	38.0
增幅(%)	39.0	55.0	33.7	92.0	38.0

注：同列不同小写字母表示差异显著($P<0.05$)，同列不同大写字母表示差异极显著($P<0.01$)。

2.6.4 樟子松生物量投资与分配对套篓措施的响应

根据测定结果估算，套篓林地的樟子松种群生物量、地上生物量、地下生物量分别为 4000 kg/hm^2、3020 kg/hm^2、980 kg/hm^2，未套篓林地的种群生物量、地上生物量、地下生物量分别为 2000 kg/hm^2、1460 kg/hm^2、540 kg/hm^2，套篓林地比未套篓林地分别增加 2000 kg/hm^2、1560 kg/hm^2、440 kg/hm^2，提高幅度分别为 100.0%、106.8%、81.5%。统计检验结果显示，套篓林地的种群生物量及地上、地下生物量均极显著高于($P<0.01$)未套篓林地。由此表明：种群生物量积累能力取决于是否套篓，套篓可以极显著提高种群生物量的积累能力。

由表 3-13 可见：套篓林地的地上生物量分配比例为 75.5%、地下 24.5%，未套篓林地分别为 73.0%、27.0%；与未套篓相比，套篓林地的地上生物量分配提高 2.5%、地下生物量分配降低 2.5%。在地上生物量的再分配中，套篓林地的树干、枝条、叶片生物量分配比例分别为 40.2%、21.0%、14.3%，未套篓的分别为 38.7%、20.7%、13.6%；与未套篓相比，套篓林地的树干、枝条、叶片生物量分配分别提高 1.5%、0.3%、0.7%。在地下生物量的再分配中，套篓林地的主(侧)根、须根生物量分配比例分别为 13.5%、11.0%，未套篓林地的分别为 13.0%、14.0%；与未套篓相比，套篓林地的主(侧)根生物量分配提高 0.5%、须根生物量分配降低 3.0%。由此表明：套篓处理种群将更多生物量分配于地上构件的生长发育，未套篓种群则将更多的生物量分配于须根的生长发育。

表 3-13　套篓处理对樟子松种群生物量分配的影响(%)

处理方式	地上	树干	枝条	叶片	地下	主(侧)根	须根
套篓	75.5	40.2	21.0	14.3	24.5	13.5	11.0
未套篓	73.0	38.7	20.7	13.6	27.0	13.0	14.0
增量	2.5	1.5	0.3	0.7	-2.5	0.5	-3.0

综上所述，“套篓造林”具有改善环境条件的多重功效，包括减轻风蚀沙埋 、改善土壤水分状况、增加土壤养分含量、控制动物危害和人畜干扰。随着环境条件的改善，造林效果显著提升，更重要的是套篓还可增加林地植物种类、提高群落盖度、促进生物结皮及群落环境形成，为林分生产力、林地土壤肥力及林分稳定性长期维持奠定了基础。

2.7　混交造林技术及其防虫效果

目前，毛乌素沙地拥有樟子松防护林百余万亩，并广泛用于村镇、道路、公园等人流密集地段绿化，在防风固沙、恢复植被、改善景观中起着不可或缺的作用。然而，科尔沁沙地樟子松人工林及毛乌素沙地中国沙棘人工林早衰引起了榆林治沙人的警觉。两者的衰退过程几乎相同，首先是遭遇环境胁迫导致长势衰弱，继而病虫害侵入造成整个植株甚至林分成片死亡。此外，德国云杉、杉木等树种纯林连栽导致林分生产力和林地土壤肥力衰退现象，以及黄土高原“土壤水分植被承载力”研究警示人们森林早衰防控的重要意义。面对这些情况，榆林治沙人积极倡导混交造林，竖起了毛乌素沙地造林治沙新的里程碑，尤其是樟子松与紫穗槐混交表现出良好的防虫效果。

2.7.1　混交造林技术要点

根据多年实践，可将樟子松、紫穗槐混交林的营造要点总结如下：造林前搭设柴草沙障，然后栽植紫穗槐，最后栽植樟子松。其中，樟子松采用 3 年生营养袋苗，苗高>20 cm、地径>0.5 cm，株行距 4 m×5 m 或 5 m×6 m 或 6 m×6 m；紫穗槐采用 1 年生实生苗，地径>0.3 cm 并截去主干 40 cm 以上的部分，每穴栽植 2~3 株、株行距 1 m×3 m，苗木植于距离带状沙障 30 cm 的背风处，网格沙障则栽于网格的边角处。

实际应用中，为了进一步提高造林效果还可采取一些防风固沙和保墒保水措施。具体做法为：①搭设沙障，以秸秆为料搭设 2 m×2 m 的网格状沙障；②大坑换土，栽植前或回填时用黄绵土替换树坑内沙土；③壮苗深栽，选择优良苗木深坑栽植，栽植穴规格为 60 cm×60 cm×60 cm；④浇水覆膜，定植樟子松前后浇足水，再在靠近根部周围沙面覆盖一层薄膜防止水分蒸散。

2.7.2 樟子松纯林的虫害情况

为了解虫害对樟子松生长的影响，对虫害较为严重的 3 块纯林样地进行统计分析(表 3-14)。由表可见：3 块纯林平均虫害株率达 34.2%，未遭受虫害的正常植株占 65.8%。正常植株的树高、地径、冠幅生长量分别为 81.1 cm、2.54 cm、65.0 cm，虫害植株的树高、地径、冠幅生长量分别为 43.1 cm、1.52 cm、36.9 cm，正常植株比虫害植株分别增加 38.0 cm、1.02 cm、28.1 cm，提高幅度分别为 88.2%、67.1%和 76.2%。统计检验结果显示，正常植株的树高、地径、冠幅生长量极显著高于虫害植株，说明樟子松的生长量大小取决于是否混交紫穗槐。另外，虫害植株主干弯曲、主梢不明显、分枝多而细弱、针叶枯黄，正常植株主干较直、主梢明显，分枝少、无丛生状，针叶色泽正常。由此表明：虫害不仅对樟子松的形态建成造成明显损害，而且显著抑制植株的正常生长。

2.7.3 混交对造林效果的影响

如上所述，虫害不仅对樟子松的形态建成造成明显损害，而且显著抑制植株的正常生长。由表 3-15 可见：樟子松混交林的树高、地径、冠幅生长量分别为 196.4 cm、5.9 cm、137.0 cm，樟子松纯林的相应生长量分别为 118.9 cm、3.9 cm、89.0 cm，混交林比纯林分别增加 77.5 cm、2.0 cm、48.0 cm，提高幅度分别为 65.2%、51.3%、53.9%；混交林的植株死亡率、虫害率分别为 1.1%、4.1%，纯林的植株死亡率、虫害率分别为 16.3%、25.8%，混交林比纯林分别降低 15.2、21.7 个百分点。统计检验结果显示，混交林生长量极显著高于纯林、植株死亡率极显著低于纯林、植株虫害率显著低于纯林。由此表明：樟子松林分生长量、植株死亡率和虫害率高低取决于是否混交紫穗槐，混交紫穗槐可显著提高樟子松生长量并降低植株死亡率和虫害率。

表 3-14 樟子松纯林的虫害情况

植株类型	比例(%)	树高(cm)	地径(cm)	冠幅(cm)	形态特征
正常植株	65.8	81.1A	2.54A	65.0A	主干弯曲、主梢不明显，分枝多而细弱，针叶枯黄
虫害植株	34.2	43.1B	1.52B	36.9B	主干较直、主梢明显，分枝少、无丛生状，针叶色泽正常
增量		38.0	1.02	28.1	
增幅(%)		88.2	67.1	76.2	

注：同列不同大写字母表示差异极显著($P<0.01$)。

表 3-15 混交对樟子松造林效果的影响

处理方式	树高(cm)	地径(cm)	冠幅(cm)	死亡率(%)	虫害率(%)
混交林	196.4A	5.9A	137.0A	1.1B	4.1b
纯林	118.9B	3.9B	89.0B	16.3A	25.8a
增量	77.5	2.0	48.0	−15.2	−21.7
增幅(%)	65.2	51.3	53.9	−15.2	−21.7

注：同列不同小写字母表示差异显著($P<0.05$)，同列不同大写字母表示差异极显著($P<0.01$)。

2.7.4 混交对群落基本特征的影响

植物群落包括了乔木、灌木、草本、地被物等不同层次，其数量、结构和分布特征可以反映群落的稳定性程度及其生产和防护能力的高低。在干旱缺水、风沙肆虐的毛乌素沙地，生物结皮、枯落物对群落稳定性及其防护效能的发挥具有极其重要的作用。由表3-16可见：混交林乔木层(樟子松)、灌木层、草本层盖度(郁闭度)分别为0.35、0.28、0.25，纯林(樟子松)分别为0.12、0.18、0.15，混交林比纯林分别增加0.23、0.10、0.10，增加幅度分别为191.7%、55.6%、66.7%；混交林的枯落物厚度、盖度分别为0.30 cm、0.20，纯林分别为0.10 cm、0.10，混交林比纯林分别增加0.20 cm、0.10，增加幅度分别为200.0%、100.0%；混交林的生物结皮厚度、盖度分别为0.50 cm、0.25，纯林的分别为0.30 cm、0.15，混交林比纯林增加0.20 cm、0.10，提高幅度分别为66.7%、66.7%；混交林的物种丰富度达到11种，而纯林仅5种，混交林比纯林增加6种、提高幅度为120.0%。其中，混交林的林下天然植物主要有醉马草、地梢瓜(*Cynanchum thesioides*)、山苦荬(*Ixeris chinensis*)、阿尔泰狗娃花(*Heteropappus altaicus*)、砂珍棘豆(*Oxytropis psamocharis*)、沙蓬(*Agriophyllum squarrosum*)、花棒、沙蒿等，而纯林仅有沙蒿、地梢瓜、沙蓬等。由此表明：樟子松与紫穗槐混交使植被盖度、物种丰富度以及生物结皮、枯落物的厚度和盖度明显增加，促进了森林群落及其环境的形成进程，为提高沙地樟子松群落的稳定性、生产力及其生态防护效能持续发挥奠定了基础。

表 3-16 混交对群落基本特征的影响

处理方式	郁闭度(盖度)			枯落物		生物结皮		物种
	乔木层	灌木层	草本层	厚度(cm)	盖度	厚度(cm)	盖度	丰富度(种)
混交林	0.35	0.28	0.25	0.30	0.20	0.50	0.25	11
纯林	0.12	0.18	0.15	0.10	0.10	0.30	0.15	5
增量	0.23	0.10	0.10	0.20	0.10	0.20	0.10	6
增幅(%)	191.7	55.6	66.7	200.0	100.0	66.7	66.7	120.0

综上所述，樟子松林中混交紫穗槐可以抑制病虫害、提升樟子松的存活与生长能力、加速群落发育，尤其是对生物结皮的形成具有重要意义。究其原因，紫穗槐的根、干、

皮、叶及果实中均含对某些昆虫具有毒杀作用的化学成分。另一方面，紫穗槐具有固氮作用，可以通过提高土壤氮含量改善土壤理化性质，从而提高土壤的适宜性。

3 讨论

3.1 风蚀沙埋对樟子松人工林的影响

沙生植物与植被是治理沙漠以及控制风沙危害和土地沙化最为经济、有效、持久的手段，但风沙地区干旱、风蚀、沙埋、高温胁迫等恶劣生态条件是限制植物及植被生长与繁殖拓展的不利因素(赵存玉，2014)。于云江(1998)在野外风洞条件下，对风和风沙流影响固沙植物的生理状况进行了研究。结果表明：风对结皮和苔藓的影响在于吹蚀和干燥，而对草本和灌木的影响主要是通过迫使气孔关闭、降低叶温和胞间 CO_2浓度来抑制光合作用，通过加速蒸腾作用降低水分利用率，通过降低叶片水势和土壤含水量加强干燥作用；风沙流对结皮和苔藓的影响主要在于剥蚀和堆积，对草本和灌木的影响主要是机械损伤作用，从而加剧了对光合和水分利用的影响。He(2003)研究了自然条件下风沙干扰对沙生柽柳(*Tamarix chinensis*)群落的影响，认为群落形成于低湿风蚀洼地，发展于沙埋地，死亡于风蚀地和重度沙埋地。在群落形成初期，风蚀洼地为种子发芽生根创造了适宜的生境，但高矿化度水胁迫使得幼苗保存率较低。在群落发展期，沙埋促使沙生柽柳灌丛茁壮生长；在群落衰落期，风蚀或沙埋导致灌丛消亡。

由于风蚀与沙埋相互伴随，因此更有意义的研究着重于两者的比较分析。马洋(2014)对骆驼刺(*Alhagi sparsifolia*)的研究表明：风蚀显著降低了骆驼刺叶水势和叶片含水量，进而导致植物气孔导度降低，并引起植物光合速率和蒸腾速率的下降。而沙埋增加了骆驼刺的叶水势、叶片含水量和气孔导度，并引起植物光合速率和蒸腾速率的上升，水分利用效率也得到提升。因此，10 cm 风蚀显著抑制骆驼刺生长，30 cm 沙埋却显著促进骆驼刺生长。赵哈林(2010)对小叶锦鸡儿(*Caragana microphylla*)进行了沙埋试验，结果表明：轻度沙埋可以同时促进植物地上茎叶和地下根系的生长及生物产量的提高，中度沙埋仅可促进其根系生长和生物产量的提高但对其高生长有一定抑制作用，重度沙埋和严重沙埋对其生长造成严重威胁甚至导致死亡。Qu(2014)总结了沙埋对植物影响的研究成果后指出：总体上，浅层沙埋有利于种子萌发和幼苗发生，深层沙埋则有抑制作用。长时间的深层沙埋也有致命作用，因其影响植物垂直生长、减少光合叶面积、限制根系供氧能力；适度沙埋则可避免高温和干旱胁迫，有利于沙生植物的生长和繁殖。从生理角度看，部分沙埋可以提升水分利用效率、叶绿素含量、运输及净光合速率。另一方面，抗氧化酶保护系统及渗透调节也参与了植物对沙埋的适应过程(Zhao，2015；Li，2015)。

由上述情况看来，风蚀及深层沙埋、长期沙埋对植物生长发育及群落演替均具一定影响，且这种作用与干旱、高温的耦合密不可分。事实上，风蚀沙埋对林分质量、林地特征也有一些显而易见的影响。在毛乌素沙地，风蚀使樟子松根系裸露造成树干弯曲、偏冠、倒伏甚至死亡，尤其是长势衰弱为病虫害入侵提供有利条件，最终导致群落早衰。另一方面，枯落物、生物结皮被吹走形成“光板地”，导致生物多样性降低从而影响群落稳定性或持久性(屈升银，2011；史社裕，2011；王俊波，2014)。对樟子松的研究还表明：沙埋抑制种子萌发，但适度沙埋可促进树高生长(赵哈林，2015；郭米山，2016)。

3.2　干旱缺水对樟子松人工林的影响

樟子松分布跨越湿润、半湿润及半干旱区，生长与水分的关系一直是众多学者关注的焦点。包光(2018)对呼伦贝尔的天然林研究表明：水分是核心区沙地樟子松径向生长的主要限制因子，差值年表与上年 8 月至当年 7 月降水总量显著相关。张晓(2018)对呼伦贝尔的天然林研究表明：樟子松径向生长受生长季气温和降水的共同影响。李露露(2015)对辽宁省樟子松人工林的研究表明：各样点樟子松径向生长与月降雨量和月平均相对湿度多呈正相关关系，与月平均温度多呈负相关关系，进一步表明区域水分因子对人工林樟子松生长的限制作用。龙春国(2015)在章古台的研究表明：沙地樟子松年轮宽度与当年降水量存在着极显著正相关关系，且径向生长不仅受到当年降水量的影响还受前一年降水量的影响。同时，樟子松年轮宽度与年平均温度存在显著负相关关系。因为，生长季高温加快了土壤水分蒸发，进一步降低了土壤水分并提高了蒸汽压差，从而限制了树木的生理代谢活动。在毛乌素沙地的研究表明，影响樟子松树高生长量的主导气候因子依次是前一年的降雨量、≥10 ℃积温、年蒸发量(丁晓刚，2005)。由此看来，无论是天然林还是人工林，水分都是影响樟子松生长的主导因子或限制因子。

水分对樟子松生长的制约作用，主要通过生理生态适应对策的改变而实现。王东丽(2020)的研究表明：樟子松种子通过降低萌发率、推迟萌发、延长萌发持续时间、减缓萌发速率、增加胚根生长适应干旱胁迫。褚建民(2011)的研究表明：樟子松光合速率、蒸腾速率和水分利用效率与降雨量呈正相关，降雨量变化对樟子松生理生态特征产生显著影响，但生长季水分胁迫对樟子松生长的影响存在滞后效应。朱教君(2005，2006)的研究表明：当土壤含水量为 40%田间持水量时，沙地樟子松幼苗干旱胁迫就已发生。随土壤含水量的下降，干旱胁迫逐渐加重，直到土壤含水量为 20%田间持水量时，光合速率、气孔导度、蒸腾速率和胞间 CO_2浓度的下降幅度达到最大。产生这种现象的主要原因是气孔导度的变化，即干旱胁迫下气孔导度减小、CO_2进入叶片细胞内的阻力增加、叶片水分散失减少，导致胞间 CO_2浓度和蒸腾速率下降，从而表现为光合速率的下降。另外，水作为光合作用的原料之一，当其供应不足时也直接导致光合速率的降低。康宏樟(2007)的研究还表明：生长季节影响樟子松蒸腾速率主要内在因子为气孔导度，外在因子是空气湿度和气温。针叶水势在一定程度上受到降水量、土壤水分含量及树木本身生长特性的影响。张东忠(2011)在毛乌素沙地的观察表明：连年干旱经常造成部分林木个体或成片林木死亡，从而改变了群落的数量和结构特征，使其稳定性降低、寿命缩短。由此看来，降水量、土壤含水率及树体自身的水分状况，均可影响樟子松的存活、生长能力以及种群(群落)稳定性。

3.3 土壤贫瘠对樟子松人工林的影响

邓继峰(2017)在毛乌素沙地的研究表明：樟子松树高生长量与0~10 cm土层的全氮、水解氮、全磷、速效磷及有机质含量呈正相关，与全钾含量呈负相关；胸径生长量与0~10 cm土层的水解氮、全磷、速效磷及有机质含量呈正相关。邓继峰(2017)在辽东地区的研究表明：在丘陵下部，樟子松树高及胸径生长量与土壤有机质、全氮、全磷含量呈正相关，而与速效氮、速效磷含量呈负相关。刘国明(2002)在章古台沙地的研究表明：影响树高生长的主导因子是土壤全磷含量及最大持水量，影响胸径生长的主导因子是土壤有机质和全氮含量。这些研究结果反映了自然状态下土壤有机质、氮、磷水平以及水肥交互效应对樟子松生长的制约作用。苗圃、林地施肥也证明了氮磷供应水平的主导性，尤其是缺磷可使苗木变成紫红色(李银科，2009)。

事实上，目前更多的研究侧重于樟子松人工林对土壤的改良作用。在毛乌素沙地的研究表明：不同恢复年限樟子松林地土壤的全氮和全磷含量均存在显著性差异，均随恢复年限的增加而提高；同一恢复年限林地土壤全氮、全磷含量均随土壤深度的增加而减少，表层0~10 cm的土壤氮、磷产生了“表聚效应”(张宁宁，2019)。而且，土壤养分含量与土壤粒度之间均存在着较好的相关性，大多数养分含量与细沙物质呈正相关、与粗沙物质呈负相关关系(杨军怀，2019)。研究还表明：相对于裸地，不同恢复年限樟子松林均提高了土壤有机质含量，但总体上仍处于缺乏水平(张宁宁，2019)。而且，随着樟子松栽植年限的增加，土壤团聚体、粉黏粒含量和土壤固碳能力均显著提高，土壤容重与持水性能均得到明显的改善(郝宝宝，2019；王丽梅，2019)。在科尔沁沙地的研究表明：同流沙地相比，樟子松林下表层0~20 cm土壤含水量增加而深层土壤含水量减少；林下表层具有明显的养分富集特性，表层(0~10 cm)土壤容重、有机质、全磷、水解氮、有效磷、电导率都显著高于下层 (20~40 cm)和流沙表层，但20 cm以下土壤养分含量非常低，与流沙相比并没有显著差异(黄刚，2008)。由此看来，樟子松改善土壤理化性状的作用毋庸置疑。

值得强调的是，研究发现混交林改善土壤状况及提高群落稳定性的作用明显高于樟子松纯林。刘明国(2002)的研究表明：在樟子松、杨树混交林中，樟子松树高、胸径生长量较其纯林分别提高18.7%、5.2%。而且，混交林土壤速效养分(水解氮、速效钾、速效磷)

含量分别比纯林明显提高，土壤有机质、全氮、全磷也有较大幅度增加。王凯的研究表明：沙地樟子松混交林土壤有机碳、全氮和速效氮含量高于纯林，樟子松与榆树(*Ulmus pumila*)混交增加了深层土壤有机碳和全氮含量以及碳/氮 和碳/磷，樟子松与怀槐(*Maackia amurensis*)混交提高了土壤氮含量。曹文生(2002)的研究表明：樟子松与杨树混交不仅增加了林分生长量，而且提高了土壤养分和水分含量、降低了樟子松枯梢病的发病率和感病指数。在毛乌素沙地，樟子松的树高、胸径生长量在纯林中比在混交林中高但有早衰的趋势，在混交林生长虽然较慢但没有早衰的迹象(樊晓英，2008)。叶竹林(2011)的研究进一步表明：与纯林相比，混交紫穗槐可以显著提高樟子松的生长量和造林存活率；同时具有明显的杀虫和驱虫效果，从而降低了虫害带来的不良后果；混交还促进了群落环境的形成，主要表现在群落郁闭度、物种丰富度以及枯落物和生物结皮积累明显高于樟子松纯林。

3.4　林分密度对樟子松人工林的影响

康宏樟(2005)指出：对樟子松固沙林而言，水分条件是影响林木生长的主导因子和限制因子，水分状况决定着林分的生产力水平和稳定性，只有确定合理的造林密度和经营密度，才能保证林木的正常生长。刘建华(2019)的研究表明：樟子松的衰退与林分密度呈正相关，胸径随林分密度的增加而减小，枯死株数、枯梢病感病指数随密度的增大而提高。鉴于水分、密度、早衰之间的因果关系，有关沙地樟子松人工林合理密度的探讨主要从水量平衡角度出发。根据水量平衡，宋立宁(2017)计算出不同降水量区域及同一降水量区域不同年龄林分的适宜林分密度。根据不同年龄单株樟子松的水分营养面积需求，曾德慧(1995)计算出不同年龄阶段的林分密度。类似的林地调查结果分析很多，但几乎来自科尔沁(章古台)沙地。在毛乌素沙地，赵晓彬(2004)通过樟子松造林密度与沙层水分的关系研究，提出榆林毛乌素沙地樟子松造林的适宜密度为 840 株/hm^2，即造林株行距为 3 m×4 m。虽说关于密度的研究结果出入较大，但反映了造林密度和经营密度在樟子松人工林早衰防控中的重要性。

事实上，上述研究属于“土壤水分植被承载力”问题。所谓土壤水分植被承载力指土壤水分承载植物的最大负荷，即当植物根系可吸收和利用土层范围内土壤水分消耗量等于或小于土壤水分补给量时所能维持特定植物群落健康生长的最大密度。如果人工林密度大于土壤水分承载力，需要对人工林进行疏伐；如果人工林密度小于土壤水分承载力，需要增加密度或改换植被类型；当人工林密度等于土壤水分承载力时，人工林可持续利用土壤水资源。近年来在黄土高原地区多年生林草地，出现了以土壤旱化为主要特征的土壤退化现象。退化土壤反过来影响植物的生长和发育，最终将导致植物群落衰败和生态系统的退化，从而影响到林草植被的长期稳定，其成因在于林草密度超过了“土壤水分植被承载力”。防止土壤旱化的主要措施就是控制林草地密度和生产力，而控制林草地密度和生产力的理论依据就是土地植被承载力。根据“土壤水分植被承载力”理论和模型，多位学者研究了柠条、刺槐、油松、山杏等造林密度和经营密度(郭忠升，2003，2004，2009)。由此说明，适宜造林密度和经营密度是旱区林地生产力长期维持的主要途径，也是控制人工林早衰、维持林地长期生产力的重要措施。

依据上述研究结果、结合该研究区域的具体情况不难看出，要提高毛乌素沙地樟子松造林效果、维持林地长期生产力、防控人工林早衰，必须从改善土壤水分和养分状况、控制风蚀沙埋、合理稀植等角度入手。

4 小结

为减轻风蚀沙埋、干旱缺水、土壤贫瘠、人畜(病虫)干扰等环境胁迫对造林效果形成的压力以及人工林早衰防控需求，“高效防衰”造林技术在强调合理稀植、维持土壤水分平衡的前提下，因地制宜地采用铺设沙障、大坑换土、壮苗深栽、浇水覆膜、套篓防护、混交造林措施，在毛乌素沙地樟子松造林示范和推广中取得良好效果。研究结果表明：其中任何一项措施均有提高造林保存率、促进林木生长、加速郁闭成林、延缓群落早衰的作用，但不同措施的作用则有所侧重。其中，沙障能够有效减轻风沙流造成的根系裸露、主干弯曲、风倒风折等现象，保证植株的正常形态建成；大坑换土可以有效改善树穴土壤的水分和养分状况，减轻干旱缺水、土壤贫瘠胁迫；壮苗为造林后的良好生长奠定了物质基础，深栽有利于苗木利用较深层次的土壤水分；浇水能够提高土壤水分储量、覆膜可以增强土壤水分保持能力，从而提高水分利用率；“套篓防护”具有改善环境条件的多重功效，包括减轻风蚀沙埋 、改善土壤水分状况、增加土壤养分含量、控制动物危害和人畜干扰；樟子松林中混交紫穗槐不仅可以抑制病虫害，而且能够提高土壤氮含量、改善土壤状况。尤其是“套篓防护”和混交造林还能增加物种多样性、提高群落盖度、促进生物结皮形成，为加速森林环境形成以及林分生产力、林地土壤肥力及林分稳定性长期维持奠定了基础，从而避免或延缓人工林早衰。

上述不同措施造林效果差异是樟子松在不同环境条件下采取不同生态适应对策的结果，这种生态适应对策通过生物量投资(积累)与分配格局调节来实现。在环境条件有利的情况下(如套笼和壮苗深栽)，种群通过增大各个器官的生物量投资(积累)加强对环境资源的吸收和同化能力，同时将更多的生物量分配于地上部分生长，从而使造林保存率和林分生长量得以提高，这样有利于种群对环境资源的尽快占据和利用，有利于群落持久性或稳定性的长期维持；在环境条件不利的情况下(如套笼和壮苗深栽的对照处理)，种群对各个器官的生物量投资明显减少，同时将更多的生物量分配于根系的发育以拓展地下营养空间，因此导致种群地上生长量下降甚至部分个体死亡，这样有利于缓解环境资源短缺对种群造成的压力但提高了种群早衰的概率。换而言之，在环境条件有利的情况下，种群将更多的物质和能量投资于个体的存活、生长；在环境条件不利的情况下，种群将更多的物质和能量投资于对环境胁迫的防御，但以降低个体存活与生长能力为代价。因此，要提高造林效果、防控早衰就必须从改善环境条件入手，使种群将更多的物质和能量用于植株的存活、生长以及群落发育。

研究结果还表明：在合理稀植的前提下，因地制宜地单独、组合、配套使用铺设沙障、大坑换土、壮苗深栽、浇水覆膜、套篓防护、混交造林措施，可以形成与立地条件或时间阶段及其危害特点相适应的地段性或阶段性造林技术体系，减轻环境胁迫，提高造林成活率和保存率、促进林木生长，为加速森林环境形成以及林分生产力、林地土壤肥力及林分稳定性长期维持提供必要支撑，为防控或延缓群落早衰奠定基础。

主要参考文献

白晓霞，鱼慧利，张静，等，2020. 榆林沙地樟子松人工林可持续经营措施研究[J]. 榆林学院学报，30(4)：46-49.

包光，刘娜，2018. 呼伦贝尔沙地核心保护区樟子松径向生长的气候响应特征[J]. 地球环境学报，9(41)：392-397.

曹文生，焦树仁，高树军，等，2002. 章古台沙地樟子松混交林营造技术与效益的研究[J]. 防护林科技(4)：12-14.

褚建民，邓东周，王琼，等，2011. 降雨量变化对樟子松生理生态特性的影响[J]. 生态学杂志，30(12)：2672-2678.

邓继峰，丁国栋，魏亚伟，等，2017. 毛乌素沙地南缘樟子松人工林土壤理化性质差异及其与林分生长的关系[J]. 干旱区资源与环境，31(8)：160-166.

樊晓英，廖超英，谢燕，等，2008. 毛乌素沙地东南部樟子松生长状况调查分析[J]. 西北林学院学报，23(4)：112-116.

郝宝宝，艾宁，贾艳梅，等，2019. 毛乌素沙地南缘不同林龄樟子松人工林土壤物理性质差异性研究[J]. 陕西农业科学，65(12)：29-33.

黄刚，赵学勇，苏延桂，等，2008. 科尔沁沙地樟子松人工林对微环境改良效果的评价[J]. 干旱区研究，25(2)：212-218.

郭忠升，邵明安，2003. 半干旱区人工林草地土壤旱化与土壤水分植被承载力[J]. 生态学报，23(8)：1640-1647.

郭忠升，邵明安，2004. 土壤水分植被承载力数学模型的初步研究[J]. 水利学报(10)：55-59.

郭忠升，邵明安，2009. 土壤水分植被承载力研究成果在实践中的应用[J]. 自然资源学报，24(12)：2187-2193.

康宏樟，朱教君，许美玲，2005. 沙地樟子松人工林营林技术研究进展[J]. 生态学杂志，24(7)：799-806.

康宏樟，朱教君，许美玲，2007. 科尔沁沙地樟子松人工林幼树水分生理生态特性[J]. 干旱区研究，24(1)：15-22.

李露露，李丽光，陈振举，等，2015. 辽宁省人工林樟子松径向生长对水热梯度变化的响应[J]. 生态学报，35(13)：4508-4517.

李婷婷，陆元昌，庞丽峰，等，2014. 杉木人工林近自然经营的初步效果[J]. 林业科学，50(5)：90-100.

李银科，刘世增，严子柱，2009. 影响干旱荒漠区樟子松幼苗生长的土壤因子初探[J]. 中国农学通报，25(11)：173-175.

刘建华，2019. 章古台地区不同密度樟子松人工林衰退情况分析[J]. 防护林科技(5)：19-20，58.

刘明国，苏芳莉，马殿荣，等，2002. 多年生樟子松人工纯林生长衰退及地力衰退原因分析[J]. 沈阳农业大学学报，33(4)：274-277.

鲁如坤，2000. 土壤农业化学分析方法[M]. 北京：中国农业科技出版社.

马洋，王雪芹，张波，等，2014. 风蚀和沙埋对塔克拉玛干沙漠南缘骆驼刺水分和光合作用的影响[J]. 植物生态学报 38(5)：491-498.

宋立宁，朱教君，郑晓，2017. 基于沙地樟子松人工林衰退机制的营林方案[J]. 生态学杂志，36(11)：3249-3256.

史社裕，白增飞，李炳，2011. 风蚀沙埋对毛乌素沙地植物的影响及其防治[J]. 安徽农学通报，17(15)：168-170，193.

王东丽，张日升，方祥，等，2020. 固沙樟子松种子萌发与幼苗生长对干旱胁迫的响应及抗旱性评价[J]. 浙江农林大学学报，37(1)：60-68.

王凯，雷虹，石亮，等，2019. 沙地樟子松带状混交林土壤碳氮磷化学计量特征[J]. 应用生态学报，30(9)：2883-2891.

王丽梅，张谦，白利华，等，2019. 人工樟子松林对毛乌素沙地土壤颗粒组成和固碳效果的长期影响[J]. 水土保持通报，39(4)：89-96.

吴祥云，姜凤岐，李晓丹，等，2004. 樟子松人工固沙林衰退的规律和原因[J]. 应用生态学报，15(12)：2225-2228.

吴锈钢，刘桂荣，李淑华，等，2003. 辽宁省樟子松衰弱枯死原因及防治对策[J]. 内蒙古林业科技(3)：16-20.

杨军怀，拓飞，齐海波，等，2019. 毛乌素沙地东南缘樟子松人工林土壤养分研究[J]. 河南科学，37(1)：78-85.

于云江，辛越勇，刘家琼，等，1998. 风和风沙流对不同固沙植物生理状况的影响[J]. 植物学报，40(10)：962-968.

原戈，2000. 辽宁省沙地樟子松人工林衰退原因与治理对策[J]. 辽宁林业科技(6)：1-4.

尤国春，孟鹏，杨树军，等，2015. 章古台地区沙地樟子松径向生长与气候因子的相关分析[J]. 辽宁林业科技(5)：19-22.

张鼎华，叶章发，王伯雄，2001.“近自然林业”经营法在杉木人工幼林经营中的应用[J]. 应用与环境生物学报，7(3)：219-223.

张宁宁，侯婷，严加坤，等，2019. 不同恢复年限樟子松林地的土壤氮磷效应[J]. 广西林业科学，48(3)：285-289.

张晓，潘磊磊，Semyung Kwon，等，2018. 沙地天然樟子松径向生长对干旱的响应[J]. 北京林业大学学报，40(7)：27-35.

赵晓彬，2004. 樟子松造林密度与沙层水分的关系研究[J]. 防护林科技(5)：4-6.

曾德慧，姜凤岐，1995. 从水量平衡角度探讨沙地樟子松人工林的合理密度[J]. 防护林科技(1)：4-7.

朱教君，康宏樟，李智辉，等，2005. 水分胁迫对不同年龄沙地樟子松幼苗存活与光合特性影响[J]. 生态学报，25(10)：2527-2533.

朱教君，曾德慧，康宏樟，等，2005. 沙地樟子松人工林衰退机制[M]. 北京：中国林业出版社.

Jin LI，Hao QU，HaLin ZHAO，et al，2015. Growth and physiological responses of *Agriophyllum squarrosum* to sand burial stress[J]. J. Arid Land，7(1)：94-100.

Qu H，Zhao HL，Zhou RL，et al，2014. Effects of sand burial on dune plants：a review[J]. Sciences in Cold and Arid Regions，6(3)：0201-0208.

Zhao HL，Qu H，Zhou RL，et al，2015. Effects of sand burial on survival and growth of *Artemisia halodendron* and its physiological response[J]. Sciences in Cold and Arid Regions，7(1)：0059-0066.

第4章

樟子松盐碱地抑盐造林技术

1 材料与方法

1.1 试验材料

2009年，在榆林市定边县环城公路两侧选择具有典型性、代表性的轻度、中度、重度等3个不同盐渍化程度地段，选用6年生樟子松造林营建环城防护林带，各试验地段的造林方式、经营管理措施完全相同。试验地造林后，每年8月调查樟子松的生长表现状况，为研究樟子松造林效果与土壤盐渍化程度的关系提供依据。

2012年，采用树穴喷醋、树穴地表覆盖地膜、树穴铺垫炉渣和稻草等3种不同处理措施对盐渍化造林地块进行改良，改良后选用8年生樟子松分别在不同改良树穴内进行栽植，各改良试验地块造林方式、经营管理措施完全一致。试验地造林后，每年8月调查樟子松的生长表现状况，为盐碱地抑盐造林效果研究提供依据。

1.2 研究思路

该试验既有应用基础研究即樟子松存活、生长对土壤盐渍化程度的响应规律及其生理生态机制，又有应用技术开发，即提升樟子松造林效果的土壤改良措施。因此，研究时采用“全面踏查、样地调查、测试分析、田间试验、选择措施、推广示范”分步实施的总体思路。

第一步，通过全面踏查了解樟子松存活、生长特征以及土壤盐渍化程度差异的总体情况，为抽样调查设计提供依据。为此，对定边县环城防护林及沙地人工林营造时布设的樟子松盐渍化地段造林试验进行全面踏查。第二步，依据踏查结果采用典型抽样法确定调查样地，为分析樟子松存活、生长对土壤盐渍化程度的响应规律提供数据。为此，对样地樟子松的存活、生长指标及生长过程进行调查。第三步，测定样地林木的生理生态指标及土壤的理化指标，为探讨樟子松存活、生长对土壤盐渍化程度响应规律的作用机制提供数据。为此，对样地标准木的光合速率、气体交换能力、生物量投资与分配格局以及土壤的电导率、全盐、盐离子含量、含水率等理化指标进行测定。第四步，根据樟子松存活、生长对土壤盐渍化程度响应规律及其机制研究结果，选择适当土壤改良措施布设林地试验，为选择土壤改良措施提供依据。为此，布设了树穴喷醋、覆盖地膜、铺垫炉渣和稻草试验。第五步，通过不同土壤改良措施与造林效果关系分析，选择简单易行、效果良好的抑盐措施进行推广示范。

1.3　研究方法

1.3.1　样地调查

样地选择采用“典型抽样法”，即在全面踏查和比较分析的基础上，选择具有代表性、典型性和可比性的地段设置样地。其中，样地面积不小于 20 m×20 m 或林木株数大于 50 株。样地设置后，生长量调查采用“每木检尺法”，即逐株测定树高(逐年)、地径(或胸径)、冠幅生长量；地上生物量测定采用“平均标准木法”和“分层切割法”，即根据每木检尺结果选择平均标准木并对其树干、枝条、叶片分别称重；地下生物量采用“全挖法”，即全部挖出地下部分并进行称重；造林保存率调查采用“个体计数法”，即分别统计样地内存活、死亡的株数，然后将其换算成保存率。

1.3.2　田间试验

1.3.2.1　不同程度盐渍化土壤造林试验

选择轻度、中度、重度盐渍化地段，采用相同苗木、相同措施进行造林，每个地段栽植 400 株以上。

1.3.2.2　不同土壤改良措施造林试验

分别为树穴喷醋(PC)、覆膜(DM)、铺垫炉渣和稻草(LD)3 种处理，以不进行任何处理的林分作为对照(CK)，每个处理栽植 100 株以上。其中，喷醋(PC)处理是栽植时喷洒一次食用醋，食用醋用量以喷到栽植穴内壁有醋液渗出时为止；覆膜(DM)处理是樟子松种植后，在树穴表面覆盖透明薄膜，面积为 1 m×1 m；铺垫炉渣和稻草(LD)处理是将炉渣与稻草按 1 : 1 比例与表土均匀混合，然后将混合物铺垫到栽植穴的底部。

上述试验均采用单因素对比设计，随机排列，重复 3 次。造林密度为 1111 株/hm^2，即株行距 3 m×3 m；穴状整地，规格为 80 cm×80 cm×80 cm。其中，不同程度盐渍化土壤造林试验于 2009 年 4 月布设，选用 6 年生樟子松大苗造林，造林时苗高 1.5~2.0 m；不同土壤改良措施造林试验于 2012 年 4 月布设，选用 8 年生樟子松大苗造林，造林时苗高 3.0 m 左右。各试验地造林后，经营管理措施完全一致，每年 8 月调查樟子松的生长状况。

1.4 测试分析

1.4.1 生物量

在平均标准木上采集一定数量的树干、枝条、叶片、根系生物量样品，带回实验室采用“烘干法”测定含水率，依据含水率计算生物量干重以及生物量投资和分配比例。

1.4.2 土壤性状

土壤样品采集用“对角线法”，每个小区采集 5 个点，每点重复采集 3 次(深度 0~60 cm的混合样品)，带回实验室采用标准方法或常规方法测定理化指标。其中，土壤含水率采用“烘干法”，pH 值采用电位法，水溶性盐分总量采用重量法，CO^{3-}和 HCO_3^-含量采用盐酸滴定法，Cl^-含量采用硝酸银滴定法，SO_4^{2-}含量采用容量法，Ca^{2+}和 Mg^{2+}含量采用 EDTA 滴定法，Na^+和 K^+含量采用火焰光度法。

1.4.3 生理指标

光合速率、蒸腾强度等生理指标在田间测定，所用仪器为 LI-6400 光合测定仪。测定时以平均标准木为对象，每次按照轻度、中度、重度盐渍化地段的顺序、倒序、顺序进行测定，重复 3 次。

1.5 数据分析

首先，将原始数据录入 Excel 进行基本特征分析，然后采用 SPSS 17.0 软件进行差异显著性检验、回归分析、通径分析及其他分析处理。

2 结果与分析

2.1 樟子松造林效果对土壤盐渍化程度的响应

2.1.1 不同试验地段土壤盐渍化程度的差异

项目筛选了轻度、中度、重度等 3 个不同盐渍化程度地段进行调查，3 个不同试验地段的土壤盐渍化程度存在明显差异。由表 4-1 可见：在轻度、中度、重度盐渍化地段，土壤全盐含量、电导率均存在极显著差异。其中，重度盐渍化地段土壤全盐含量分别是轻度、中度的 247.37%、213.64%，重度盐渍化地段土壤电导率分别是轻度、中度的 223.43%、191.80%。由此可见：随着土壤盐渍化程度的加重，全盐含量和电导率上升。

由表 4-1 还可看出：在交换性阳离子中，Na^+的质量百分数占绝对优势，且其含量在轻度、中度、重度盐渍化地段之间存在显著差异；K^+、Mg^+含量在轻度与中度盐渍化地段之间差异不显著，但重度盐渍化地段的含量极显著高于轻度和中度盐渍化地段；Ca^{2+}含量在轻度、中度、重度盐渍化地段之间存在极显著差异，但其质量百分数较小。在阴离子中，Cl^-的质量百分数占绝对优势，且其含量在轻度、中度、重度盐渍化地段之间存在极显著差异；HCO_3^-含量在轻度、中度、重度盐渍化地段之间存在极显著差异，但质量百分数较小；SO_4^{2-}含量在轻度与中度盐渍化地段差异不显著，但重度盐渍化地段的含量极显著高于轻度和中度盐渍化地段。由此可知，在土壤含盐量和电导率上升过程中，Na^+和Cl^-起着决定性作用。另一方面，轻度、中度、重度盐渍化地段的土壤含水率存在极显著差异，轻度盐渍化地段土壤含水率分别是中度、重度的 1.30 倍、2.44 倍。由此表明：土壤含水率随着盐渍化程度的加重而下降，造林效果必将受到土壤干旱和土壤盐渍化的双重胁迫，会对植物的生长发育造成一定的伤害或抑制，甚至不能成活。

此外，随着土壤盐渍化程度的加重，土壤 pH 值随之升高。其中，重度和中度盐渍化地段的土壤 pH 值显著大于轻度盐渍化地段，中度与重度盐渍化地段的土壤 pH 值差异不显著。根据 pH 值判断，轻度盐渍化地段属于碱性土壤，中度和重度盐渍化地段属于强碱性土壤。随着土壤碱性的升高，土壤养分有效性下降，对土壤微生物活性的抑制作用以及产生各种毒害物质的能力增强，而且影响土壤的良性发育、破坏土壤结构。因此，轻度、中度、重度盐渍化地段对植物生长发育的抑制作用必将逐渐增大。

表 4-1　不同地段土壤盐渍化程度差异

盐渍化程度	全盐 (g/kg)	电导率 (ms/cm)	K^+ (mg/kg)	Na^+ (mg/kg)	Ca^{2+} (mg/kg)	Mg^{2+} (mg/kg)	HCO_3^- (mg/kg)	Cl^- (mg/kg)	SO_4^{2-} (mg/kg)	pH	土壤含水率(%)
轻度盐渍化	0.38Cc	76.4Cc	3.62Bb	26.97Bc	9.14Cc	1.17Bb	22.66Cc	247.93Cc	14.60Bb	8.44Bb	4.15%Aa
中度盐渍化	0.44Bb	89.0Bb	3.86Bb	30.95Bb	10.44Bb	1.50Bb	30.90Bb	310.58Bb	16.12Bb	8.63Aa	3.19%Bb
重度盐渍化	0.94Aa	170.7Aa	5.07Aa	122Aa	17.48Aa	4.29Aa	35.70Aa	401.09Aa	36.32Aa	8.75Aa	1.70%Cc

注：同列数据后标注不同小写字母表示差异显著($P<0.05$)，标注不同大写字母表示差异极显著($P<0.01$)。

2.1.2　造林效果对土壤盐渍化程度的响应

由表 4-2 可见：造林保存率、林木生长量、林分生物量与全盐含量、土壤 pH 以及 Na^+、CL^-、HCO_3^-含量呈极显著负相关。换而言之，随着土壤盐渍化程度的加重，樟子松造林保存率、生长量、生物量下降。其中，对造林保存率影响最大的是 Na^+含量，相关系数高达-0.99，然后依次为全盐含量、Cl^-含量、土壤 pH 值、HCO_3^-含量；对林木生长量影响最大的是 Cl^-含量，相关系数高达-0.96，然后依次为 Na^+含量、土壤 pH 值、HCO_3^-含量、全盐含量；对林分生物量影响最大的是全盐含量、相关系数高达-0.98，然后依次为 Na^+含量、Cl^-含量、土壤 pH 值、HCO_3^-含量。另一方面，土壤 pH 值与全盐、Na^+、Cl^-含量呈极显著正相关，即这些因素是驱动土壤 pH 发生变化的主导因子。由此表明：造林效果随着土壤盐渍化程度的加重而下降，其中全盐、Na^+、CL^-含量和土壤 pH 值起着主导作用。

由表 4-2 还可以看出：造林保存率、生长量、生物量与土壤含水率呈极显著正相关，即造林保存率、林木生长量、林分生物量随着土壤含水率的增加而上升。然而，土壤含水率与全盐、Na^+、Cl^-、HCO_3^-含量及土壤 pH 值呈极显著负相关。由此表明：土壤含水率随着土壤盐渍化程度的加重而下降，造林效果随着土壤含水率的减小而下降。因此，盐渍化地段的造林效果必将受到盐碱和干旱的双重胁迫。

表 4-2　樟子松造林效果与土壤盐渍化程度的相关性分析

指标	保存率	生长量	生物量	全盐	pH	Na^+	Cl^-	HCO_3^-	土壤含水率
保存率	1								
生长量	0.88**	1							
生物量	0.99**	0.93**	1						
全盐	-0.97**	-0.86**	-0.98**	1					
pH	-0.95**	-0.92**	-0.96**	0.97**	1				
Na^+	-0.99**	-0.94**	-0.97**	0.99**	0.96**	1			
Cl^-	-0.96**	-0.96**	-0.97**	0.94**	0.96**	0.92**	1		
HCO_3^-	-0.85**	-0.92**	-0.91**	0.83**	0.89**	0.80**	0.95**	1	
土壤含水率	0.94**	0.95**	0.98**	-0.94**	-0.95**	-0.95**	-0.98**	-0.93**	1

注：** 表示极显著相关($P<0.01$)。

为了解土壤盐渍化对樟子松生长影响的途径，对林分生物量与全盐含量、pH 值等的关系进行通径分析。由表 4-3 可见：种群生物量与土壤含水率呈显著正相关，与全盐、Na^+、Cl^-、HCO_3^-含量及土壤 pH 呈显著负相关，但其作用大小和作用途径存在差异。在直接作用中，以全盐含量最高，然后依次为 HCO_3^-、土壤 pH 值、Cl^-、Na^+；在间接作用中，以 Na^+含量作用最大，然后依次为 pH 值、Cl^-、HCO_3^-含量。在这些间接作用中，各种因素主要通过改变 pH 值而起作用。因此，要改善造林效果、加速林木生长必须降低土壤全盐含量和 pH 值。

表 4-3　土壤盐渍化程度对樟子松生物量影响的通径分析

生物量	相关系数	直接作用	间接作用					
			全盐	pH	Na^+	Cl^-	HCO_3^-	土壤含水率
全盐	-0.980*	-0.874		0.465	-0.215	0.239	-0.420	-0.175
pH	-0.960*	0.479	-0.848		-0.209	0.244	-0.450	-0.177
Na^+	-0.970*	-0.217	-0.865	0.460		0.234	-0.404	-0.177
Cl^-	-0.970*	0.254	-0.822	0.460	-0.200		-0.480	-0.182
HCO_3^-	-0.910*	-0.505	-0.725	0.426	-0.174	0.241		-0.173
土壤含水率	0.980*	0.186	0.822	-0.455	0.206	-0.249	0.470	

注：* 表示显著相关($P<0.05$)。

由表 4-4 可知：在对生物量的直接作用中，全盐含量作用最大(0.764)，然后为土壤 HCO_3^-含量和 pH 值；在交互作用中，全盐含量与土壤 pH 值的交互作用最大(-0.812)，然后依次为全盐与 HCO_3^-含量(0.733)、HCO_3^-含量与 pH 值(-0.431)、全盐与 Cl^-含量等的交互作用。进一步表明：土壤全盐含量及 pH 值对林分生物量起着决定性作用，要改善造林效果、加速林木生长必须降低土壤全盐含量和 pH 值。

表 4-4 土壤盐渍化程度对樟子松生物量的决定作用分析

决定系数	内容	全盐	pH	Na^+	Cl^-	HCO_3^-	土壤含水率
相关通路决定系数	pH	-0.812					
	Na^+	0.376	-0.200				
	Cl^-	-0.417	0.234	-0.102			
	HCO_3^-	0.733	-0.431	0.176	-0.244		
	土壤含水率	0.306	-0.169	0.077	-0.093	0.175	
直接决定系数	生物量	0.764	0.229	0.047	0.065	0.256	0.035
总决定系数	生物量	0.949	-1.149	0.374	-0.557	0.664	0.330

上述分析结果说明，樟子松造林效果随着土壤盐渍化程度的加重而下降，其中土壤全盐含量和 pH 值起着主导作用。而在全盐含量中，NaCl 起着主导作用。另一方面，土壤含水率随着土壤盐渍化程度的加重而下降，造林效果也随着土壤含水率的减小而下降，说明樟子松在盐渍化地段造林效果受到盐害和干旱的双重胁迫。因此，提高土壤盐渍化地段的造林效果首先要降低土壤全盐含量(尤其是 NaCl)和土壤 pH 值。

2.1.3 生长动态对土壤盐渍化程度的响应

为了解樟子松生长过程对土壤盐渍化程度的响应规律，调查分析了树高逐年生长量与土壤盐渍化程度的关系。从生长量(表 4-5 和图 4-1)可以看出：造林第一年(2009 年)、第二年(2010 年)，年生长量从大到小为中度盐渍化地段、重度盐渍化地段、轻度盐渍化地段；从造林第三年(2011 年)起，年生长量从大到小为轻度盐渍化地段、中度盐渍化地段、重度盐渍化地段。从造林第一年到第六年，轻度盐渍化地段的树高年生长量呈“直线形式”，即生长量随林分年龄的增大而直线上升；中度盐渍化地段的树高生长量呈“S 形曲线”，造林的第一年、第二年、第三年增长比较迅速，3 年以后增长缓慢；重度盐渍化地段的树高年生长量呈下开口的“抛物线形”，即生长量随年龄的增大先升后降。从生长量的增长幅度(表 4-5)来看：轻度、中度、重度盐渍化地段均呈下开口的“抛物线形”，即先升后降，但 3 个地段之间存在明显差异。轻度盐渍化地段一直保持较高的增长幅度，中度盐渍化地段从造林第四年(2012 年)明显下降，重度盐渍化地段从第五年(2013 年)呈现负值。由此可见：随着造林年限的延长和土壤盐渍化程度的加重，樟子松生长受到的抑制程度上升，即早衰概率增大。其中，重度盐渍化地段受到的抑制程度最大，其次为中度盐渍化地段，轻度盐渍化地段受到的抑制程度最小。

综上所述，随着土壤盐渍化程度的加重，樟子松造林保存率、林木生长量、林分生物量、土壤含水率随之下降。当土壤的含盐量大于 0.44 g/kg 时，樟子松的存活、生长就会明显受到土壤盐害、干旱的双重胁迫，早衰概率增大。由此可见，应将榆林沙区土壤盐渍化地段樟子松造林地的土壤含盐量阈值定为 0.40 g/kg。当土壤含盐量超过 0.40 g/kg 时，应该采取抑盐、排盐、改善土壤水分状况措施，从而提升造林效果、长期维持林地生产力和林分稳定性。

表 4-5　不同盐渍化程度下樟子松树高年生长量及其增长幅度动态

土壤盐渍化程度	全盐含量(g/kg)	2009 年生长量(cm)	2010 年生长量(cm)	2011 年生长量(cm)	2012 年生长量(cm)	2013 年生长量(cm)	2014 年生长量(cm)
轻度盐渍化	0.38	7.56	9.33	24.11	27.44	31.00	34.78
增长幅度			23.41%	158.41%	13.81%	12.97%	12.19%
中度盐渍化	0.44	9.94	10.74	20.78	21.08	22.72	23.61
增长幅度			8.05%	93.48%	1.44%	7.78%	3.92%
重度盐渍化	0.94	9.00	9.77	12.86	15.53	11.27	7.53
增长幅度			8.56%	31.63%	20.76%	-27.43%	-33.19%

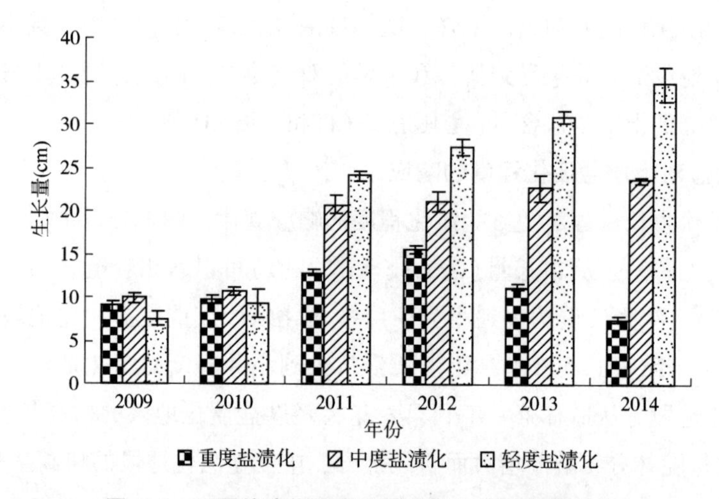

图 4-1　不同盐渍化程度下樟子松生长树高量动态

2.2　造林效果对土壤盐渍化程度响应的生理生态机制

2.2.1　造林效果对土壤盐渍化程度响应的生理机制

由表 4-6 可见：净光合速率、气孔导度、蒸腾速率与全盐、Na^+、CL^-、HCO_3^-含量呈极显著负相关，与土壤含水率呈极显著正相关；水分利用效率与全盐、Na^+、CL^-含量呈极显著负相关，与 HCO_3^-含量呈显著负相关，与土壤含水率呈极显著正相关。由此表明：随着土壤盐渍化程度的加重，土壤含盐量上升而含水率降低，樟子松净光合速率、水分利用效率也随之下降。

由表 4-6 还可看出：净光合速率、气孔导度、蒸腾速率、水分利用效率与樟子松造林保存率、生长量呈极显著或显著正相关。由此表明：随着土壤盐渍化程度的加重，土壤含水率下降，导致樟子松的光合能力、水分利用效率随之下降，使得造林保存率和林木生长量减小。

表 4-6　樟子松生理特性、造林效果与土壤盐渍化程度的相关关系

分析项目	净光合速率	气孔导度	胞间 CO_2 浓度	蒸腾速率	水分利用效率
全盐	-0.88**	-0.87**	0.75*	-0.85**	-0.87**
Na^+	-0.85**	-0.83**	0.74*	-0.82**	-0.85**
Cl^-	-0.95**	-0.96**	0.60	-0.93**	-0.88**
HCO_3^-	-0.95**	-0.97**	0.45	-0.95**	-0.75*
保存率	0.88**	0.87**	-0.72*	0.86**	0.85**
生长量	0.93**	0.96**	-0.44	0.95**	0.74*
土壤含水率	0.92**	0.95**	-0.53	0.90**	0.86**

注：*表示显著相关($P<0.05$)，**表示极显著相关($P<0.01$)。

由表 4-7 可见：樟子松造林保存率、林木生长量与净光合速率、气孔导度、蒸腾速率、水分利用效率呈极显著正相关，造林保存率、生长量与胞间 CO_2 浓度呈极显著负相关，即随着净光合速率、气孔导度、蒸腾速率、水分利用效率的上升，樟子松造林保存率、生长量也上升。然而，胞间 CO_2 浓度的上升会导致樟子松造林保存率及生长量的下降。其中，对造林保存率影响最大的是土壤水分利用效率、相关系数高达 0.997，其次是净光合速率、蒸腾速率、气孔导度；对樟子松生长量影响最大的是蒸腾速率、净光合速率，其次是气孔导度、水分利用效率。由此可见：随着土壤盐渍化程度的加重，土壤含水率下降，樟子松净光合速率、蒸腾速率、水分利用效率减小，导致造林保存率和林木生长量下降。

表 4-7　保存率、生长量与生理特性的相关关系

内容	保存率	生长量	净光合速率	气孔导度	胞间 CO_2 浓度	蒸腾速率	水分利用效率
保存率	1						
生长量	0.900**	1					
净光合速率	0.930**	0.997**	1				
气孔导度	0.842**	0.993**	0.982**	1			
胞间 CO_2 浓度	-0.893**	-0.608*	-0.664	-0.508	1		
蒸腾速率	0.914**	0.999**	0.999**	0.988**	-0.634	1	
水分利用效率	0.997**	0.930**	0.954**	0.879**	-0.857**	0.942**	1

注：*表示显著相关($P<0.05$)，**表示极显著相关($P<0.01$)。

2.2.2 造林效果对土壤盐渍化程度响应的生态机制

由表4-8可见：随着土壤盐渍化程度的加重，树干和枝条的生物量分配比例下降，轻度、中度、重度盐渍化地段之间存在极显著差异；随着土壤盐渍化程度的加重，叶片生物量分配比例下降，轻度盐渍化地段和中度盐渍化地段显著高于重度盐渍化地段；随着土壤盐渍化程度的加重，根系生物量分配比例上升，轻度、中度、重度盐渍化地段之间存在极显著差异。究其原因：在轻度盐渍化地段，土壤资源比较充裕，种群将更多的生物量分配于地上部分(枝干)以促进樟子松迅速形成高大的树冠，有利于对地上空间和资源的占据、利用；随着土壤盐渍化程度的加重，土壤资源变得紧缺，种群将更多的生物量分配于地下部分(根系)，这样有利于对地下资源的竞争和获取，但以牺牲地上部分的生长发育为代价。因此，随着土壤盐渍化程度的加重，种群将更多的生物量分配于地下部分(根系)的生长发育，地上生物量分配比例则相应减少，从而导致林木地上生长量下降。

由表4-8还可看出：随着土壤盐渍化程度的加重，造林保存率下降，轻度、中度、重度林地之间存在极显著差异；随着土壤盐渍化程度的加重，枯死枝叶的生物量分配比例上升，轻度、中度、重度林地之间存在极显著差异。由此表明：随着土壤盐渍化程度的加重，种群在构件和个体水平做出稀疏，因此导致造林保存率和林木生长量下降。换而言之，在盐害的胁迫下，种群以个体死亡或构件死亡为代价，或以削弱地上部分的生长发育为代价，维持其余植株或构件的生存和生长发育。

表4-8 樟子松种群生物量分配与土壤盐渍化程度的关系

盐渍化程度	保存率(%)	枝干	叶片	枯死枝叶	根系
轻度盐渍化	87.10%Aa	58.30%Aa	27.67%Aa	5.69%Cc	8.34%Cc
中度盐渍化	81.09%Bb	54.31%Bb	27.05%Aa	7.94%Bb	10.70%Bb
重度盐渍化	52.21Cc	46.00%Cc	18.21%Bb	16.05%Aa	19.74%Aa

注：同列数据后标不同小写字母表示差异显著($P<0.05$)，不同大写字母表示差异极显著($P<0.01$)。

综上所述，随着土壤盐渍化程度的加重，土壤含水率也随之下降，导致光合、水分利用等生理机能下降。另一方面，随着土壤盐渍化程度的加重，种群将更多的能量和物质分配于根系的生长发育，减少了对地上构件树干、枝条、叶片的能量和物质分配。这一生理生态适应性调节过程，使得樟子松的存活、生长能力随着土壤盐渍化程度的加重而下降。

2.3 土壤盐渍化地段不同处理措施对樟子松造林效果的影响

2.3.1 不同试验地段土壤盐渍化程度差异

由表4-9可见：处理前，PC(喷醋)、DM(覆盖地膜)、LD(铺设炉渣和稻草)地段的全盐含量、电导率均显著高于CK(对照)地段，盐渍化程度由强到弱依次为PC、LD、DM、CK。同时，试验地段的土壤pH显著高于对照，由高到低依次为LD、PC和DM、

CK。PC、DM 地段的 Na^{+} 含量显著高于 CK 地段，由大到小依次为 PC、DM、LD 和 CK；试验地段的 Cl^{-} 含量显著高于 CK 地段，由大到小依次为 LD 和 PC、DM、CK。值得强调的是，从 pH 值判断试验与对照地段均属强碱(盐)性土壤，尤其是试验处理地段 pH 值大于 9.0，从理论上讲大多数植物难以存活。由此表明：改土措施处理的地段，其土壤盐渍化程度显著高于 CK 地段。另一方面，改土试验地段如果不进行抑盐或排盐处理，樟子松可能无法生存。

表 4-9　不同试验地段土壤盐渍化程度差异

处理	全盐 (g/kg)	电导率 (ms/cm)	pH	K^{+} (mg/kg)	Na^{+} (mg/kg)	Ca^{2+} (mg/kg)	Mg^{+} (mg/kg)	HCO_3^{-} (mg/kg)	Cl^{-} (mg/kg)	SO_4^{2-} (mg/kg)
PC	0. 59a	117. 00a	9. 10b	0. 023a	0. 18a	0. 0103a	0. 0029a	0. 033ab	0. 23a	0. 0272a
DM	0. 35c	70. 20c	9. 05b	0. 013b	0. 16b	0. 0058c	0. 0013c	0. 025bc	0. 21b	0. 004d
LD	0. 48b	96. 00b	9. 31a	0. 005c	0. 15bc	0. 0094b	0. 0015b	0. 035a	0. 25a	0. 0200b
CK	0. 23d	46. 73d	8. 79c	0. 012b	0. 13c	0. 0046c	0. 0014bc	0. 018c	0. 12c	0. 0097c

注：同列数据后标不同小写字母表示差异显著($P<0.05$)。

2. 3. 2　不同处理措施对樟子松造林效果的提升作用

由表 4-10 可见：以树高生长量而言，PC 处理显著高于 DM 处理，DM 处理显著高于 LD 处理，而 LD 处理与 CK 差异不显著；以胸径生长量而言，PC 处理极显著高于 DM 处理，DM 处理极显著高于 LD 处理，而 LD 处理与 CK 差异不显著；以冠幅生长量而言，PC 和 DM 处理极显著高于 LD 处理和 CK，PC 处理与 DM 处理之间、LD 处理与 CK 之间差异不显著；以造林保存率而言，由高到低依次为 PC 处理、DM 处理、LD 处理、CK。由此表明：PC 处理对提升造林效果的作用最为明显，其次为 DM 处理，而 LD 处理对提升造林效果的作用不明显。这主要是覆膜后能够削弱土壤水分蒸发，抑制盐分向上运移并保持土壤水分。而喷醋处理后，醋中的酸性物质能与盐渍化土壤中的盐(碱)发生化学反应生成水，从而有效降低土壤盐渍化程度及含盐量并提高土壤的含水率，缓解或克服土壤盐渍化及干旱缺水对樟子松存活、生长的双重胁迫。

表 4-10　樟子松生长量与处理措施的关系

处理	树高(cm)	胸径(cm)	冠幅(cm)	保存率(%)
PC	366. 84±0. 510Aa	5. 88±0. 003Aa	160. 22±0. 159Aa	97. 7
DM	364. 77±0. 196Ab	5. 85±0. 006Bb	159. 39±0. 647Aa	96. 7
LD	325. 51±0. 638Cc	5. 15±0. 008Cc	140. 91±0. 562Cc	81. 9
CK	321. 09±0. 423Cc	5. 13±0. 007Cc	138. 98±0. 460Cc	72. 5

注：同列数据后标注不同小写字母表示差异显著($P<0.05$)，不同大写字母表示差异极显著($P<0.01$)。

2. 3. 3　不同处理措施对新梢生长的促进作用

由表 4-11、图 4-2 可见：在 2012—2014 年期间，PC 处理和 DM 处理的年新梢生长量显著大于LD处理及CK，PC处理与DM处理、LD处理与CK之间差异不显著。同时，这种差异有随着年龄增大而增强的趋势。由此表明：PC处理和DM处理对促进新梢生长具有显著效果，而LD处理的作用不显著。这一结果，进一步证明了PC处理和DM处理对造林效果的提升作用。

表4-11　新梢生长量与处理方式的关系

新梢生长量	PC(cm)	DM(cm)	LD(cm)	CK(cm)
2012年	8.69a	8.66a	5.69b	4.59b
2013年	15.86a	15.68a	11.81b	11.42b
2014年	30.21a	29.01a	20.99b	20.89b

注：同行数据后标注不同小写字母表示差异显著（$P<0.05$）。

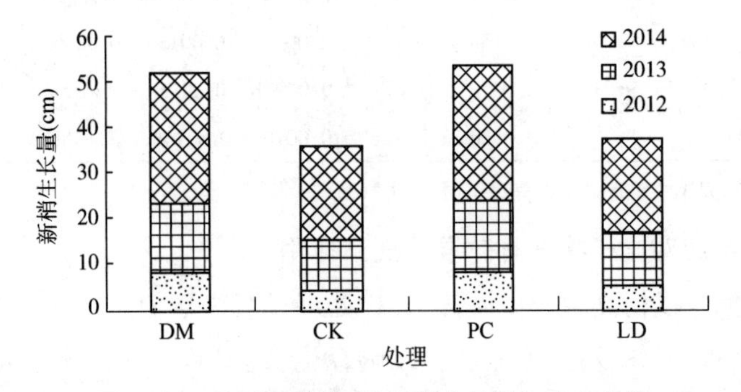

图4-2　不同处理樟子松新梢生长量年动态变化

2.3.4　不同处理措施对土壤水分状况的改善作用

由图4-3可见：①CK处理的土壤含水率介于3.0%~4.0%，LD处理的土壤含水率约为4.0%~5.0%，PC处理和DM处理的土壤含水率约为9.0%~10.0%，但PC处理略高于DM处理。②CK与LD处理的生长量小于40.0 cm，但LD处理略高于CK；PC处理和DM处理的生长量大于50.0 cm，但PC处理略高于DM处理。③生长量与土壤含水率呈极显著正相关，$r^2=0.9851$。由此表明：PC处理和DM处理可显著提高土壤含水率，使樟子松的存活与生长潜力得到较为充分地发挥。

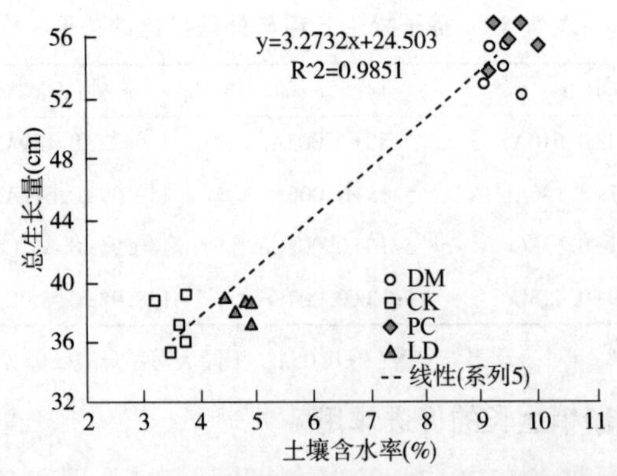

图4-3　不同措施对土壤含水率及樟子松生长的提升作用

综上所述，树穴喷醋和覆膜通过降低土壤含盐量、提高土壤含水率，减轻盐害和干旱对樟子松存活、生长造成的双重胁迫，从而提高造林保存率和林木生长量。

2.4　榆林沙区盐渍化土壤樟子松造林关键技术

榆林沙区盐碱地樟子松造林试验表明，随着土壤盐渍化程度的加重，造林保存率、林木生长量、林分生物量、土壤含水率下降，即林分早衰概率上升。一方面，随着土壤盐渍化程度的加重，光合生产、水分利用等生理机能下降，导致物质和能量供给能力下降，生存和生长能力随之下降。另一方面，随着土壤盐渍化程度的加重，种群将更多的生物量分配于地下构件(根系)的生长发育，地上构件(树干和枝条)的生物量分配比例减小，植株生存和生长能力随之下降，以个体或构件死亡、个体变小等为代价提高其余个体的存活与生长概率。当土壤全盐含量大于0.4 g/kg时，樟子松的存活、生长就会受到土壤盐害、干旱的双重胁迫，土壤全盐含量0.4 g/kg是樟子松在榆林沙区盐渍化土壤造林的一个阈值。因此，在造林前需要对土壤盐渍化程度进行检测，当土壤含盐量大于0.4 g/kg时，为有效提高樟子松造林成效，必须采用抑盐、排盐措施改良土壤。为加强榆林沙区盐碱地樟子松造林技术，现将该试验探索的关键措施归纳总结如下。

2.4.1　苗木选择

在选择苗木时，应充分考虑榆林沙区干旱缺水、风蚀沙埋、土壤贫瘠及土壤盐渍化等环境胁迫对苗木存活、生长造成的压力，采用良种壮苗提高对环境的耐受能力或适应能力。实现良种壮苗，首先要保证繁殖材料具有优良的遗传品质。在当地，“榆林市樟子松种子园”的优良家系种子理所当然地成为首选繁殖材料。在种子园种子不能满足生产需求时，可在现有人工林中选择优良单株，采其种子作为繁殖材料。毕竟，这些群体或个体已经过近半个世纪的适应和选择。当然，也可选用国家或省审(认)定的外地樟子松良种，通过引种适应性评价及区域化试验后进行选择、推广。即便如此，种子繁殖不可避免的问题是后代的分化现象。因此，在造林时还应选用生长健壮、顶芽饱满、根系发达的3~5年生容器大苗造林，6年以上大苗造林效果更佳。培育这样的壮苗，针对榆林沙区干旱缺水、土壤贫瘠等具体情况，除加强施肥、灌水等促成培育环节外，还需及时切根。生产中，应结合生产实践，不断开展良种选育工作，选育耐盐、抗盐新品种，如半同胞家系、全同胞家系、优良无性系，并通过嫁接、扦插等无性繁殖方式建立优良种质资源库，为其快速扩繁提供优良繁殖材料。另一方面，在抚育间伐或主伐更新过程中，可借鉴“近自然林业”的经营理念，保留优势木待其完成更新后再采伐，逐渐改善林分的遗传结构，保证更新代的遗传品质。

2.4.2　造林地整理

由于榆林沙区地处半干旱区，地带性植被为干草原，流动、半固定、固定沙地并存，干旱少雨、风蚀严重、土壤贫瘠且流动性大，植被或土壤一旦遭受破坏就很难恢复或需要相当长的时间才能恢复。因此，整地时应尽量保留原有植物群落并尽量减少对林地的干扰和破坏，避免造成“二次沙化”或土壤“返盐”。通常情况下，以穴状整地为主，常用规格为 40 cm×40 cm×40 cm、60 cm×60 cm×60 cm；采用大苗或幼树造林时，也采用 80 cm×80 cm×80 cm 甚至 100 cm×100 cm×100 cm 等不同规格。采用高垄整地时，规格也要视造林苗木大小而定，通常垄高 0.3~0.6 m、垄宽 0.5~1.0 m，垄沟之间互相连通，可以及时灌水、排水，抑制盐分上移。

至于整地时间，榆林沙区宜在造林前一个月或上年秋、冬季节进行，春季造林。在有冻拔害的地段和土壤质地较好的湿润地段，可随整随造；干旱地段，也可选择在雨季前或雨季整地，选用容器大苗随整随造。同时，整地也可结合工程措施、耕作措施和综合措施同步进行。例如，在土壤盐渍化地段的周边流动或半固定沙地造林，先铺设沙障，接着栽植灌木，最后栽植樟子松，防止风沙流对盐渍化地段造林造成的威胁。

2.4.3 盐渍化土壤改良

试验证明，树穴覆膜、喷醋处理均能提高樟子松造林效果。特别是，采用栽植穴喷醋、覆膜措施处理后，抑盐效果明显，能有效提升樟子松的造林成效。与对照(不处理)相比，樟子松的成活率以及树高、胸径、冠幅生长量均显著提高。尤其是树穴喷醋和地膜覆盖处理不仅提高了造林保存率，而且随着树龄的增长，生长量和速率与对照之间的差距越来越大。由此可见，栽植穴喷醋、覆膜措施，为榆林樟子松盐渍化土壤造林开启了示范先例。究其原因，这些措施均能有效改变盐渍化土壤的物理性质，提高土壤的蓄水、保水能力，为樟子松的生长发育创造了良好的土壤环境条件，从而提高植株个体和种群的稳定性及抗逆性。另一方面，树穴覆膜、喷醋措施较传统改良措施成本低，易推广，且取材方便、操作简单，适用于土壤盐渍化地段大面积绿化造林和植被恢复工程。相比之下，尽管以往的水利、物理以及化学改良效果也很好，但大多因成本高、易反复等问题，难于在生产中大面积推广应用。因此，生产中可根据生产实际情况，结合本研究结果，选择适宜的方法进行土壤改良，从而提高樟子松盐渍化地段的造林效果。

覆膜技术　覆盖地膜具有很好的保温、保湿作用，可提高树穴内土壤的温度和湿度。更重要的是覆膜后能有效削弱土壤水分无效蒸发，抑制盐分向上运移、保持土壤水分，减轻盐害及干旱双重胁迫对植物生长发育造成的不利影响。因此，在榆林沙区土壤盐渍化地段造林时，采用了树穴周围覆盖地膜措施，覆膜规格为 1.0 m×1.0 m。覆膜时，先在树穴四周开槽，把地膜边缘放入槽内，然后用土壤覆盖压实，防止被风吹开。注意覆盖地膜面应低于原地面 10 cm 以上，覆盖后在树穴周围筑起土埂，便于雨季降水和人工灌水时能有效地将表面水分汇集到树穴内，从而达到蓄水淋盐的效果。

喷醋技术　针对榆林沙区土壤盐渍化问题，可在栽植穴内喷洒食用醋进行中和处理，喷醋量以坑内有醋渗出时为宜。究其原因，喷洒食用醋以后，醋中的(乙酸，化学式 CH_3COOH)酸性物质能与土壤中的碱性物质发生酸碱中和反应生成水，从而有效降低了土壤盐渍化程度，也提高了土壤的含水率，在一定程度上削弱了盐碱、干旱双重胁迫对樟子松苗木造成的伤害。同时，也能有效改善树穴内土壤的理化性质，提高土壤蓄水、保水能力，为樟子松生长创造了一个良好的土壤环境条件，从而有效促进了樟子松的生长发育，提高植株个体和种群的稳定性及抗逆性。

炉渣、稻草混合回填技术　为有效改善盐渍化土壤的组成及结构，可将炉渣和稻草按1∶1比例与表土均匀混合后，铺垫到栽植穴的底部，再回填表土栽植樟子松。炉渣与稻草坑内混合回填穴内，能有效改良土壤的理化性质，增加土壤肥力及改变土壤的结构，提高土壤的蓄水、保水能力，从而有效降低盐碱对樟子松造林苗木的胁迫和伤害。但是，从试验结果来看，这种措施在短期内尚未表现出其应有的作用。

综上所述，榆林沙区盐渍化土壤改良的主要目的就是利用不同的处理措施改善土壤的理化性质，从而有效降低盐分、干旱对苗木生长发育的伤害或抑制作用。生产中，为有效集水和淋盐，降低土壤含盐量、提高土壤含水率，在造林时，坑内土壤不宜全部填满，坑内覆土面可低于原地面10 cm以上，并在树穴周围筑起土埂，便于集水和淋盐。

2.4.4　盐碱地造林

2.4.4.1　造林时间

根据多年经验，榆林沙区土壤盐渍化地段春季、秋季、雨季均可造林，但生产中以春季造林为主。在春季，苗木处于休眠状态，造林后根系先开始生长而后地上部分萌芽展叶，因此成活率高。对于春季干旱地段可考虑雨季或秋季造林，雨季土壤水分状况好，有利于苗木的吸收利用，造林成活率也比较高；秋季气温逐渐下降，土壤水分状况比较稳定，当苗木地上部分进入休眠后水分蒸腾量已达到很低的程度，而根系在土壤中的生理活动仍在继续进行，对苗木成活有利。通常情况下，春季造林在4~5月、雨季造林在7~8月、秋季造林在9~10月。

2.4.4.2　造林密度

针对榆林沙区干旱少雨、土壤贫瘠、风沙频繁等特点，为提高造林成效、降低造林成本、防控早衰，倡导稀植并进行乔灌草混交，鼓励选用容器苗。如果造林地以草本植物为主，可适当加大造林密度；如果造林地上已有幼树，可适当减小造林密度、保留现存幼树，形成人工、天然混交林。通常情况下，造林密度为278~1111株/hm^2，即19~74株/亩，常用株行距为3.0 m×3.0 m、3.0 m×4.0 m、4.0 m×5.0 m、5.0 m×6.0 m、6.0 m×6.0 m等。

2.4.4.3　苗木起运

樟子松苗木地上部分的再生能力差，起苗时一定要注意保护好根系和顶芽。起苗前，先给苗床灌足水，再起苗包装。大苗应根据苗木高度确定所带土球大小，起苗时土球用草绳或纱布包裹，起苗运输过程中应尽量避免土球破碎。苗木运输途中要以草帘或篷布遮阴，途中每隔3~4 h喷1次水。起苗时要做到随起随运随栽，避免受到风吹日晒导致苗木失水。如果不能随起随栽，苗木运送到造林地要进行假植保湿处理。栽植前，可采用植物生长调节剂、泥浆等对根系进行处理。

2.4.4.4 栽植技术

(1) 裸根苗栽植

缝植　所谓缝植，就是采用植苗锹开缝栽植。造林前先对苗木根系进行适当修剪，并蘸好泥浆，确保苗木根系不失水；栽植时，严防窝根并适当深栽。

穴植　栽植穴的大小和深度应略大于苗木根系，栽植时要求苗木直立、根系舒展、深浅适当，填土一半后提苗踩实，覆土再踩实，最后再覆上虚土，即“三埋两踩一提苗”。

垄植　根据一定的株行距，将苗木栽植于垄上。生产中也有采用沟植的，将苗木栽于沟底避风处，填表层湿土后栽植。

(2) 容器苗栽植

造林前3天，容器苗应先灌足水，栽植时随起随栽。栽植技术与裸根苗基本一致，把容器苗轻放入穴中，埋土踏实。但不需提苗，以保证土坨完整。栽植前，要去掉苗木根系不易穿透或不易分解的容器；如育苗容器是可降解的材料，可带育苗容器造林，以减少因去除容器而造成苗木根系土壤散开。

(3) 大苗(幼树)栽植

随着经济状况的改善，毛乌素沙地越来越多地采用大苗或幼树造林。实践证明，栽植樟子松大苗或幼树可以有效提高榆林沙区盐碱地的造林效果。如具备灌溉条件，大苗(或幼树)一年四季均可栽植，但以春季、雨季造林效果较佳。冬季可采用带土坨幼树或大容器苗造林，挖树前应适当修剪下部1~2轮枝条并修剪部分根系，土坨用草绳捆扎固定。

(4) 栽后覆膜

覆膜具有抑盐、保水双重功效，因此应用越来越多。具体做法在栽植后的苗木根颈周围，将规格为0.5 m×0.5 m~1.0 m×1.0 m的塑料薄膜平铺于回填土地表，形成中央低边缘高的“锅状”树穴。覆膜后能有效减少幼树根茎周围土壤水分的蒸发，提高表层土壤湿度、抑制盐分向上运移；降水时有利于树穴对天然降水和地表径流的汇集，同样可以提高土壤含水率、抑制盐分向上运移。

(5) 栽后套篓

榆林沙区鼢鼠、野兔较多，经常啃食樟子松幼苗幼树，是影响樟子松造林保存率的一个重要因素。为有效减少动物危害，可对幼苗(幼树)通过套篓实施防护，就是对栽植后的每株樟子松幼苗套上特制的防护篓。防护篓用沙柳枝条编制而成，规格为上口直径 20～30 cm、下口直径 30～40 cm、高 50～60 cm，并在下口处留 3 个长 10 cm 的腿脚。套篓时，用铁锨将腿脚扎实入土，使其牢固直立地面。事实上，除了防止动物危害，套篓还具有改善土壤水分和养分状况、减轻风蚀沙埋、阻挡人畜干扰等多重作用。

(6) 铺设沙障

风大风多是榆林沙区人工造林提质增效的重要制约因素，“一年一场风、从春刮到冬”以及“天上无飞鸟、地上不长草”就是对风沙危害的真实写照。为了有效减轻风沙流对盐渍化地段樟子松造林保存率的影响，可在其周边流动沙丘和半固定沙丘搭设沙障，以便有效降低风速、拦截风中所带沙粒，避免樟子松遭风蚀、沙埋危害。沙障规格视立地条件及风沙危害程度而定，一般在风蚀严重的流动沙丘中、上部，应铺设 1 m×1 m 或 2 m×2 m 网格沙障，在流动沙丘下部、平缓沙地、丘间地等地段应铺设带状沙障。沙障材料可采用作物秸秆或沙蒿、沙柳、紫穗槐等的平茬枝干，将其扎绑成捆放置在开挖的槽内，再用铁锹从其中间扎入沟槽中，扎入深度以地上留 20 cm 为宜，最后在沙障的两带之间挖掘栽植穴。

2.4.5 抚育管理

2.4.5.1 幼林抚育管护

灌水 在土壤盐渍化地段造林，树木的存活、生长受到盐碱和干旱的双重胁迫，适时适量灌水是解决这一问题简单而有效的途径。虽说榆林沙区降水稀少，但地下水位较高。为有效减轻土壤盐渍化和干旱缺水对苗木存活、生长造成的压力，确保樟子松造林成效，可在就近风沙土地段打井，以提供便利的灌溉条件。具备了灌溉条件，就可在樟子松栽植后及时浇透“定根水”，生长季节可视墒情及时浇灌“生长水”，封冻前浇灌“封冻水”，解冻前浇灌“解冻水”，从而缓解土壤干旱和生理干旱，抑制土壤盐分向上运移。这种方法成本低、效果好，已在榆阳、定边等县(区)推广应用。另外，随着经济条件的改善，城镇绿化、道路两侧等地段已经采用滴灌技术，为节水灌溉的推广应用提供了良好的案例。

施肥 榆林沙区盐渍化土壤不仅含盐量高、含水率低，而且有机质少、矿质养分缺乏。因此，盐渍化土壤施肥以有机肥为主、化肥为辅，积极鼓励施用微生物菌肥或间作套种。有机肥以充分腐熟的农家肥为主，不仅能为植物提供全面营养，而且肥效长，可增加土壤有机质、促进微生物繁殖，改善土壤的理化性质和生物活性。在有机肥料不足的情况下，配合施用金宝贝微生物菌肥也是解决盐渍化危害的有效方法。金宝贝微生物菌肥不但含有各种功能菌群，如固氮菌、溶磷解钾菌、抗生菌，还添加了各种中微量元素，可延长肥效，补充植物各个生长阶段所需要的养分。化肥以氮磷为主，选择酸性或中性肥料，如尿素、硝酸铵、硫酸铵、过磷酸钙等；避免施用碱性肥料，如碳酸氢铵、钙镁磷肥等。施肥时还应配合灌溉，且要少量多次。此外，造林后2~5年，对立地条件较好的地块，可间种农作物或牧草，间作作物以矮秆豆科留茬植物为宜，采用以耕代抚方式提高土壤肥力，促进苗木生长，提高樟子松造林效果。

松土除草 松土可以减轻土壤水分蒸发，抑制土壤盐分向上运移。松土应做到里浅外深，不伤害苗木根系，深度一般为5~10 cm。另外，樟子松造林后的5~6年生长较为缓慢，林内空地多，杂草也较多，需要及时除草，以免幼苗与杂草竞争或被杂草覆盖造成生长不良或死亡。同时，杂草残体分解后还能增加土壤有机质。一般在雨季前松土、除草较好，后期视杂草生长情况适时除草，连续进行3~5年，每年为1~3次。

2.4.5.2 成林抚育间伐

随着樟子松人工林的不断郁闭，林内植株个体间的竞争也逐步加剧，这必将导致林木的分化和自然稀疏，特别在榆林沙区干旱缺水、土壤贫瘠的毛乌素沙地，这种现象更加突出。另外，随着林内樟子松植株个体的不断增大，还会出现林分生产力超过土壤植被承载力，形成早衰危险。因此，针对榆林沙区盐渍化土壤的实际情况，可通过修枝、抚育间伐等措施不断优化林木数量和林分结构，使其形成与立地条件相适应的群落特征。也可通过抚育间伐诱导林下植物发育或人工引进其他树种，逐步形成混交、复层、异龄林，为防控樟子松纯林早衰打好基础。今后，应进一步针对间伐起始期、间伐强度、间伐对象、间伐周期等问题展开研究，为人工林抚育间伐提供技术参数，尤其是通过密度调控避免林分密度超过立地承载力。

2.4.6 森林保护

森林保护工作包括众多内容，但封禁、有害生物防治、防火等措施对毛乌素沙地来说尤为重要。其一，无论风沙土地段还是盐渍土地段都属脆弱生态系统，禁止人畜干扰是保证其稳定性维持必不可少的措施。事实证明，禁止放牧、禁止乱砍滥伐等封禁措施的落实，使得榆林沙区植被恢复进程明显加快。其二，樟子松毕竟是毛乌素沙地的引进树种，森林有害生物防治必须贯穿于营造林全过程，以免有害生物对樟子松森林生态系统带来巨大威胁。生产中，对病虫危害宜采用以生物防治为主、药物防治为辅的综合防治方法，合理整合使用各种防治措施(表4-12)；其中关键还是进一步加强抚育管理，逐步改善林内环境条件，及时清除林内老、弱、病、残株和病虫枝、枯死枝等，提高樟子松人工林抗御病虫害的能力。对鼠害、野兔较多的地段，林内可设置捕鼠夹、防兔笼等，以防止鼢鼠、野兔啃食造成苗木死亡。其三，榆林沙区终年干旱少雨、植物组织含水率低，加之夏季沙面温度极高，发生森林火灾的概率很高。今后，应该建立健全森林火灾预测、预报和预警系统，防患于未然，即使发生也可及时扑救。同时，加强防火林带和混交林营造，从根本上减小森林火灾发生的概率。

表 4-12　樟子松主要病虫害防治方法

病虫害种类	防治时间	化学防治	生物防治
松针锈病	3~4 月	3 月中下旬~4 月上旬，喷硫黄粉或石硫合剂，或用 45%代森铵水剂 100 倍液和 65%代森锌 400~600 倍液对树冠喷雾，50%退菌特 500 倍液喷雾，喷雾量以松针滴水为度	加强营林措施，避免大面积营建纯林。不与黄檗营造混交林，或与黄檗相距 2km 以上，防止锈孢子侵染。加强幼林管理，在病害发生高峰期前，及时清除病树、病枝并集中烧毁
落针病	4~5 月子囊孢子散发高峰前	喷 1%波尔多液、0.3~0.5 波美度石硫合剂、50%可湿性退菌特 500 倍液、50%多菌灵可湿性粉剂 1000 倍液、70%福美锌可湿性粉剂 600 倍液或 65%可湿性代森锌 500 倍液，每 10~15 d喷 1 次，连续喷 2~3 次	加强营林措施，避免大面积营建纯林。加强幼林管理，清除树冠下感病的枝条，集中烧毁或深埋，以减少病菌的来源
松毛虫	3 月下旬~4 月下旬，8 月~9 月	在春季幼虫上树前或秋季幼虫下树前，将毒绳或毒环捆绑在树干上，阻杀幼虫。或者，喷施 25%灭幼脲 3 号 1000 倍液或高渗苯氧威	加强营林措施，避免大面积营建纯林。卵期用白僵菌、苏云金杆菌，人工繁育释放赤眼蜂 60 万头/hm^2
松沫蝉	7 月之前	在若虫群集危害时期，用 50%杀螟松乳油 200~500 倍液喷雾或用 40%氧化乐果乳油 10 倍液在树干基部刮皮涂环	加强营林措施，避免大面积营建纯林，及时清除病虫、枯死枝条

3　讨论

3.1　土壤盐渍化危害及改良

3.1.1　土壤盐渍化

盐渍化土壤是各种盐土、碱土以及不同程度盐化和碱化土壤的总称(高明，2011)，盐渍化土壤的形成大多是受气候、地形、水文地质条件及人为活动等因素影响，导致土壤表层中水溶性盐类的累积量超过 2 g/kg，或土壤碱化层的碱化度超过 5%的土壤。其中，碱化度是指土壤胶体上吸附的交换性 Na^+占阳离子交换量的百分率(姚锁平，2018)。土地盐渍化是一个世界性问题，也是解决土地退化进程中的一个难题，具有地球“癌症”之称。

目前，世界上除南极洲尚待调查研究外，其余六大洲 100 多个国家和地区都有各种类型的盐渍土壤分布，是当前干旱、半干旱区农业面临的四大生态环境问题之一。随着人口数量的剧增，人类对粮食的需求量也越来越大，迫使人们更加集约化地开发利用现有土地资源。同时，由于自然变迁或人类不合理灌溉等因素引起的土壤次生盐渍化面积却在增长，导致许多国家可耕面积逐年减少，盐渍化土地面积不断扩张。我国盐渍土总面积约 3600×10^4 hm^2，占全国可利用土地面积的 4.88%，盐渍土分布于全国 19 个省份(杨劲松，2008)。由此可见，面对人口增长、耕地面积逐渐缩小的困境，改良利用盐碱地具有重要意义，人们已将更多的目光投向盐碱地的改良和利用。

3.1.2 榆林沙区的土壤盐渍化

榆林是陕西省土地荒漠化最为严重的区域，而且水蚀荒漠化、风蚀荒漠化、土壤盐渍化并存。针对这一具体情况，榆林市长期坚持“南治水、北治沙”的方针，并积极开展不同类型荒漠化治理研究。历经数十年的科学研究和推广应用，水土流失、土地沙化得到基本控制，实现了地区性沙化逆转，出现了人进沙退的可喜局面。然而，土壤盐渍化却呈现扩张趋势(许亚军，2008；宁维英，2008)。因此，盐渍化土壤的改良利用成为榆林荒漠化治理研究的重要课题。

陕西属于内陆省份，盐碱地基本属于内陆盐碱地，全省盐碱地大多分布在干旱、半干旱、地下水位较高的区域，是陕西一种特殊的土地类型。目前，全省盐渍化土壤面积 3.0 万 hm^2，盐化潮土和盐化沼泽土面积 5.6 万 hm^2，盐渍土和盐化土面积共计 8.6 万 hm^2(张惠，2016)。由于气候环境因素影响，全省盐碱地主要分布在陕北榆林地区的定边、横山、榆林、神木等县的风沙滩地及无定河中游川道地区，呈斑块状镶嵌于毛乌素沙地之中。追根溯源，榆林盐碱地形成因素比较复杂，受气候、地理环境、人为等多重因素影响，如气候、地形地貌、成土母质、水文及水文地质条件等。但归根结底，主要是由于沙区地下水位高、年蒸发量大，而降水量十分有限所致。在水分蒸发过程中，土壤底层或地下水的盐分随毛管水上升到地表，水分蒸发后使盐分积累在表层土壤中，是易溶性盐分在土壤表层的积累过程。榆林地区年平均降水量为 427.0 mm(无定河流域年平均为 431.7 mm)，而全年蒸发量平均为 1800.0 mm，相当于年降水量的 4 倍多。加之榆林每年降水都主要集中在 6~7 月，有限的降水对地表盐分起到了一定的淋洗作用，但大多时间积累的盐分却无法得到淋洗。进入冬季后，榆林地区比较寒冷，盐分活动较缓慢。进入 3~6 月旱季后，随着蒸发不断加剧，土壤返盐情况也日趋严重，蒸发量可达到降水量的 3.5~8 倍，这一季对苗木的生长危害最为严重，对植物的生长发育存在不同程度的抑制作用。

3.1.3 土壤盐渍化的危害

盐渍化土壤含盐量和盐基离子浓度都比较高，过多的盐分和过高浓度的盐基离子导致大多数植物生长发育受到不同程度的抑制和伤害，甚至不能成活。由于不同气候带盐碱土具有不同的发生特点和演变规律，各地盐碱土形成的自然条件、成土过程及主要类型和特性也有所差异，且类型众多。加之大家对盐碱土的研究和分类依据也不尽相同，形成的分类系统也不完全一致。因此，在分类上也存在一定的差异，但目前大家还是主要以电导率和 pH 值作为衡量盐碱化程度的指标。李永生(2017)等根据植物受害程度以及主要盐类的土壤含盐量和 pH 值，将盐碱土等级划分为"轻度、中度、重度、极重度或盐土"。其中，轻度盐碱地是指土壤 pH≤8.0，土壤含盐量 0.1%~0.29%的盐碱地；中度盐碱地是指土壤 8.0<pH≤8.5，土壤含盐量 0.3%~0.49%的盐碱地；重度盐碱地是指土壤 8.5<pH≤9.0，土壤含盐量 0.5%~1.0%的盐碱地；极重度盐碱地是指土壤 pH>9.0，土壤含盐量>1.0%的盐碱地。鲁天平等(2019)根据植物受害程度以及主要盐类的土壤含盐量和 pH 值，将盐碱土分为以下几类：一是主要盐类为硫酸盐氯化物的土壤，含盐量 0.2%~0.3%为"轻度"，0.3%~0.6%为"中度"，0.6%~1.0%为"重度"，1.0%以上为"极重度或为盐土"。二是主要盐类为碳酸盐或苏打盐土壤，含盐量 0.1%~0.2%，pH 值 7.5~8.5 为"轻度"；含盐量 0.2%~0.3%，pH 值 8.5~9.0 为"中度"；含盐量 0.3%~0.5%，pH 值 9.0~9.5 为"重度"；含盐量 0.5%以上，pH 值 9.5 以上为"极重度或为盐土"。三是主要盐类为氯化物硫酸盐的土壤，含盐量 0.3%~0.4%为"轻度"，含盐量 0.4%~0.7%为"中度"，含盐量 0.7%~1.2%为"重度"，含盐量 1.2%以上为"极重度或为盐土"。通常情况下，大多不耐盐碱植物在轻度盐渍化土壤上生长不良，在中度盐渍化土壤上植物生长困难，在重度盐渍化土壤上植物就会难于存活或死亡。

究其原因，盐渍化土壤中过多的盐分不仅会影响到植物的正常生理机能，而且会抑制植物的正常生长发育，对植物造成一定的伤害。而且，随着土壤盐渍化程度的加重，植物受到的危害程度也会上升。盐渍化土壤对植物的伤害主要表现在 3 个方面：一是导致植物生理干旱。盐渍化土壤过多的可溶性盐分会造成土壤溶液浓度增大、渗透压增高，在高渗透压下，植物根系吸水十分困难，轻微时会发生生理干旱，严重时会出现反渗透现象，对植物造成不同程度的伤害甚至导致死亡。二是盐分毒害，即盐渍化土壤中过高的可溶性盐分会对植物的生长发育和土壤微生物形成毒害。乔正良等(2006)对陕西定边、靖边和渭南 59 个土样检测分析表明，盐渍土类型影响着微生物的生态分布，随着土壤盐渍化程度的增加，土壤微生物的数量呈明显下降趋势。三是林地生产力下降，由于盐渍化土壤容易造成土壤板结，板结的土壤难以满足植物生长发育所需要的水、肥、气、热等条件，从而造成林地生产力下降和林分衰退。另外，盐渍化程度的加重使土壤矿质养分的利用效率降低。在河套灌区，盐碱地每年死于苗期的农作物占播种面积的 10%~20%，个别地区高达 30%以上，严重影响了农作物的生长与产量。特别是盐渍化严重地区，农业减产达 30%以上，林业绿化工程严重受挫，草地上只能生长极少数耐盐的植物种类，覆盖度不足 30%(刘俊廷，2011)。因此，降低土壤含盐量、改善土壤水分和养分状况是盐渍化土壤改良的关键措施。

3.1.4 盐渍化土壤的改良利用

近年来，如何有效改良盐碱地的不良性状，改善土壤理化性质、植物生长环境条件成为盐渍化土壤改良和利用的重要课题，也是大家关注的热点和难点。多年来，为有效改善和利用盐碱地，各地先后投入了大量的人力和物力，采取了相应的工程、水利、物理、化学、生物等措施。其中，物理改良措施主要包括深耕晒垡、掺拌改土、客土抬高、大穴客土和地表覆盖，采取蓄、灌、排等水利措施改良盐碱地土壤；化学改良措施主要包括施加钙质改良剂、酸性改良剂、有机物、有机质、酸性矿物及土壤盐分拮抗剂等化学改良剂，降低土壤中有害盐离子、中和土壤碱性，改良土壤的理化性状；生物改良措施主要包括种植耐盐植物、种植牧草、施用绿肥、施加微生物菌剂和其他生物制剂等。目前，盐碱地改良方法主要有生物措施、水利工程、化学改良、综合改良及土壤增施有机肥等。

工程改良：工程改良措施主要是采用不同的水利、耕作、整地等工程措施，降低地下水位，降低或排除土壤盐分，起到压盐、降盐与脱盐的效果。生产中，在水源充足、灌溉条件好的区域，可选用水利工程措施，通过灌溉冲洗、井灌井排、强排强灌等方式进行改良。目前，水利措施是治理盐碱地比较行之有效的方法，但在内陆干旱、半干旱地区因干旱缺水实施比较困难。因此，内陆盐碱地可根据实际情况进行改良，如客土改良、覆盖沙子、深松土壤、秸秆覆盖等措施。其中，覆沙压碱是沙区盐碱地改良的有效途径之一，一般覆沙厚度 10~15 cm，也可深翻同下层土壤混合均匀。覆沙措施能有效改良土壤结构、疏松土壤，有利于耕作层盐分下渗至深层，起到减少土壤水分蒸发、抑制下层盐分随水带至耕作层的作用。

化学改良：化学改良就是在盐渍化土壤中加入化学改良剂，应用酸性盐类物质来改善盐碱地的理化性质，从而有效降低表层土壤的酸碱度，增加土壤阳离子的代换能力，降低土壤的含盐量，增强土壤中微生物和酶的活性，促进植物根系生长发育。化学改良措施是盐碱治理中常用的方法，化学方法改良盐碱地具有见效快、效果好的优点，但缺点是持续时间短。另外，化学改良措施如处理不好反而会增加土壤盐分。目前，生产中常用的化学改良剂有磷石膏、腐殖酸类、硫酸亚铁、石膏、粉煤灰、有机肥等，其中施有机肥是一种比较理想的改良方法。陈恩凤等(1984)研究表明，增施有机肥不仅能够减少土壤表面蒸发、改良土壤结构，而且能中和土壤碱性，提高土壤养分和肥力。

生物改良：生物改良措主要是在盐碱地上引种、栽培耐盐植物或盐生植物，为农、林、牧生态系统修复、恢复及构建提供条件，植被修复是当前盐渍化土地恢复最有效的措施。实践证明，生物改良措施能有效减少土壤水分蒸发、控制地表积盐、增加根系数量、增强土壤微生物活性，改善土壤理化性质，有效地恢复盐碱地生产力。生产中，盐碱地地表覆盖植被后，植物的蒸腾作用代替了地表的蒸发，有效减少了表层土壤水分蒸发，从而有效抑制了土壤盐分的上升。据研究，每株成年阔叶树每年蒸腾排水达 8 t，蒸腾排水量很大。同时，植物根系分泌的有机酸及植物残体经微生物分解产生的有机酸还能中和土壤碱性，起到改良土壤理化性质和结构作用，提高土壤肥力的效果(宋玉珍，2009)。由此可见，生物改良措施的目的就是通过林木、农作物、绿肥、牧草等的种植(王启龙，2019)，扩大盐碱地地表植被的覆盖率，形成良好的植被覆盖状态，从而发挥以森林为主多种植被覆盖的作用，形成综合治理的良好局面，从根源上有效治理盐碱地。

实践证明，尽管水利、物理以及化学方法治理盐碱地效果较好，但成本高、易反复，很难大面积推广应用。近年来，随着环境生物技术的发展，植物修复技术在盐碱地治理中的作用逐渐受到重视。利用植物修复技术及其他生物措施对盐碱地进行改良具有成本低、效果好、无污染的优点，是盐碱地绿化的最佳途径之一。当然，盐碱地改良是一个复杂的系统工程，土壤盐渍化防治也是一个长期的过程，在改良过程中采取单一的改良措施，其改良效果也很有限，且存在不稳定、易反复等问题。因此，在盐碱地治理过程中要因地制宜，采取综合治理的方式改善环境。

3.1.5　盐碱地造林

植树造林是盐碱地改良的重要途径，盐碱地造林不仅能有效降低地下水位、阻止盐分含量增加，而且能调节林区小气候、减小风速、减小地表蒸发，从而抑制土壤返盐现象。实践证明，不同树种、造林模式均具有改良土壤颗粒组成的功效。盐碱地植树造林后土壤的黏粒、粉粒和砂粒含量均有改善，且随着林木的生长，土壤容重呈下降趋势，土壤总孔隙度、毛管孔隙度、非毛管孔隙度呈增加趋势。同时，土壤含水率、有机质、全氮、水解氮、全磷、有效磷含量也随林木的生长而增加，pH 值降低。特别是盐碱地造林还能有效改善土壤的结构，降低土壤密度和含盐量，增大土壤孔隙度，提高土壤持水率，土壤养分、土壤空间结构、土壤全盐量、土壤肥力等均能得到一定的改善。张平(2014)在滨海盐碱地的造林试验表明，白蜡、杨树、刺槐、柽柳、白榆在滨海盐碱地造林后，有效提升了土壤中的有机质、全氮、水解氮、全磷、有效磷、含水量、毛管持水量和饱和含水量，土壤 pH 值也显著下降，土壤含盐量整体降低 53.82%~58.83%。

综上所述，植树造林是盐碱地改良的重要措施之一，它不仅可以改善环境、调节气候、抑制土壤盐碱化，而且可以直接利用盐碱地生产林木果品，提高盐碱地的生产能力和经济效益(张建峰，2002，2005)。因此，盐碱地造林方面的研究成为林业相关领域的研究热点，沿海、内陆、平原地区都根据各自的具体情况开展了针对性探讨(张凌云，2007；李国华，2008；宋玉珍，2009；房用，2009；高广磊，2010)。大量的研究结果表明：为有效提高盐碱地造林效果，必须从树种选择、造林设计、林地整理、土壤改良、林分抚育等多个角度入手实施综合治理。在树种选择中，分析不同树种的耐盐(抗盐)能力、确定盐碱含量阈值是决定造林成败的关键；在土壤改良中，选择适宜当地具体情况的措施才能取得良好效果(邢尚军，2003；王玉祥，2004；张雁平，2008；孙洪范，2008；林士杰，

2012)。另外，由于盐碱地造林技术具有强烈的地域性特征，随着气候、土壤、树种等的变化而改变，各地需因地制宜地开展针对性研究。

3.1.6 樟子松盐碱地造林

樟子松原产地为弱酸性至弱碱性土壤，pH 值 6.5~7.0，土壤含盐量低。通常情况下，土壤 pH 8.0 以下，土壤可溶性含盐量在 0.10%以下，樟子松生长尚无异常现象。当土壤 pH 大于 8.0，土壤含盐量超过 0.10%时仍能生存，但生长受到某些抑制(石凤臣，2012)。满多清等(2006)对干旱荒漠区樟子松幼苗的抗逆性分析表明，樟子松幼苗对土壤盐分很敏感，不同的土壤含盐量对种子发芽率和幼苗保存率有一定程度的影响，2 年生移植换床苗地土壤全盐量应以 0.5%、种子育苗以 0.4%为界限。白鸥等(1992)采用水培及土培试验对樟子松 1、2 年生苗耐盐极限及适生值进行了测定，1 年生樟子松对碳酸氢钠、氯化钠、盐渍皮浸出液、硫酸镁、硫酸钙各盐分适生值分别小于 0.08%、0.10%、0.25%、0.25%、0.10%，极限值分别为 0.12%、0.16%、0.50%、0.60%、1.00%；2 年生樟子松对土壤含盐量的耐盐极限值为 0.27%，当含盐量 0.19%~0.27%时，苗木成活率仅 50%左右，当含盐量小于 0.12%时苗木生长良好。说明樟子松不属于耐盐碱树种，在育苗、造林时应首先考虑土壤中主要抑制离子及含盐量。王鸿伟等(2006)对黑龙江肇东实验林场，在苏打碱化草甸土、碱化草甸黑钙土等盐碱地类型上栽培 50 年的樟子松调查证明，樟子松耐盐碱限度总盐量<0.1%，pH 值<8.0。由此可见，樟子松耐盐碱耐力有限，降低土壤含盐量或选育适生品种是提高樟子松盐渍化土壤造林效果的必由之路。另外，各地的研究结果并不一致，创建适宜当地条件的抑盐栽培技术尤为重要。

在水蚀荒漠化治理研究过程中，榆林曾对抗旱节水造林技术开展了系统探讨，其研究成果在防护林体系建设中发挥了巨大作用。近年来，又依据林地土壤水分运移规律和水量平衡原理，积极开展“径流林业”研究，提出“土壤水分植被承载力”理论，这些思路必将形成水蚀荒漠化地区林业可持续发展的新模式。在风蚀荒漠化治理研究中，榆林市林业工作者创造性地总结提炼出“六位一体”造林技术，使樟子松的沙地造林成效得到跨越式提升，从而促进了樟子松造林事业的腾飞。目前，樟子松已经成为榆林沙区的主要造林树种。但令人遗憾的是，以斑块形式镶嵌于沙地的土壤盐渍化地段，樟子松的存活、生长却良莠不齐(李根前，2014，谢燕，2014；张惠，2016)。更加令人担忧的是，章古台沙地樟子松人工林已经出现早衰现象(焦树仁，2001；康宏樟，2005；朱教君，2005，2006)。那么，榆林沙区土壤盐渍化地段的樟子松人工林表现如何、是否存在早衰迹象？如果存在早衰迹象又如何防控？为此，开展榆林沙区土壤盐渍化地段樟子松存活、生长及种群稳定性问题具有实践意义和理论价值。但与沙地造林及抗旱造林技术研究相比，樟子松盐碱地造林问题研究很少。张惠(2016)、李根前(2014)在毛乌素沙地的研究表明：随着土壤盐渍化程度的上升，樟子松造林保存率、林木生长量、林分生产力下降。研究还表明：随着土壤盐渍化程度的加重，土壤含水率下降，其中全盐、Na^+、Cl^-含量起主导作用。当土壤含盐量达到一定程度时，樟子松的存活生长将受到干旱、盐害的双重胁迫。

3.2　樟子松造林效果对土壤盐渍化程度的响应

3.2.1　土壤盐渍化程度与土壤水分紧密相关

土壤盐渍化是指土壤底层或地下水的盐分随毛管水上升到地表，水分蒸发后盐分积累在土壤表层中的过程，说明水分状况在土壤盐渍化及抑制盐分上移中发挥着重要的作用。为摸清土壤盐渍化程度与土壤水分状况之间的关系，本项目以轻度、中度、重度 3 个盐渍化梯度的地块为研究对象，通过不同盐渍化程度土壤的检测发现，全盐含量、电导率、盐离子、土壤含水率之间均存在显著或极显著差异。而且，土壤含水率与全盐、Na^+、Cl^-、HCO_3^- 含量及土壤 pH 值呈极显著负相关，即土壤含水率随土壤盐渍化程度的加重而下降，其中轻度盐渍化土壤含水率分别是中度、重度的 1.3 倍、2.44 倍。另外，全盐、Na^+、Cl^-、HCO_3^- 含量及土壤 pH 值之间呈极显著正相关。由此表明，土壤含水率减小必将导致盐离子浓度和土壤 pH 值上升，盐离子浓度和土壤 pH 值上升反过来必将导致土壤含水率下降。因此，土壤含水率与土壤盐渍化程度之间具有拮抗作用，即盐渍化土壤造林树木必将受到盐害和干旱的双重胁迫，降低土壤盐离子含量或改善土壤水分状况都将对植物存活、生长产生促进作用。

3.2.2　樟子松造林效果对土壤盐渍化程度的响应

盐分是影响植物生长发育的重要因素，一般盐渍化土壤中，盐分对植物危害的大小主要取决于土壤中的离子浓度和化学性质(Lovato MB，1999)。通常，植物在生长过程中对盐胁迫非常敏感，无论是盐生植物还是避盐植物，盐碱土中过量的盐离子对其生长和发育都会产生不利的影响，影响的大小取决于盐离子组成、浓度以及植物的生长阶段，在严重盐胁迫下，所有植物的生长都会受到抑制(Kovda VA，1983；Katerji N，2003；Minns RD，1995)。目前，关于樟子松耐盐碱能力方面的研究不多。白鸥(1992)通过水培及土培试验表明，樟子松不属于耐盐碱树种。刘世增(2004)通过樟子松成活率同土壤中的盐碱离子种类的关联度分析，认为土壤 pH 值和 HCO_3^-离子对樟子松的成活率有大的影响。满多清等(2006)研究认为，土壤含盐量的大小不仅影响幼苗的存活率，还显著影响苗木的正常生长发育。当土壤含盐量达 0.3%时，对 2 年生樟子松幼苗已经产生影响。随着土壤含盐量的增加，苗木高生长量、地径生长量下降，满多清提出育苗地土壤总盐量低于 0.5%，播种育苗土壤以 0.4%为界限。孟鹏等(2013)通过盆栽试验发现，NaCl、Na_2CO_3、$NaHCO_3$每种单盐均对 4 年生樟子松造成伤害。相反，徐大勇等(2006)通过章古台沙地樟子松人工林研究，认为沙地樟子松人工林衰退与土壤盐分没有直接关系。那么，樟子松人工林在自然状态下，对土壤盐分的忍受程度究竟有多大目前尚无人研究。

针对上述情况，本项目在野外自然条件开展试验。结果表明：樟子松造林保存率、生长量、生物量与土壤 pH 值及全盐、Na^+、Cl^-、HCO_3^-含量呈极显著负相关，即随着土壤盐碱化程度的加重，樟子松造林保存率、生长量、生物量显著下降。从相关系数来看，对造林保存率影响最大的是 Na^+含量，然后依次为全盐、Cl^-含量和土壤 pH 值；对林木生长量影响最大的是 Cl^-含量，然后依次为 Na^+、HCO_3^- 含量和土壤 pH 值；对林分生长量影响最大的是全盐含量，然后依次为 Na^+、Cl^-含量和土壤 pH 值。但其中作用途径有所差别，全盐含量的直接作用最大，而间接作用中以 Na^+含量最大，然后依次为土壤 pH 值、Cl^-含量和土壤含水率。进一步分析表明，全盐含量的决定系数最大，且全盐含量与土壤 pH 值的交互作用最大。相反，樟子松造林保存率、生长量、生物量与土壤含水率却呈极显著正相关，即造林保存率、林木生长量、林分生物量随着土壤含水率的增加而上升。但是，土壤盐渍化程度与土壤含水率之间呈极显著负相关。综合这些结果可以看出，榆林沙区土壤盐渍化程度对樟子松存活、生长的影响，主要取决于全盐含量、土壤 pH 值及土壤含水率，盐离子中以 Na^+、Cl^-尤为重要。

除了造林保存率、林木生长量和林分生物量，土壤盐渍化程度对樟子松生长的影响规律还可从不同生长阶段得到解释。造林 2 年内，樟子松高生长较为缓慢，从第 3 年开始生长明显加快。但不同盐渍化程度地段樟子松的增长速度不同，轻度盐渍化地段生长速度最快。造林 4 年后，不同盐渍化程度地段樟子松的生长发育表现出显著的差异。其中，轻度盐渍化试验地段樟子松能正常生长发育，生长速率随着年龄的增大保持在较高水平；中度盐渍化地段樟子松生长速率具有随年龄增大而下降的趋势，逐渐进入缓慢生长阶段；重度盐渍化地段樟子松生长速率随年龄的增大急剧下降，逐步进入极缓慢或停止生长阶段。换而言之，重度盐渍化地段樟子松生长速率随着树龄的增大呈抛物线变化，即先升后降，在造林前 4 年樟子松高生长速度随树龄的增大而上升，从第 5 年开始随树龄的增大而下降，说明生长发育受到了明显的抑制，表现出早衰的迹象。这说明，随着土壤盐渍化程度的加重，樟子松的保存率、生长量、生物量下降，当土壤的含盐量大于 0.4 g/kg 时，樟子松的生长发育会受到土壤盐碱、干旱的双重胁迫，其生长发育受到抑制，且随着盐渍化程度的不断加重，樟子松早衰现象愈加明显。当土壤的全盐含量小于 0.4 g/kg 时，樟子松能生长发育。因此，土壤全盐含量 0.4 g/kg 是毛乌素沙地盐渍化土壤樟子松造林的一个阈值。

综上所述，确定含盐量阈值是土壤盐渍化地段造林成败的关键，目前已有多个地区对不同树种开展了研究。然而，含盐量阈值随气候、土壤、树种等的变化而改变，且有关樟子松造林地含盐量阈值问题罕见报道。满多清等(2006)在实验室条件下研究了盐分浓度对樟子松发芽的影响，在苗圃地分析了含盐量对樟子松苗木存活、生长的影响。孟鹏等(2013)基于盆栽试验结果认为，樟子松 4 年生苗木在 NaCl 盐分的胁迫下，生长会受到不同程度的抑制。由于这两个研究结果分别来自民勤沙地和章古台沙地，且为实验室试验和盆栽试验，因而不能据此确定榆林沙区樟子松造林地的含盐量阈值。虽说李根前等(2014)分析了榆林沙区土壤盐渍化程度对樟子松造林效果的影响，但未能确定造林地的含盐量阈值。本项目基于林地试验，通过土壤盐渍化程度对造林效果、生理生态影响规律以及生理生态特征对造林效果作用机制分析，提出榆林沙区樟子松造林地的含盐量阈值。研究结果表明：随着土壤盐渍化程度的加重，造林保存率、林木生长量、林分生产力下降而早衰概率上升。当土壤全盐含量小于 0.4 g/kg 时，可采用常规方法营造樟子松人工林；当土壤全盐含量大于 0.4 g/kg 时，樟子松的存活、生长、发育就会明显受到土壤盐碱、干旱的双重胁迫，应该采取排盐抑盐、改善土壤水分的措施，从而提升造林效果、长期维持林地生产力和林分稳定性。在生产中，造林前要对土壤的盐渍化程度进行检测，当土壤含盐量大于 0.4 g/kg时，需对造林地进行改良，以降低盐分含量、提高土壤含水率，为樟子松生长提供适宜的土壤条件。

3.3　造林效果对土壤盐渍化程度响应的生理生态机制

3.3.1　樟子松造林效果对土壤盐渍化程度响应的生理机制

樟子松是我国北方常见的耐寒针叶树种，生态适应性强，耐寒、耐旱、耐瘠薄，幼苗喜中性或微酸性土壤，但不耐盐碱。关于樟子松栽培生态学的研究已有不少报道，尤其是生长状况与立地因子的关系(丁晓纲，2006；张咏新，2008；刘春延，2009；尚建勋，2012；吕珊娜，2014；李露露，2015；刘新平，2016)；关于樟子松栽培生理学的研究也有不少报道，尤其是光合生理与水分生理(朱教君，2006；王臣立，2001；康宏樟，2007；孙一荣，2008；褚建民，2011；赵哈林，2014)。关于樟子松抗逆生理方面的研究，大多集中在水分胁迫下光合生理、水分生理特征的变化(ZHU Jiao-jun，2003，2005)。土壤水分的亏缺会影响樟子松光合速率，从而降低樟子松的生长和繁殖能力。在轻度和中度水分胁迫下，植株光合速率的降低，主要是由于气孔关闭；在严重的水分胁迫下，叶绿体间一些参与碳固定的某些酶活性受到抑制。然而，关于樟子松对盐渍化土壤的适应机制仅见单独的生理学或生态学研究(孟鹏等，2013；李根前等，2014)。

本项目对不同盐渍化程度土壤樟子松的研究发现，樟子松光合、水分生理特征与土壤盐渍化程度密切相关。净光合速率、气孔导度、蒸腾速率分别与全盐、Na^+、Cl^-、HCO_3^-含量呈显著负相关，与土壤含水率呈极显著正相关；水分利用效率与全盐、Na^+、Cl^-、HCO_3^-含量呈显著负相关，与土壤含水率呈极显著正相关。随着土壤盐渍化程度的加重，土壤含水率降低，樟子松光合能力、水分利用效率、存活能力及生长能力也下降，原因在于樟子松的生理机能受到了一定的抑制，导致部分植株表现出早衰现象或枯死的情况。这说明土壤水分与盐分之间存在此起彼伏的关系，在干旱少雨的毛乌素沙地，水分和盐分成为影响樟子松生长的限制因子，水分匮乏和含盐量提高是导致沙地樟子松人工林早衰退最重要的原因，这主要是由气孔导度的变化引起的，即干旱、盐分的胁迫下，樟子松气孔导度减小，CO_2进入叶片细胞内的阻力增加、叶片水分散失减少，从而降低光合速率和水分利用效率，使得造林保存率和林木生长量减小。

3.3.2 樟子松造林效果对土壤盐渍化程度响应的生态机制

生长可塑性和生物格局变化是植物对盐胁迫响应的综合体现及对盐胁迫的综合反应，生物量分配调节是植物适应不同环境的重要途径之一。在不同的环境条件下，植物会选择不同的生物量分配模式来适应环境。本项目研究发现，在轻度盐渍化试验地段，樟子松将更多的生物量分配于地上部分，这样有利于樟子松迅速形成高大的树冠，可在更广阔的地上空间进行光合作用和吸收营养物质。在重度盐渍化地段，樟子松分配于地下部分的生物量较轻度、中度盐渍化地段显著增多，即在盐碱胁迫下，樟子松对根系的生物量分配加大，即种群以牺牲地上部分的生长发育为代价来换取地下庞大的根系，以便樟子松在水分稀少的盐碱土中觅食到更多的水分和营养物质，以维持樟子松的生存和生长。这是樟子松适应不同环境过程的一种自我调节现象，也是对资源有效性，特别是水分有效利用适应的一种表现形式，最终通过表型的可塑性调节以形成适应不同资源供应水平的个体形态。因此，生物量分配规律不仅蕴含着生长调节和能量物质投资策略，也蕴含着生长与生存、繁殖与生长之间的权衡关系。

另外，樟子松还通过个体或枝叶枯死调节，在种群和个体层面来实现存活与生长之间的权衡关系。随着土壤盐渍化程度的加重，造林保存率下降，枯死枝叶的生物量分配比例上升。在重度盐渍化地段，樟子松为了维持存活，植株通过个体或部分枝条枯死将有限的能量分配于存活个体及其根系的生长发育，从而获取更多的土壤环境资源，说明樟子松可通过自身的表型可塑性调节适应不同的土壤盐渍化程度，这种表型可塑性主要包括种群、个体以及地上、地下构件水平。在生长过程中，它们与整株及种群的生态适应对策密切相关且相互依赖，并在存活、生长过程中表现出协同现象和拮抗现象。

3.4 土壤改良措施对造林效果的提升作用

盐渍化土壤的改良措施很多，如排水洗盐、平整土地、筑台栽植等已经得到广泛应用（张建峰，2002，2005；包宗仁，2005；张凌云，2007；高红军，2008；李国华，2008；宋玉珍，2009；房用，2009；高广磊，2010；邢尚军，2003；王玉祥，2004；张雁平，2008；孙洪范，2008；曹志伟，2008；林士杰，2012）。然而，榆林沙区风蚀严重（土壤流动性大）、干旱缺水，使这些方法的应用受到极大限制。因此，适合本地实际情况的高效措施亟待探索。

榆林沙区地处我国内陆腹地，土壤盐渍化形成的原因主要是蒸发强烈、地下水上升，致使地下水所含有的盐分残留在土壤表层。另外，因降水量小不能将土壤表层的盐分淋溶排走，致使土壤表层的盐分越来越多。因此，樟子松在盐渍化土地上造林，不仅面临干旱缺水、高温、风沙等侵害，而且面临土壤盐害、高 pH 值的胁迫，造林难度极大。近年来，醋糟、木醋液以及木醋液复合制剂逐步在盐碱地改良中应用，为本项目提供了新的思路（王文杰，2009；杨军，2012；张亚兰，2014；夏方山，2015；孙金龙，2015；刘敏，2015）。本项目在以往研究的基础上，针对榆林沙区干旱缺水、盐渍化土壤面积较大的实际情况，开展樟子松造林效果、生理生态对不同盐渍化程度响应规律以及土壤改良措施与造林效果关系的研究。结果表明：覆膜（PC）、喷醋（DM）处理均能提高樟子松的造林效果，不同处理试验地樟子松的株高、胸径、冠幅均显著大于对照（CK）。究其原因：覆膜能够削弱土壤水分蒸发，抑制盐分向上运移并保持土壤水分，从而降低土壤含盐量、提高土壤含水率。树穴内壁喷醋后，醋中的酸性物质能与盐渍化土壤中的盐（碱）发生化学反应生成水，从而有效降低土壤盐渍化程度并提高土壤的含水率。因此，这 2 项措施均能减轻盐渍化及干旱胁迫对植物生长发育造成的不良影响。而且，随着树龄的增长，樟子松新梢生长量及生长速度也在加快。但是，不同处理间樟子松的增长速度和抽梢长度并不一致，新梢生长量表现出显著差异，试验地各处理樟子松抽梢长度大小依次为 PC>DM>LD>CK。其中，PC 和 DM 处理每年新梢生长量显著高于常规栽植 CK，也显著高于 LD，PC 和 DM 处理之间差异不显著。随着树龄的不断增大，PC 处理造林效果的优异性愈加明显，喷醋处理试验地樟子松的总生长量达到 56.0 cm 以上，显著高于其他处理方式和对照。同时，土壤含水率在不同处理之间也表现出一定差异，从大到小排序为 PC>DM>LD>CK。由樟子松总生长量与土壤含水率之间的回归方程 $y=3.2372x+24.503$（$R^2=0.9851$）可知，樟子松总生长量随着土壤含水率的增加而上升。这些结果进一步表明，PC、DM 均能减轻土壤盐渍化及干旱胁迫对樟子松生长发育造成的不良影响。

上述试验结果说明，经过土壤改良的樟子松，其存活、生长、生物量积累能力均显著高于对照，土壤的含水率也得到明显提高。不同处理方式改变了土壤的物理性质，直接影响到林木的生长和林地生产力。其中，喷醋处理是最有效的方式，不仅能显著提高土壤的含水率，还能显著提高樟子松在盐渍化沙土上存活、生长、生物量积累的能力。这主要是由于喷醋处理后，酸醋中的酸性物质（乙酸，化学式 CH_3COOH）能与盐碱土中的碱性物质发生酸碱化学反应生成水，从而有效降低了土壤盐碱程度，提高了土壤的含水率，在一定程度上削弱了盐渍土高盐、高 pH 值对樟子松的伤害。同时，也能有效改善树穴内土壤的理化性质，降低土壤的盐渍化程度，提高土壤的蓄水、保水能力，为樟子松的生长创造一个良好的土壤环境条件，从而有效促进了樟子松的存活、生长发育，提高了植株个体和种群的稳定性及抗逆性。因此，在樟子松造林时需对盐渍化土壤进行改良，尤其是喷醋处理不仅能显著削弱盐害、提高土壤的含水率，还能显著提高樟子松在盐渍化沙土上的成活率、生长量、生物量积累。更值得强调的是，喷醋措施取材方便、操作简单、效果良好，选用市场上销售的普通食用醋即可。与施用木醋液或醋糟相比，喷洒食用醋更具有实用性。该方法不仅经济实惠、取材方便，而且免去了以往木醋液、醋糟制作过程的复杂性，林农容易掌握、易于推广。

4 小结

榆林自1957年引种樟子松以来，经过半个多世纪的发展，面积达150多万亩，成为榆林沙区重要的造林树种，也是榆林沙区唯一大面积栽培的常绿乔木树种。由于该树种具有抗旱、耐寒、耐瘠薄、速生、防风固沙能力强等优良特性，特别是樟子松四季常绿，对冬春季节的风沙控制、调节陕北秋冬季节色调单一、景观荒凉效果较佳，备受人们关注，多年来，在榆林的生态治理、道路绿化、园林建设和木材生产中发挥着不可替代的作用。榆林市最早于1957年从内蒙古红花尔基引入樟子松，1964年在榆阳区红石峡成片栽植并获得成功(孙祯元，1985)。1982—1985年，先后在榆阳区城郊林场等七个地方的不同立地条件下进行了造林扩大试验，并获得成功。榆林沙区樟子松引种的成功，使樟子松的分布范围向南推移了10个纬度、向西推移了10个经度，是迄今为止樟子松引种分布的最南端。在靖边县治沙站，引种30多年的樟子松不仅长势明显优于同龄油松林，并且在人工栽植的乔木和灌木林下形成盖度很高的草本层和生物结皮，表现出明显的森林环境特征。高崇华(1996)对20多年的引种结果分析认为，在毛乌素沙地樟子松胸径、树高、蓄积生长量不仅均优于油松，而且抗病虫能力更强，是干旱少雨的毛乌素沙地造林较有前途的优良树种。

毛乌素沙地经过50多年的引种试验证明，樟子松具有广泛的适应性，比油松生长量大，在沙丘的中上部比小钻杨还高，是沙地适生的优良树种。特别是，榆林市林业工作者创造性地总结提炼出“六位一体”造林技术，使沙地樟子松造林效果得到跨越式提升。截至目前，全市樟子松推广种植面积已达150多万亩。并随着榆林每年多项林业重点工程的实施，樟子松人工栽植面积正逐年得到扩大和延伸，现已在榆阳、横山、神木和靖边等县(市)建立了40多个万亩以上的樟子松人工林基地(其中10万亩以上2个，5万亩以上3个)，且长势良好，尤其横山县推广力度较大，已建成西北最大的樟子松示范基地，更加巩固了该树种在沙地治理中的地位和作用。然而，令人遗憾的是沙区土壤盐渍化地段大面积樟子松林的存活、生长依然良莠不齐，部分林分表现出早衰迹象、天然更新困难(李根前，2014；谢燕，2014；张惠，2016)。“早衰现象”是指森林(树木)在发育过程中遇到环境胁迫出现的生理机能下降、生长滞缓或死亡、生产力降低及地力衰退等状态(朱教君，2005)。具体而言，引种樟子松在中幼龄阶段表现稳定、生长良好，但35~40年生以后出现早衰现象。其中，干旱胁迫、养分支出大于收入、密度过大等均可导致人工林早衰(焦树仁，2001；吴锈钢，2003；宋晓东，2003；吴祥云，2004；姜凤岐，2006；张联合，2013；周江山，2016）。沙地樟子松人工林衰退不仅对防护林体系的稳定性维持带来威胁，而且对整个沙地生态系统恢复造成威胁。因此，探索不同地域樟子松人工林衰退的原因、规律、机制，对制订可持续经营方案具有重大意义。那么，土壤盐渍化如何影响樟子松的存活与生长？樟子松正常生长的土壤含盐量到底是多少？如何改良土壤才能有效提升樟子松盐渍化地段的造林效果？探讨这些问题不仅能为提升盐渍化地段樟子松造林效果提供依据，而且可为现有林分的可持续经营提供参考。

上述问题因气候、土壤、树种而异，各地也先后开展了很多针对性的研究。但对榆林沙区盐渍化地段的樟子松而言，目前还缺乏较为系统的研究，尤其是造林地含盐量阈值以及高效实用的土壤改良措施亟待探讨。为此，本项目以榆林市定边县盐渍化地段的樟子松人工林为研究对象，基于调查数据探讨存活、生长对土壤盐渍化程度的响应规律及其生理生态机制，确定樟子松造林地的含盐量阈值；基于试验数据探讨存活、生长与不同土壤改良措施的关系，筛选显著提升造林效果的土壤改良措施。通过研究，得到如下主要结果：

（1）在毛乌素沙地，随着土壤盐渍化程度的加重，樟子松造林保存率、林木生长量、林分生物量、土壤含水率下降而林分早衰概率上升。其中，土壤全盐含量、pH值、含水率起着主导作用。当土壤全盐含量大于0.4 g/kg时，樟子松的存活、生长就会受到土壤盐分、干旱的双重胁迫，造林效果急剧下降。因此，土壤全盐含量0.4 g/kg是樟子松在毛乌素沙地土壤盐渍化地段造林的阈值。生产中，造林前需要对土壤的盐渍化程度进行检测，当土壤含盐量大于0.4 g/kg时，应采用排盐抑盐、改善土壤水分等措施对造林地土壤进行改良，以降低盐分含量、提高土壤含水率，从而有效提升造林效果、长期维持林分稳定性和林地生产力。

（2）随着土壤盐渍化程度的加重，土壤含水率下降，樟子松净光合速率、蒸腾速率、水分利用效率减小，导致造林保存率和林木生长量下降。同时，随着土壤盐渍化程度的加重，种群将更多的生物量分配于地下构件（根系）的生长发育，地上构件（树干和枝条）的生物量分配比例减小，导致造林保存率、林木生长量下降。因此，降低土壤盐分含量、改善土壤水分状况是提升造林效果的必由之路。

（3）树穴喷醋、覆膜均可减轻盐分危害、提高土壤含水率，从而提高造林保存率和林木生长量。与对照相比，2种处理方式均能提高樟子松的造林效果，樟子松的株高、胸径、冠幅均显著大于对照。其中，喷洒食用醋处理效果最好，覆盖地膜处理次之。而且，随着林分年龄的增大，这种差异越来越明显。相比之下，树穴喷洒食用醋更简单易行，不仅能显著削弱盐害、提高土壤的含水率，还能显著提高樟子松在盐渍化沙土上的成活率、生长量、生物量积累，特别是能在一定程度上降低高盐、高pH值对樟子松的伤害，从而为樟子松的生长创造了一个良好的土壤环境条件，有效促进了樟子松的生长发育。另外，喷洒食用醋取材方便、操作简单。与施用木醋液或醋糟相比，喷醋更具有实用性，免去了以往木醋液、醋糟制作过程的复杂性，林农容易掌握、易于推广，是毛乌素沙地盐渍化土壤改良、提升造林效果的首选措施。

主要参考文献

Kovda V A，1983. Loss of productive land due to salinazation[J]. Ambio，XII(2)：91-93.

Katerji N，J W Van Hoorn，2003. Salinity effect on crop development and yield，analysis of salt tolerance according to several classification methods[J]. Agricultural water management，62：37-66.

Lovato M B，J P de Lemos Filho，P S Martins，1999. Growth responses of Stylosanthes humilis (Fabaceae) populations saline stress[J]. Environmental and Experimental Botany，41：145-153.

Minns R D，P Schachtman，A G Condon，1995. The significance of a two-phase growth response to salinity in wheat and barley[J]. Australian Journal of Plant Physiolog，22：561-569.

Fan Z P，Zeng D H，2003. Comparison of stand structure and growth between artificial and natural forests of Pinus sylvestirisvar. mongolica on sandy land[J]. Journal of Forestry Research，14(2)：103-111.

Zhu J J，Kang H Z，Tan H，2005. Natural regeneration characteristics of Pinus sylvesfris var. mongolica forests on sandy land in Honghuaerji，China[J]. Journal of Forestry Research，16(4)：253-259.

白鸥，黎承湘，1992. 樟子松抗盐碱试验报告[J]. 辽宁林业科技(1)：6-9.

包宗仁，罗瑞祥，陈义，等，2005. 科尔沁沙地盐碱地造林技术研究[J]. 内蒙古林业科技(2)：9-12.

曹志伟，张玉柱，许成启，等，2008. 黑龙江省西部盐碱地适生树种选择及造林技术研究[J]. 防护林科技(5)：19-22.

陈恩凤，王汝镛，王春裕，1984. 有机质改良盐碱土的作用[J]. 土壤通报，15(5)：193-196.

褚建民，邓东周，王琼，等，2011. 降雨量变化对樟子松生理生态特性的影响[J]. 生态学杂志，30(12)：2672-2678.

丁晓纲，李吉跃，哈什格日乐，2005. 毛乌素沙地气候因子对樟子松、油松生长的影响[J]. 河北林果研究，20(4)：309-313.

房用，姜楠南，梁玉，2009. 黄河三角洲盐碱地造林抑盐效应分析[J]. 林业科技开发，23(3)：15-19.

高广磊，丁国栋，韦利伟，等，2010. 滨海盐碱地改土造林技术研究[J]. 安徽农业科学，38(7)：3662-3665.

高崇华，李志忠，付强，1996. 毛乌素沙地引种樟子松调查报告[J]. 内蒙古林业科技(1)：29-32.

高红军，李生红，张源润，等，2008. 宁夏银北地区盐碱地造林技术[J]. 宁夏农林科技(6)：113-114.

高明，高海东，张铁民，等，2011. DB13T 1487—2011，盐碱地园林绿化施工规范[S].

焦树仁，2001. 辽宁省章古台樟子松固沙林提早衰弱的原因与防治措施[J]. 林业科学，37(2)：131-138.

康宏樟，朱教君，许美玲，2005. 沙地樟子松人工林营林技术研究进展[J]. 生态学杂志，24(7)：799-806.

康宏樟，朱教君，许美玲，等，2007. 科尔沁沙地樟子松人工林幼树水分生理生态特性[J]. 干旱区研究，24(1)：15-22.

刘世增，严子柱，安富博，2004. 远源引种樟子松对荒漠区气候及土壤盐碱离子适应性分析[J]. 干旱区资源与环境(2)：56-591.

刘俊廷，潘洪捷，彭志帆，等，2011. 河套灌区土壤盐渍化现状及危害研究[J]. 内蒙古水利(2)：138-139.

刘敏，耿玉清，丛日春，等，2015. 添加木醋液对盐碱土酶活性的影响[J]. 中国水土保持科学，13(6)：112-117.

刘春延，陆贵巧，陈平，等，2009. 华北落叶松、樟子松生长与气候因子的关联度分析[J]. 河北农业大学学报(3)：81-84.

刘新平，何玉惠，魏水莲，等，2016. 科尔沁沙地樟子松(*Pinus sylvestris* var. *mongolica*)生长对降水和温度的响应[J]. 中国沙漠，36(1)：57-63.

李根前，王俊波，漆喜林，等，2014. 毛乌素沙地土壤盐渍化程度对樟子松造林效果的影响[J]. 西部林业科学，43(1)：6-9.

李露露，李丽光，陈振举，等，2015. 辽宁省人工林樟子松径向生长对水热梯度变化的响应[J]. 生态学报，35(13)：4508-4517.

李国华，岳增璧，朱金兆，等，2008. 滨海盐碱地基盘法造林试验[J]. 中国水土保持科学，6(6)：8-13.

李永生，刘劲，高龙，等，2017. DB 14T-1415—2017，盐碱地造林技术规程[S].

鲁天平，刘永萍，朱玉伟，等，2019. DB 65/T 4192—2019，生态绿化工程盐碱地改良技术规程[S].

林士杰，张忠辉，张大伟，等，2012. 盐碱地树种选择及抗盐碱造林技术研究进展[J]. 中国农学通报，28(10)：1-5.

吕姗娜，王晓春，2014. 大兴安岭北部阿里河樟子松年轮气候响应及冬季降水重建[J]. 东北师大学报(自然科学版)，46(2)：110-116.

满多清，孙坤，刘世增，等，2004. 干旱荒漠区樟子松幼苗的抗逆性分析[J]. 甘肃农业大学学报，39(5)：543-547.

满多清，孙坤，刘世增，等，2006. 樟子松苗木的耐盐性及其对造林林木生长的影响[J]. 中国农学通，22(2)：136-140.

孟鹏，李玉灵，张柏习，2013. 盐碱胁迫下沙地彰武松和樟子松苗木生理特性[J]. 应用生态学报，24(2)：359-365.

宁维英，张建荣，2008. 榆林市土地退化现状及原因分析[J]. 唐都学刊(5)：60-64.

宋玉珍，安志刚，崔晓阳，2009. 大庆苏打盐碱地造林研究 [J]. 森林工程，25(3)：39-42.

孙洪范，姜玉波，2008. 几种盐碱地造林技术措施的对比试验[J]. 林业科技，33(3)：11-13.

孙一荣，朱教君，2008. 水分处理对沙地樟子松幼苗膜脂过氧化作用及保护酶活性影响[J]. 生态学杂志，27(5)：729-734.

孙祯元，1985. 陕北沙地樟子松造林技术研究(内部资料).

孙金龙，张亚兰，李治宇，等，2015. 棉秆热解产物的施加对氯化物强盐碱土特性的影响研究[J]. 可再生能源，33(9)：1381-1386.

尚建勋，时忠杰，高吉喜，等，2012. 呼伦贝尔沙地樟子松年轮生长对气候变化的响应[J]. 生态学报，32(4)：1077-1084.

吴祥云，姜凤岐，李晓丹，等，2004. 樟子松人工固沙林衰退的规律和原因[J]. 应用生态学报，15(12)：2225-2228.

王玉祥，刘静，乔来秋，2004. 41 个引种树种的耐盐性评定与选择[J]. 西北林学院学报，19(4)：55-58.

王臣立，韩士杰，黄明茹，等，2001. 干旱胁迫下沙地樟子松脱落酸变化及生理响应[J]. 东北林业大学学报，29(1)：40-43.

王文杰，贺海升，祖元刚，等，2009. 施加改良剂对重度盐碱地盐碱动态及杨树生长的影响[J]. 生态学报，29(5)：2272-2278.

王鸿伟，宁晓光，王恩海，等，2006. 抗干旱耐盐碱树种的选择[J]. 林业科技，31(3)：12-15.

王启龙，卢楠，魏样，2019. 不同改良措施对定边盐碱地土壤理化性质、黑麦草生长及产量的影响[J]. 江苏农业科学，47(11) ：282-286.

乔正良，来航线，强郁荣，等，2006. 陕西主要盐碱土中微生物生态初步研究[J]. 西北农业学报，15(3)：60-64.

石凤臣，2012. 樟子松造林技术[J]. 科技致富向导(3)：299-303.

吴锈钢，刘桂荣，淑华，等，2003. 辽宁省樟子松衰弱枯死原因及防治对策[J]. 内蒙古林业科技(3)：16-20.

谢燕，樊晓英，2014. 榆林沙区樟子松林生态适应性研究[J]. 信阳师范学院学报(自然科学版)，27(2)：227-231.

夏方山，董秋丽，闰慧芳，等，2015. 不同醋槽施量对碱地风毛菊生长及土壤化学性质的影响[J]. 草地学报，23(2)：433-436.

徐大勇，康宏樟，裘秀群，等，2006. 章古台沙地樟子松人工林土壤盐分动态变化研究[J]. 江西农业大学学报，28(4)：539-543.

宋晓东，刘桂荣，陈江燕，等，2003. 樟子松枯死原因与防治技术研究[J]. 北华大学学报(自然科学版)，30(6)：124-129.

邢尚军，张建锋，郗金标，等，2003. 白刺造林对重盐碱地的改良效果[J]. 东北林业大学学报，31(6)：96-98.

许亚军，党坤良，吕明，2008. 陕西省土地退化现状分析[J]. 陕西林业科技(3)：19-23.

杨劲松，2008. 中国盐渍土研究的发展历程与展望[J]. 土壤学报，45(5)：837-845.

杨军，邵玉翠，高伟，等，2012. 不同改良剂对微咸水灌溉土壤盐分含量的影响[J]. 天津农业科学，18(1)：40-45.

姚锁平，白伟岚，杨永利，等，2018. CJJ/T 283—2018，园林绿化工程盐碱地改良技术标准[S].
周江山，马长宝，2016. 东丰县樟子松衰退病灾害状况及综合治理对策[J]. 吉林林业科技，45(2)：58-60.
赵哈林，李瑾，周瑞莲，等，2015. 风沙流频繁吹袭对樟子松幼苗光合水分代谢的影响[J]. 草业学报，24(10)：149-156.
姜凤岐，曾德慧，于占源，2006. 从恢复生态学视角透析防护林衰退及其防治对策：以章古台地区樟子松林为例[J]. 应用生态学报，17(12)：2229-2235.
张平，2014. 不同造林树种对盐碱地土壤理化性质的影响[D]. 泰安：山东农业大学.
张亚兰，孙金龙，李治宇，等，2014. 木醋液对盐碱土改良效果研究[J]. 中国农机化学报，35(6)：292-295.
张凌云，2007. 黄河三角洲地区盐碱地主要改良措施分析[J]. 安徽农业科学，35(17)：5266-5309.
张雁平，胡春元，董智，等，2008. 河套灌区盐碱地造林树种选择的研究[J]. 内蒙古林业科技，34(2)：25-28.
张惠，张林媚，张泽宁，2016. 不同处理措施对盐碱地樟子松造林效果的影响[J]. 陕西林业科技(1)：14-16.
张咏新，赵思金，杨晓菊，等，2008. 章古台地区樟子松生长与气候、土壤因子的关系[J]. 辽宁农业职业技术学院学报，10(4)：1-3.
张联合，刘薇，张文学，等，2013. 吉林省樟子松枯黄与枯死的原因分析[J]. 吉林林业科技，42(6)：30-32.
张建锋，宋玉民，邢尚军，等，2002. 盐碱地改良利用与造林技术[J]. 东北林业大学学报，30(6)：124-129.
张建锋，张旭东，周金星，等，2005. 世界盐碱地资源及其改良利用的基本措施[J]. 水土保持研究，12(6)：28-30，107.
朱教君，李智辉，康宏樟，等，2005. 聚乙二醇模拟水分胁迫对沙地樟子松种子萌发影响研究[J]. 应用生态学报，16(5)：801-804.
朱教君，康宏樟，李智辉，等，2005. 水分胁迫对不同年龄沙地樟子松幼苗存活与光合特性影响[J]. 生态学报，25(10)：2527-2533.
朱教君，曾德慧，康宏樟，等，2005. 沙地樟子松人工林衰退机制[M]. 北京：中国林业出版社.
朱教君，康宏樟，李智辉，2006. 不同水分胁迫方式对沙地樟子松幼苗光合特性的影响[J]. 北京林业大学学报，28(2)：57-63.

第5章

樟子松嫁接红松技术

樟子松引入榆林沙区以来，经过几十年的发展，已经成为当地防风固沙和园林绿化的主要树种之一，产生了显著的生态和社会效益，但经济效益明显偏低，需要政府持续投入，影响了当地的生态文明建设质量，若将生态建设循序渐进地融入经济建设中来，则可进一步提升榆林五位一体建设的质量。红松(*P. koraiensis*)亦称果松，为常绿大乔木，属于软松类，木材有光泽，松脂气味较浓，耐腐能力强，纹理直，易于干燥，不易开裂变形，适合多种用途，是建筑和包装的良好材料。红松种子出仁率约30%，可作为干果食用。其种仁中蛋白质含量约为13%，至少含有17种氨基酸，且必需的氨基酸比例适当，与世卫组织和联合国粮农组织规定的氨基酸人体必需标准接近，营养价值较高(吴晓红等，2011)。其中的可溶性蛋白对2型糖尿病具有一定的治疗作用(Liu et al.，2019)，多肽可以增强先天性和获得性免疫能力(Lin et al.，2017)、抗疲劳(郑元元等，2019)。种仁灰分含量为6%~7%，含有铜、铬、锌、钴、锰、锶、钯等微量元素或有益元素。种仁中碳水化合物和粗纤维含量分别约为7%和3%，其中的多糖对化学物质引起的肝损伤具有保护作用和抗肿瘤活性(Qu et al.，2019，2020；李明谦，2013)。种仁中脂肪含量超过60%，不饱和脂肪酸含量约占脂肪酸总量的88%，其中多不饱和脂肪酸高达57%(张莹，陈小强，2007；徐鑫，2014)。松仁油中还含有植物甾醇、多酚、黄酮等有益于人体健康的生物活性物质(徐鑫，2014)。球果提取物可以提高蛋鸡产蛋量，改善其肠道微生物群落，增强免疫力和抵抗炎症反应(Kim et al.，2018)。针叶乙醇提取物具有缓解酒精性脂肪肝、减肥降脂、消炎、抗氧化和美白肌肤的作用(Hong et al.，2017；Lee et al.，2016；Jeon and Moon，2017)，可用于食品、饲料、化妆品等领域。因此，红松是经济价值极高、果材兼用具有多种潜在用途的树种。

红松天然分布区域包括中国东北部、俄罗斯远东南部、朝鲜半岛，日本本州和四国岛亦有间断分布。红松天然保有量较少(马建路和庄丽文，1992)，被列入国家二级重点保护植物名录。自20世纪50年代以来，由于长期的不合理开发利用，天然林发生严重退化，面积和品质降低。鉴于其重要的经济和生态价值，国家在东北地区大力发展红松人工栽培。红松属半阳性树种，喜光；浅根性，对土壤水分要求较高，耐旱耐涝性差(韩金胜，

2017)；对大气湿度较敏感，湿润度在 0.5 以下生长不良；在温寒多雨、相对湿度较高的气候与深厚肥沃、排水良好的酸性棕色森林土上生长最好。对立地条件的要求使得红松人工林在我国的发展局限于东北的部分地区，难以满足人们对红松木材、松子等产品的需求，也未能充分发挥其经济、社会、生态效益的潜力。

嫁接是一项已广泛应用于果树、蔬菜、花卉等许多生产领域的农业生产技术。它不但作为无性繁殖方法可以用于优良种苗的大量繁殖，而且接穗和砧木间相互影响、相互作用组成一个有机整体，扬接穗和砧木各自所长，避各自所短，控制和改变植物的生长习性，增强抗逆能力，改良作物品质，增加产量，提早结果，提前收益，以满足生产需求。选择合适的树种作砧木，可以提高接穗树种对环境的适应性，从而将其引种栽培至原本接穗树种不适宜栽培的地区，这是一种被实践证明的扩大植物栽培范围的有效途径。

与红松相比，樟子松具有抗寒、耐干旱、耐瘠薄、耐风沙、适应性强的优良特性。以其作为砧木嫁接红松亲和性及成活率高，生物学特性互补强，生长速度快，已经在东北的偏湿润半干旱区引种红松获得了成功(徐树堂等，2007)。榆林沙区属于偏干旱的半干旱区，我们通过借鉴东北地区樟子松嫁接红松引种的成功经验，把正在建设的樟子松生态林改建成无性系的红松经济生态甚至用材多功能林，提升榆林沙区生态建设质量，带动榆林沙区治沙造林逐步走上产业化发展之路；通过樟子松育林技术演化为培育红松林技术，改变榆林沙区单一用针叶树种樟子松防风固沙的历史，从而改善榆林沙区林分结构，扩大榆林沙区造林树种的多样性范围，推进生态效益和经济效益双收，人与自然和谐共生，提升榆林沙区生态建设的质量，“沙区增绿、资源增值、农民增收、企业增效、国家增税”，实现产业可持续发展。这项技术还可为西北干旱、半干旱沙区发展红松人工林，扩大红松的栽培范围提供科学依据。

1　材料与方法

1.1　试验区概况

试验地位于陕西省北部(107°28′ E～111°15′ E，36°57′N～39°34′N)，地处毛乌素沙地南缘，是毛乌素沙地与黄土高原的过渡地带，平均海拔 1300 m，属温带半干旱大陆性季风气候。冬春季多风，年平均风速 4.5 m/s，年大风日数 15～30 d；年均降水量 316.9～365.7 mm，多集中于 7～9 月；年平均蒸发量为 1125～1290 mm；年均气温 7.9～8.6 ℃，极端最高气温 38.6 ℃，极端最低气温－32.7 ℃，≥10 ℃积温 2847～4148 ℃；无霜期 134～169 d；年日照时数 2593.5～2914.2 h。地貌特征是沙丘起伏，沙带连绵，为沙壤土，自然肥力差，表层土壤腐殖质质量分数不足 1%，结构疏松、渗透力强，地下水位低，土壤 pH 6.5~9.0，养分极易流失；属干旱草原植被地带，地带性植被很少，沙生植物占主导地位，试验地分布如图 5-1 所示。

图 5-1　试验地分布示意图

（A. 榆林市榆阳区小纪汗林场；B. 榆林市林木良种繁育基地；C. 横山县白界林场；D. 定边石光银治沙集团公司；E. 定边县林草工作站十里沙苗圃；F. 定边县林业局长茂滩林场；G. 定边县秀海荒山治理有限责任公司周南湾苗圃；H. 定边县荣兰公司郝滩镇蒙海则苗圃；I. 定边县林草工作站郝滩苗圃）

1.2　试验材料

樟子松种子采自榆林市樟子松种子园。除文中特别说明，供试接穗采自辽宁省本溪市桓仁县老秃顶子林木良种基地，为本砧嫁接人工林 60 年生挂果红松中上部树冠外围采集的1 年生枝条。

1.3　嫁接砧木的准备

樟子松营养袋苗的培育：3 月中旬首先对樟子松种子进行净化处理，除去杂质和病虫破损粒。然后用初始温度为 45 ℃、浓度为 0.5%的高锰酸钾溶液浸泡消毒，2 h 后用清水冲洗至洗出液无色。将消毒后的种子晾晒于向阳处，用麻袋片覆盖，早晚各用清水淘洗种子一次，保持种子的湿度和新鲜度，3~4 d 后 70%以上的种子裂嘴露白即可播种。播种前

1周育苗地土壤使用生土加硫酸亚铁进行消毒，每立方米的生土加入10%的硫酸亚铁10 kg，每亩用生土65 m^3，整地前7 d左右均匀地洒在土壤中，深翻。做宽100~110 cm，长10 m左右的畦，畦垄宽30~40 cm、垄高22~23 cm。以黄绵土配制营养土，每立方米土中掺入磷酸二氢钾4 kg、硫酸亚铁2 kg，混拌均匀后过筛装入规格为9 cm × 18 cm的营养袋，然后均匀紧密地放置于畦内，保持畦面平整，最后对苗床放水漫灌。将种子均匀播于营养土表面，每只营养袋播种4~5粒，床面覆0.5~0.8 cm细沙并漫灌浇透水。落水后，喷洒50%多菌灵800~1000倍液进行床面消毒。苗木出齐后喷施混合药液(每15 kg水兑56%甲霜噁霉灵15 g、禾苗八号30 g 、生根绿叶快3秒30 g)防治立枯病，1周后喷施1次，10~15 d后再喷施1次。每亩用200 g毒死蜱加1.5 kg小米，用200 mL水拌匀后撒在床面防治蝼蛄危害。在床面上方20~30 cm处架设遮阳网，保持床面湿润，同时防止鸟类啄食种子。床面温度超过35 ℃时，立即喷水降温。

砧木苗培育：4月上旬至6月中旬将已培育2~3年的营养袋苗从苗床起出，剪掉营养袋后放入21 cm × 26 cm的营养钵内继续培养。

砧木的定植与管理：砧木苗在营养钵内培养1~5年后进行定植，圃地定植株行距为60 cm × 60 cm。每年灌水8~10次，其中3月初灌解冻水1次，4~6月每隔20 d灌水1次，7~10月每月灌水1次，11月灌防冻水1次。定植苗当年不施肥，第二年开始全年施肥2次，5月上旬每亩施复合肥50 kg，7月上旬每亩施混合肥70 kg(复合肥50 kg+磷酸二氢钾20 kg)。施肥可结合灌水一次完成，待地表面稍干后松土一次。全年除草4~6次，结合施肥适当增减除草次数。

1.4　红松接穗的准备

红松接穗的采运：嫁接前一年的12月至当年的3月中旬，在东北红松适生地域内优良种源的种子园、子代林或母树林的树冠中上部采集顶芽饱满、顶芽下端直径0.6~0.8 cm的侧枝，保留穗条长度30~40 cm。穗条顺同一方向摆放，100枝为一捆打结绑带，每5捆装入1只备好的通风透气的麻袋中待运。穗条袋与冰块间隔分层摆放装入冷藏车，保持车内温度-10~-5 ℃运回目的地储藏。

红松接穗的露地沙藏：在圃地选择背风向阳的平坦地段作为储藏地，首先砌1.0~1.5 m高砖墙，墙脚堆湿沙与墙体呈45°斜坡面，湿沙以握之成团、松之分散为宜，一层湿沙一层接穗均匀摆放在沙面上，最后在上面遮盖麻袋片。隔10 d左右查看一次沙子湿度，湿度低于持水量的40%时用喷壶喷水一次。遇雨天遮盖防雨布，以防接穗积水发霉腐烂。冰柜储藏：接穗从冷藏车取出后随即进行，接穗以20枝打包为一捆，用保鲜膜包裹后逐层摆放于-10 ℃冰柜内，层间用碎冰碴隔填。

1.5 嫁接

嫁接时间：除文中特别说明，一般在昼夜平均温度达到 10 ℃时，晴朗无大风天气下进行。

嫁接前接穗预处理：沙藏接穗嫁接当日，从湿沙中将其剥离出来，用清水冲洗沙土后用 0.5%高锰酸钾溶液浸泡 10~15 min 后捞出控干待用；冰柜储藏接穗嫁接前 10~12 h从冰柜中取出，放至常温下回温至 0 ℃待用。将接穗修剪至 8~10 cm 的小段，将针叶沿生长方向拔掉后放至嫁接桶内，桶内放置一定数量的小体积冰块，然后用湿毛巾遮盖。

髓心形成层对接法：选顶芽饱满、健壮无病虫害、无机械损伤且与砧木嫁接口部位等粗或者约等于砧木 2/3 粗度的接穗，将其大部分针叶顺生长方向拔掉，仅保留顶芽周围 3~5 束针叶，然后用嫁接刀在顶芽下方 0.5 cm 处斜切(刀片与接穗呈 30°)至髓心后，沿着髓心向下切出长 5~6 cm 的切面，一刀完成，保证切面平滑。接穗下端背面再切一条长 1 cm、与接穗呈 45°的斜切面待用。顺松针生长方向摘除砧木嫁接部位四周针叶，在砧木西北方位、顶芽下 0.5 cm 处用嫁接刀由 60°渐变至 30°方向斜纵切至 6~7 cm 处，再从被切砧木正面沿 45°方向内切一刀，切掉被削砧木。将接穗下端插进砧木切好的“V”字形切口内，把砧穗左右靠紧对齐，穗砧粗度不等时至少一边对齐，左手攥紧穗砧结合部位，右手用宽 1 cm、长 45~50 cm 的聚氯乙烯流滴膜绑带从下切口 1 cm 处自下而上螺旋式缠绕至高于接口 0.5 cm 处绑紧、系实。

芽端楔接法：选择粗度等于或略小于砧木主枝顶端的接穗，将针叶按生长方向拔掉，用嫁接刀从芽正面基部 0.5 cm 处沿 30°~60°向下斜切，切出长 3~4 cm 楔形切面，用同法在接穗正背面切一条 3~4 cm 楔形切面。将砧木顶芽水平剪掉，切口周围的松针沿生长方向拔掉，然后用嫁接刀沿东西方向将砧木垂直劈开 4~5 cm 的嫁接切口。将削好的接穗插入砧木切口，使接穗上端露出 2 mm 的切面，保证穗砧左右面对齐，穗砧粗度不等时至少一面对齐。然后绑紧系实，具体方法同髓心形成层对接法。

1.6 嫁接后抚育管理

解绑：嫁接后第二年 3 月上旬解绑。

修剪：除文中特别说明，在嫁接的同时，剪去砧木苗顶芽下第一轮生枝 1/3 枝丫，并剪除剩余的 2/3 枝丫的顶芽，保持接穗始终处于主梢地位。嫁接当年每隔半月修剪一次萌芽，直至高生长停止，连续修剪 3~4 年。

水肥管理：嫁接后适时灌水，使苗床保持湿润。次月起每隔 15~20 d 灌水 1 次，入冬前灌足防冻水；第二年 3 月初灌解冻水，此后依降雨量多少适时灌水，保证嫁接苗生长。

4月初结合灌水每亩施复合肥100 kg，7月每亩叶面喷施2%磷酸二氢钾50 kg，分3次施，每隔10 d喷施一次。

除草：每季度人工除草2~3次，根据实际情况适当增减次数。

病虫害防治：3月每隔7~10 d喷施代森锰锌80%可湿性粉剂的400~600倍液或50%多菌灵800~1000倍液一次，防治春季红松红针病。

1.7 嫁接试验

试验在榆林市林木良种繁育基地进行，采用完全随机试验设计，每小区30株，分为3行，每行10株，重复3次。同一因子的比较小区相邻设置。除文中特别说明，试验苗圃土壤均为沙壤土，砧木为4年生，采穗母树为60年生，接穗采用露地沙藏保存，嫁接后不遮阴。

砧木年龄筛选试验：接穗于2015年3月采自辽宁省本溪市桓仁县老秃顶子林木良种基地，于2015年4月中旬采用髓心形成层对接法、芽端楔接法、芽苗砧嫁接法嫁接于4、6、8年生的樟子松上。

接穗种源筛选试验：接穗于2016年3月采自30年生红松，分别来自黑龙江省伊春市五营区红松自然保护区、吉林省林江林业局闹枝沟林场、辽宁省本溪市本溪县王鑫红松种植专业社红松种植基地，于当年4月中旬采用芽端楔接法嫁接于6年生樟子松苗上。

采穗母树年龄筛选试验：2017年3月采自辽宁省森林经营研究所草河口林场，分别于20、40、60、80年生的红松树上采集接穗，采用芽端楔接法嫁接于6年生樟子松苗上。

接穗储藏方式对比试验：接穗于2014年冬季采自辽宁省本溪市桓仁县老秃顶子林木良种基地，运回后分别采用露地沙藏和冰柜储藏两种方法保存，于2015年3月下旬采用髓心形成层对接法嫁接于6年生樟子松苗上。

嫁接方式对比试验：接穗于2015年3月采自辽宁省本溪市桓仁县库区林场红松人工林，于当年5月上旬分别采用芽端楔接法和髓心形成层对接法嫁接于8年生樟子松上。

嫁接时间筛选试验：接穗于2014年3月采自辽宁省本溪市桓仁县库区林场红松人工林，分别于当年的4月21日、5月1日和5月11日采用芽端楔接法嫁接于6年生樟子松上。

种源地和嫁接日期试验：采用双因素完全随机试验设计，每小区30株，分为3行，每行10株，重复3次。2017年3月采自30年生红松母树，产地分别为辽宁省本溪县王鑫红松种植专业合作社红松种植基地和辽宁省桓仁县老秃顶子林木良种基地红松人工林。于当年3月30日、4月9日、4月19日、4月29日、5月9日、5月19日采用对接法和芽接法嫁接于6年生樟子松上。

剪砧时间筛选试验：接穗于2015年3月采自辽宁省本溪市桓仁县库区林场红松人工

林，于当年4月下旬采用芽端楔接法嫁接于6年生樟子松上。设置嫁接当时、成活后(6月上旬)和嫁接后第二年4月3个剪砧时间进行对比试验。

砧木修剪强度试验：接穗于2015年3月下旬采自辽宁省本溪市桓仁县库区林场红松人工林，于当年5月上旬采用芽端楔接法嫁接于8年生定植樟子松上，嫁接成活后进行砧木修剪，设置修剪强度：①剪掉砧木苗顶芽向下第一层轮枝所有枝丫；②剪掉砧木苗顶芽向下第一层轮枝1/3枝丫；③剪掉砧木苗顶芽向下第一层轮枝1/3枝丫，并剪除剩余的2/3枝丫的顶芽。共3种修剪强度进行对比研究。

遮阴强度筛选试验：2015年3月采自辽宁省本溪市桓仁县库区林场红松人工林，于当年5月上旬采用芽端楔接法嫁接于6年生樟子松上。嫁接后以二帧、三帧、四帧遮阳网进行遮阴，至7月上旬移除，以不遮阴为对照。

土壤类型对比试验：接穗于2015年3月采自辽宁省本溪市桓仁县库区林场红松人工林，于当年5月上旬采用芽端楔接法嫁接于8年生樟子松上。

砧木高度对比试验：试验在榆林市机场路樟子松造林地(义务植树基地)、横山县白界林场、定边县秀海荒漠治理有限责任公司周南湾林场3个地点实施。采用随机区组试验设计，每小区30株，分为3行，每行10株，重复3次。同一因子的比较小区相邻设置。接穗于2015年3月下旬采自辽宁省本溪市桓仁县库区林场红松人工林，于当年5月上旬采用芽接法嫁接于造林地樟子松上。试验设1.5、1.8、2.2 m共3个砧木高度梯度。

1.8 成活率与生长量调查

嫁接当年和次年10月进行成活率和生长量调查。嫁接红松新梢量以嫁接接口上端至新梢顶芽基部计测，采用钢尺测定；新梢基径生长量以嫁接接口上方1 cm处直径计测，采用游标卡尺测定。

1.9 樟子松嫁接红松在沙丘不同部位生长状况调查

2020年7月中旬，在榆林市机场路樟子松造林地(义务植树基地)2010年所造樟子松嫁接红松和樟子松林地内，在踏查的基础上选择3块典型地块各设置1条宽20 m的样带。样带东南、西北走向，从丘间地开始，沿着沙丘落沙坡向上至丘顶，继续向下经迎风坡至坡下部。样地为固定沙丘，天然植被主要以沙蒿(*Artemisia desertorum*)和沙柳(*Salix psammophila*)灌丛为主，草本主要有沙葱(*Allium mongolicum*)、苦豆子(*Sophora alopecuroides*)、砂珍棘豆(*Oxytropis racemosa*)、披针叶野决明(*Thermopsis lanceolata*)、狗娃花(*Heteropappus hispidus*)、沙鞭(*Psammochloa villosa*)、羊草(*Leymus chinensis*)、白草(*Pennisetum centrasiaticum*)等。在样地内实测每株樟子松嫁接红松和樟子松植株高度、当年新梢生长量、距地10 cm处树干直径、植株冠幅，以及樟子松嫁接红松红松部分的高度、冠幅和嫁接口上方

10 cm 处的直径。植株冠幅和红松部分的冠幅取东西、南北两个方向的均值作为其观测值。

1.10　沙丘不同部位土壤性质分析

在丘间地、落沙坡、坡顶、迎风坡4种立地上，每种立地以“S”形分布选择5个具有代表性的点采集土样，每个点分0~20、20~40、40~80 cm共3层。将5个点来自相同层的土样混合均匀，采用四分法取样作为送检样品，由杨凌锦华生态技术股份有限公司采用表5-1中所列标准方法测定土壤性质。

表5-1　土壤和农产品重金属总量分析方法采用标准

项目	标准编号	文献来源
土壤含水率	HJ 613—2011	锦州市环境监测中心站，2011
pH	NY/T 1377—2007	王敏等，2007
电导率	HJ 802—2016	锦州市环境监测中心站，2016
有机质	NY/T 1121.6—2006	任意等，2006
全氮	HJ 717—2014	天津市环境监测中心，2014
总磷	HJ 632—2011	甘肃省环境监测中心站，2011
全钾	NY/T 87—1988	四川省农业科学院中心实验室，1988
全盐量	LY/T 1251—1999	周斐德等，1999
钠离子	LY/T 1251—1999	周斐德等，1999
氯根	LY/T 1251—1999	周斐德等，1999
硫酸根	LY/T 1251—1999	周斐德等，1999
碳酸根	LY/T 1251—1999	周斐德等，1999
重碳酸根	LY/T 1251—1999	周斐德等，1999

1.11　生理指标测定

嫁接当年7月下旬，在嫁接红松新梢中部剪取针叶混合采样，液氮冷冻保存并带回实验室，采用羟胺氧化分光光度法测定其超氧阴离子自由基($O_2^{\cdot -}$)含量，采用硫代巴比妥酸显色分光光度法测定丙二醛(MDA)含量；选择晴天无风的上午9：00~11：00嫁接红松苗5株，采用Li-Cor 6400 XT便携式光合作用测量系统活体测定嫁接新梢中部功能叶净光合速率(Pn)、蒸腾速率(Tr)、气孔导度(Gs)、胞间CO_2浓度(Ci)等光合参数以及水分利用效率(WUE)。

1.12 红松种子品质测定

采用四分法取样。千粒重、优良度、生活力、含水量采用 GB 2772—1999《林木种子检验规程》中的方法测定。种子长、宽、厚采用游标卡尺测定，每个处理测定 30 粒，计算长宽比、长厚比以及厚宽比。手工分离外种皮和种仁，测定各部分重量，计算出仁率。

1.13 红松种子营养成分的测定

粗蛋白含量采用凯氏定氮法测定，粗脂肪含量采用索氏抽提法测定，总糖含量采用蒽酮比色法测定，矿质元素采用微波消解石墨炉原子吸收分光光度法测定，红松仁蛋白氨基酸的组成采用氨基酸自动分析仪进行分析。

1.14 数据分析

采用 Excel 2013 对数据进行均值和方差计算，采用 SPSS 26.0 数据处理软件进行 t-检验、方差分析和 LSD 多重比较。

2 结果与讨论

2.1 苗圃嫁接试验结果

榆林引种红松，由于引种地与产地分别属于不同的气候区，实生苗引种和播种育苗均以失败告终，本研究采用嫁接法间接引种。因此，在选择砧木时，除了考虑嫁接亲和性外，其作为红松适应榆林气候环境的媒介作用需要首先加以考虑。研究表明，以 2 针一束的双维管束的樟子松为砧木嫁接 5 针一束的单维管束的红松不但有很好的亲和力，成活率高(罗竹梅等，2019)，而且能利用樟子松耐干旱气候的习性，将红松引种到干旱、半干旱地区(尤国春等，2011；杨丽等，2016)。首先开展了苗圃嫁接试验，以确定适合榆林当地的砧木年龄、接穗种源、采穗母树年龄、接穗储藏方式、苗圃土壤类型、嫁接方法、嫁接时期、剪砧时间和剪砧强度等关键技术因素。

2.1.1 砧木年龄对嫁接效果的影响

组成嫁接体的砧木对接穗的作用主要是接穗接受来自另一植物根系的影响。砧木不仅是接穗水分和矿质营养的吸收和供应器官，在嫁接初期还是嫁接体有机营养和生长调节物质的重要来源，影响嫁接的成活、生理生化过程及接穗的生长发育。它可以通过根系活力影响水分和无机养分吸收，进而影响接穗的光合速率、蒸腾速率、叶的水势、叶衰老的早晚、生长速度和持续时间、成熟早晚、叶片内矿质元素和多种有机物的含量、木质部和韧皮部内薄壁细胞的数量及导管、筛管的大小和运输机能等，从而改变接穗枝条、叶片的生长量和大小，开花、结实期和果实品质与产量以及抗病性和抗逆性(王幼群等，2012)。不同年龄的树木生理状态并不相同，苗木、幼树和壮年期的大树生长代谢活跃，生长素、细胞分裂素含量高而脱落酸含量低，这不仅有利于接口的愈合，缩短愈合时间并提高嫁接成活率，而且能提高接穗的活力，并为其提供充足营养，有利于接穗新梢的生长。本项目选用4、6、8 年生樟子松作为砧木进行对比试验，结果如图 5-2 所示。从图 5-2A 可以看

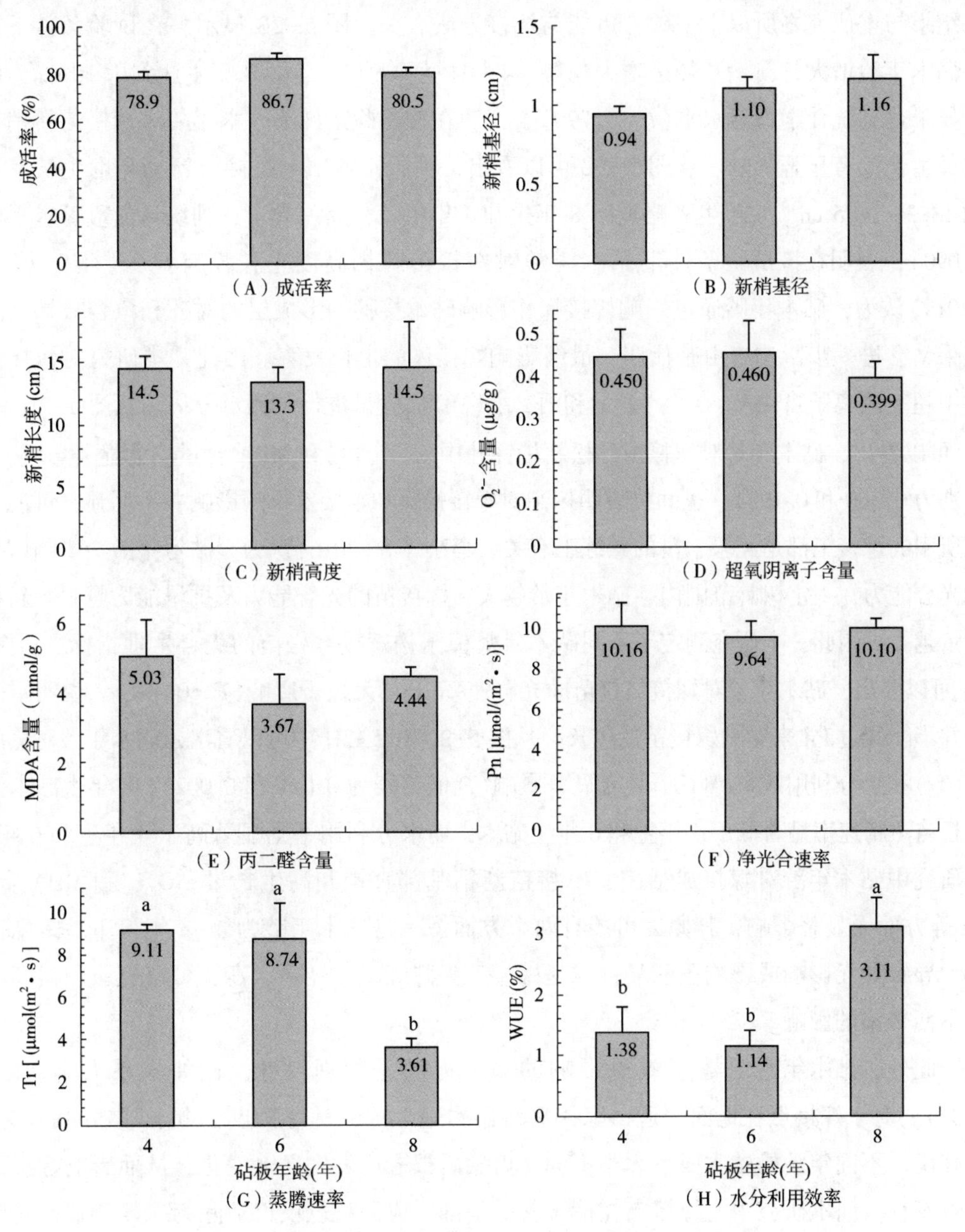

图 5-2　砧木年龄对嫁接成活、嫁接苗生长及生理的影响

注：同一指标不同数据点上标有相同字母表示其均值无显著差异(P> 0.05)，下同。

出，不同树龄砧木嫁接成活率为78.9%~86.7%，6年生者最高，4年生者最低，8年生者居中，但三者之间的差异并未达到统计学显著水平(P=0.519)，表明在该试验条件下砧木年龄对嫁接成活率没有显著影响。张丽艳(2019)认为，随着砧木年龄的增加，树高增加，导致观察不便，操作不畅，嫁接效果变差，进而成活率降低。康义(2019)采用劈接法对樟子松嫁接红松的研究结果表明，以3~5年生为砧木的嫁接成活率显著高于8年生砧木。这一结果与本研究之所以不一致，可能与嫁接方法有关。图5-2B显示，在试验条件下，随着砧木年龄增大，新梢基径呈增大趋势，4年生为0.94 cm，而8年生达到1.16 cm，但其差异未达到统计学显著水平(P=0.790)，说明在该试验条件下砧木年龄对嫁接苗新梢基部直径生长没有显著影响。从图5-2C可以看出，不同树龄砧木嫁接苗新梢高度生长量平均为13.3~14.5 cm，6年生者略低于8年生和4年生者，其差异未达到统计学显著水平(P=0.090)，表明在该试验条件下砧木树龄对嫁接苗新梢高度生长没有显著影响。张丽艳(2019)认为，砧木年龄通过影响嫁接操作影响砧木接穗间形成层的对齐和愈合效果。愈合效果又会进一步影响自由基代谢，最终影响嫁接体的生长发育。因此，本研究对嫁接苗针叶中超氧阴离子自由基($O_2^{\cdot -}$)含量和丙二醛(MDA)含量进行了测定分析。从图5-2D和5-2E可以看出，砧木年龄对嫁接苗红松新梢针叶中$O_2^{\cdot -}$含量和MDA含量均无显著影响(P值分别为0.360和0.198)，也间接说明树高对嫁接操作和嫁接效果的影响并不明显，可能与我们所用的嫁接工都是经验丰富的熟练工有关。李小飞等(2016)认为，砧木年龄会影响嫁接苗的光合能力，一定树龄范围内，砧木年龄越大，嫁接苗的光合能力及抗旱能力越强，新梢生长量越大。因此，本研究测定了不同砧木年龄樟子松嫁接红松苗的光合生理指标。从图5-2F可以看出，砧木年龄对嫁接红松苗净光合速率(Pn)无显著影响(P=0.431)，说明本研究中并不能通过Pn来影响嫁接苗的生长。从图5-2G和5-2H中可以看出，砧木年龄对蒸腾速率(Tr)和水分利用效率(WUE)具有显著影响(P值分别为0.021和0.002)。8年生砧木嫁接红松苗蒸腾速率显著低于4年生和6年生砧木，而水分利用率则显著高于4年生和6年生。本研究中砧木年龄对嫁接成活率、嫁接苗新梢基部直径和高生长量、$O_2^{\cdot -}$和MDA含量、Pn等方面无显著影响，其原因可能有两个方面：一是砧木年龄为4~8年，年龄跨度比较小，导致其无影响或影响不明显；二是嫁接工为熟练工，经验丰富，可以克服因树高而操作不便带来的影响。

此外，砧木年龄对嫁接效果影响的另一方面是物理尺寸，比如根系大小(Copes, 1987)。对于嫁接点在地面附近，嫁接后将砧木地上部分从嫁接点上方全部移除的嫁接方法来说，不同年龄的砧木根系大小不同，剪砧后根冠比发生显著变化，从而影响嫁接体的生长发育。而本研究中，嫁接点在樟子松的梢部，成活后也仅仅剪除第二轮侧枝，对嫁接体的根冠比影响作用显然要弱许多，这也可能是导致实验中所设砧木年龄对嫁接效果以及苗木生理和生长影响不明显的原因之一。

综合来说，4~8年生樟子松都可以作为红松的嫁接砧木，在干旱条件下，为提高水分利用率，可以选用年龄略大的8年生樟子松作为砧木；4年生樟子松作为砧木，砧木培育耗时相对较短，相对提前了红松树冠的培养时间，因此从提早建成红松树冠和形成产量的角度考虑，则宜选用4年生樟子松作为砧木。

2.1.2　接穗种源对嫁接效果的影响

嫁接引种属于间接引种的一种重要手段。引种源地的选择是植物引种驯化的前期工作，具有十分重要的作用。同一物种在不同分布区内，在长期的环境适应过程中，由特定环境的选择作用而形成各自独立的适应特征，产生地理变异，形成遗传生态分化，并表现出对特定环境的适应性变异，引种到相同的地理环境下，对环境的适应性表现出较大差异。通过种源试验，选择适宜的种源地，可以达到事半功倍的效果(李爱德，2010)。榆林市不属于红松的天然分布区，因此需要通过不同产地接穗嫁接效果的比较分析，筛选适宜榆林自然地理环境的接穗产地，实现嫁接间接引种。本研究中，从黑龙江、吉林和辽宁3个不同省份采集穗条进行嫁接试验，其结果绘制于图5-3。从图5-3A可以看出，不同种源接穗嫁接成活率为73.7%~80.0%，接穗来自辽宁者最高，来自吉林者最低，来自黑龙江者居中，三者之间差异并未达到统计学显著水平($P=0.283$)，表明所采接穗种源对嫁接成活率没有显著影响。从图5-3B和5-3C可以看出，接穗种源对嫁接苗新梢基部直径的生长没有显著影响($P=0.071$)，而对嫁接苗新梢的高生长有显著影响($P=0.004$)，接穗来自辽宁者嫁接当年红松新梢高生长量最低，为19.1 cm；其次为来自吉林者，为22.9 cm；而来自黑龙江者最高，达到27.6 cm，似乎具有种源纬度越高，嫁接苗高生长量越大的趋势。这可能是由于红松对日照长度不敏感，萌发和封顶主要取决于温度，而非日照时长。接穗产地纬度越高，引种至榆林后，南移纬度跨度越大，温度刺激越强，生长期变长越多，从而导致高生长量越大。但生长量大并不意味着适应性越强，因此我们对不同接穗种源的樟子松嫁接红松苗针叶中$O_2^{\cdot -}$和MDA含量进行了测定分析，间接评价各个种源接穗在榆林沙地樟子松嫁接红松中的适应性，结果见图5-3D和5-3E。由图中可以看出，$O_2^{\cdot -}$和MDA含量都是接穗来自辽宁者最低而来自黑龙江者最高，各处理间差异达到统计学极显著水平，P值分别为0.001和0.000，说明来自不同种源的接穗嫁接于榆林沙地樟子松的红松苗适应性显著不同，其中辽宁种源适应性最好而黑龙江种源最差。因此，来自黑龙江和吉林的接穗虽然生长量大，但适应性不及辽宁接穗。这是因为在3个种源地中辽宁距榆林地理最近，气候相似度最高，来自该种源的接穗更易适应榆林的自然环境。为了进一步了解接穗种源影响榆林沙地樟子松嫁接红松生长的原因，我们进行了光合生理指标的测定，结果见图5-3F~H。从图中可以看出，Pn和WUE都是接穗来自黑龙江者最高，而来自吉林者最低；而Tr则是来自辽宁者最高而来自吉林者最低，但对于Pn、Tr、WUE这3项光合生理指标来说，不同接穗种源间的差异均未达到统计学显著水平，其P值分别

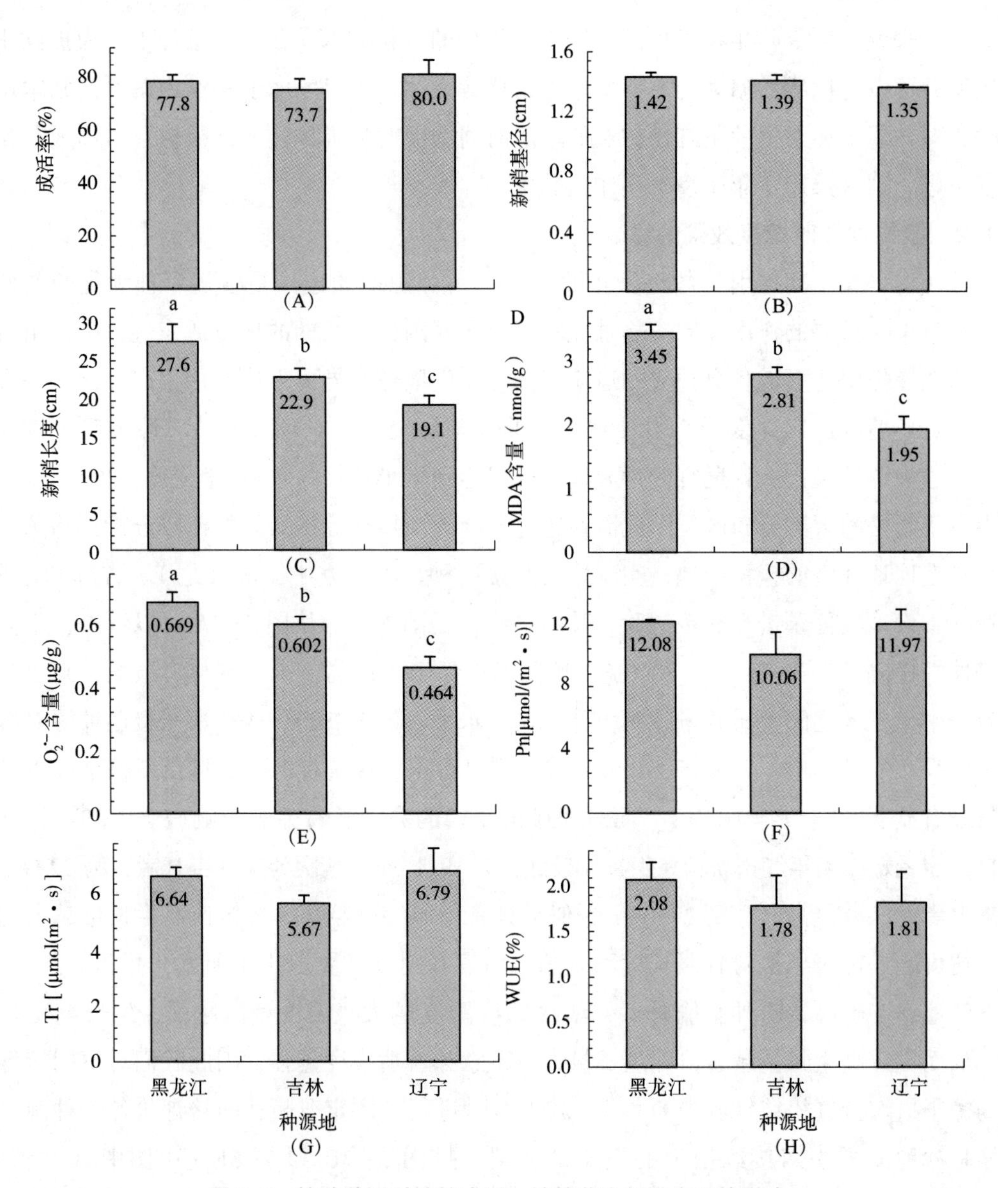

图 5-3 接穗种源对嫁接成活、嫁接苗生长及生理的影响

为 0.082、0.090、0.470。这可能预示着接穗种源影响榆林沙地樟子松嫁接红松生长并非通过光合效率来实现，而是通过有效生长期长度起作用。对于北树南引，多数树种会因生长季日照时数变短而秋季提前封顶，生长时间变短，生长量变小；而也有部分树种，对光周期不敏感，一年中的生长期长短主要取决于温度，因此南引纬度跨度越大，生长期越长，年生长量越大。孙国芝和于连君(2006)研究表明，红松从树液流动开始一直到进入生长期，积温对各物候期的出现始终占主导地位，而日照和降水对红松生长期间各物候形态的影响比较小。该研究(孙国芝，于连君，2006)还认为，红松是对温度较为敏感的植物，过高、过低都会影响它的生长，日平均温度维持在 14.5 ℃左右比较适合红松的生长，如果温度过高，日平均温度大于 18.5 ℃时，反而会使红松停止生长。在本研究中他们的这一结论得到了印证。榆林因纬度低而积温高于红松原产地，又因地处黄土高原而夏季气候凉爽，因而榆林沙地樟子松嫁接红松在生长期长度方面温度可能起着重要作用。来自河北和辽宁丹东的红松穗条在河北围场塞罕林场嫁接于樟子松上，嫁接当年新梢高生长量为 8.0~13.8 cm(黄跃新等，2016)，黑龙江省牡丹江采自当地的接穗嫁接于樟子松，嫁接当年新梢高生长量为 8.1~10.7 cm(李德玉等，2009)，而本研究中嫁接当年新梢高生长量为 19.1~27.6 cm，证明樟子松嫁接红松在榆林生长表现比较出色。一般来说，南部种源的后代春季放叶较晚；湿润地区种源的后代生长较快，而干旱地区种源的后代具有较强的抗旱能力。本项目中，来自偏北部的接穗生长量大而抗性较差，可能是其对种源地干湿和气温条件长期适应后引入半干旱且较为温暖的地区后在生长和生理方面的表现。林木对引入地的适应性是林木引种需要考虑的首要因素，因此通过将其嫁接于樟子松进行引种栽培，首先要考虑红松在榆林的适应性，辽宁与黑龙江种源对比，辽宁的适应性强，所以从辽宁引入接穗为宜。

2.1.3 采穗母树年龄对嫁接效果的影响

为了保证育苗质量，严格选用接穗是繁育优质苗木的前提。生产中应选择品种纯正、发育健壮、丰产、稳产、无检疫病虫害的成年红松植株作采穗母树(张林媚，刘姝玲，2016)。树木随着年龄的增长，顶端发生组织老化，即所谓的成熟效应。因此，树木在特定的阶段都有自己特有的生理生化特征。植物嫁接繁殖的本质是砧木与接穗双方通过愈伤组织进行组织融合，最终形成新的植株。嫁接的接穗与砧木的生理生化特性会影响二者的兼容性，进一步通过影响组织融合与维管贯通而影响嫁接的成活率和嫁接苗的生长发育。砧木与接穗之间的生长调节物质含量及其组成比例、渗透压的平衡、各种酶类的活性状态以及植物的组织结构等方面都会对嫁接植株的愈伤组织形成及分化产生影响。因此本项目对采穗母树年龄进行了优化试验，试验数据绘制于图 5-4。从图 5-4A 可以看出，采穗母树年龄对嫁接成活率有显著影响($P=0.002$)，来自 60 年生母树的接穗嫁接成活率最高，达到 78.9%，来自 10 年生母树者次之，为 67.8%，但二者之间的差异未达到统计学显著水平。接穗来自 40 年生母树者最低，为 42.2%，显著低于来自 60 年生母树者。康义(2019)的研究表明，来自 5~8 年生的嫁接复壮苗的红松接穗嫁接成活率最高，而从 120~160 年生天然林老龄树采集的接穗嫁接成活率最低。关广迎(2019)的研究显示，来自 30~40 年生母树的红松接穗嫁接成活率显著高于来自 50 年生者。黄跃新等(2014)也得到了类似的研究结果，结实期接穗嫁接成活率高于老龄期接穗。接穗年龄是影响嫁接成活和嫁接苗生长发育的重要内因之一，它的作用途径除了成熟效应外，还可能与次生代谢有关。对于松科植物来说，松脂是一种影响嫁接成活率和保存率的次生代谢产物，它经氧化塑化形成难以分解的隔膜，阻碍接合部形成层活动，造成砧穗的愈合困难，阻碍砧穗间养分、水分的输导，影响生长发育，甚至导致嫁接的失败(李淑玲，2008)。从图 5-4B 和 5-4C 可以看出，采穗母树年龄对嫁接苗红松新梢基部直径和嫁接当年红松新梢高生长量均有显著影响，P 值分别为 0.016 和 0.000，两项指标都是来自 20 年生母树者生长量最大，而来自 40 年生母树者生长量最小。关广迎(2019)以红松为砧木，从 30～50 年生母树采集接穗嫁接试验表明，母树年龄对嫁接苗新梢基部直径和嫁接当年新梢高生长量均无显著影响。其结果与我们的实验结果不一致的原因包括：一是砧木不同，二是前者采穗母树年龄跨度小，其影响小而未能达到统计学显著水平。嫁接苗针叶中 $O_2^{\cdot-}$ 的含量大小顺序为：40 年>80 年>60 年>10 年>20 年(图5-4D)，MDA 含量大小顺序为：40 年>60 年>10 年>80 年>20 年(图 5-4E)，两项生理指标在不同采穗母树年龄间均达到统计学显著水平，P 值分别为 0.009 和 0.008。针叶中 $O_2^{\cdot-}$ 和 MDA 含量高表明其适应性差或受到环境胁迫。因此，来自 40 年生母树的接穗嫁接于榆林沙地樟子松上的适应性弱于来自其他年龄母树的接穗，内在表现为砧穗的生理兼容性较其他嫁接组合略差一些，外在表现为较其他组合嫁接成活

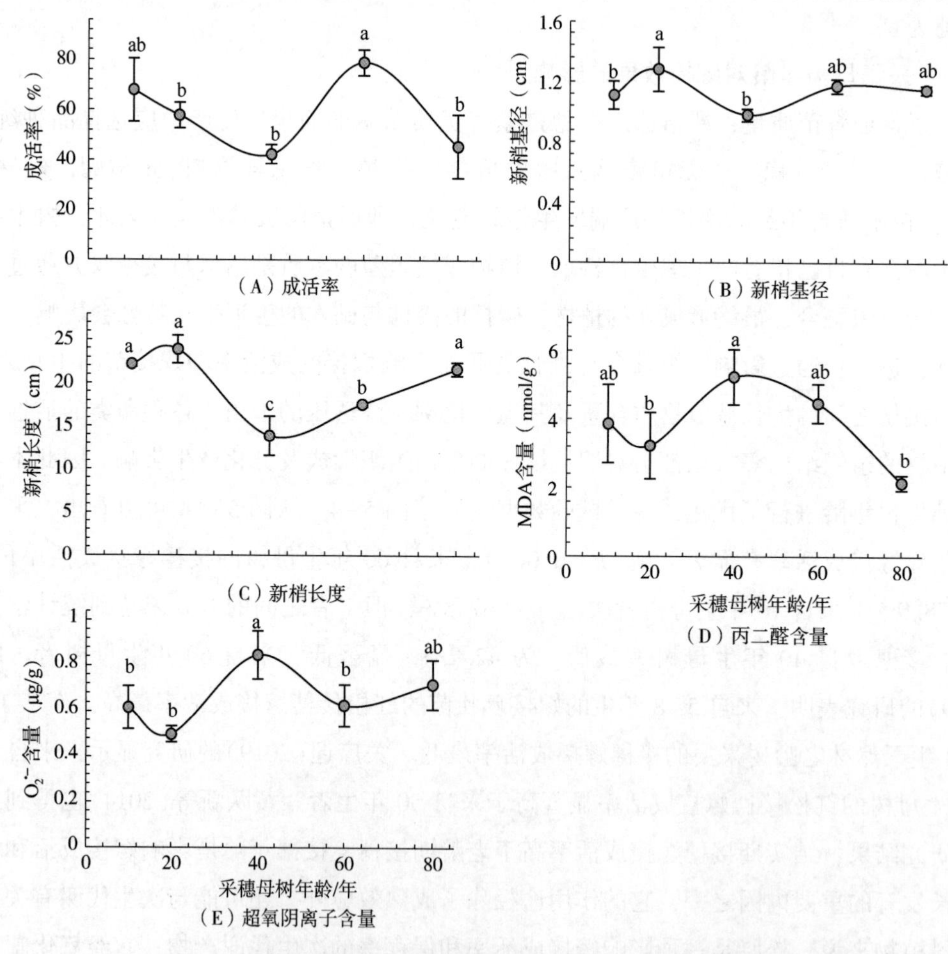

图 5-4　采穗母树年龄对嫁接成活、嫁接苗生长及生理的影响

率低、新梢基径和长度小。虽然采自10年生和20年生母树的接穗嫁接后生长量也较高，适应性也较好，但这一年龄段的红松母树还未达到成年，若培育目标为坚果林或果材两用林，则应该选用来自成年母树的接穗嫁接，以缩短嫁接红松的童期，提早接塔挂果，提早获得经济收益。从试验结果来看，榆林沙地樟子松嫁接红松的采穗母树年龄以60年为宜。

2.1.4 接穗储藏方式对嫁接效果的影响

接穗储藏是树木嫁接的重要环节，对于长距离异地采穗嫁接尤其如是。良好的储藏环境可以减少水分蒸发和养分流失，延长保鲜时间，促进物质转化，提高接穗活力和嫁接成活率，是保证接穗质量的关键外部因素之一。本项目以冰柜储藏和露天沙藏2种方式对采自东北地区的接穗进行储藏方式对比试验，其结果见图5-5。从图5-5A可以看出，嫁接当年(2014年)和嫁接头两年(2014—2015年)新梢基径生长量冰柜储藏法显著高于沙藏法(P值分别为0.028和0.022)；次年(2015年)的新梢基径生长量虽然也是前者高于后者，但其差异未达到统计学显著水平($P=0.100$)。在嫁接苗新梢长度生长量方面(图5-5B)，其结果与新梢基径生长量基本一致，都是嫁接当年、次年和头两年冰柜储藏法显著高于沙藏法，P值分别为0.005、0.016和0.002。用冰柜储藏的红松接穗嫁接苗基部粗度在嫁接当年生长季结束时为0.96 cm，较沙藏者高出39.8%，次年秋末时达到1.51 cm，是沙藏的1.29倍。冰柜储藏接穗嫁接苗红松新梢当年和次年生长量以及头两年累计生长量分别比沙藏法提高36.1%、14.5%和21.9%。由此可见，采用冰柜储藏的方式对红松接穗进行保存更为合适。

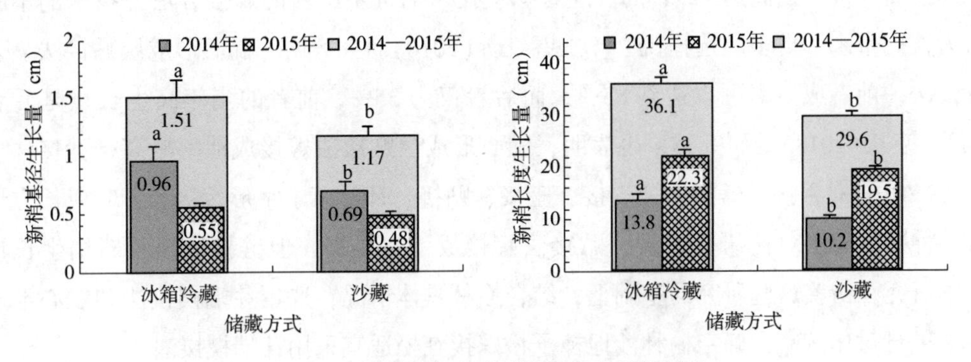

图5-5 接穗储藏方式对嫁接苗生长的影响

接穗水势在嫁接体形成过程中具有重要作用。在储藏过程中，已经离体的接穗容易失水导致水势下降，水势越低嫁接的成活率也越低。接穗水势较高时，可促进接穗愈伤组织形成，并进一步从中分化出维管束桥。接穗水势较低时，愈伤组织的形成受阻，嫁接的成功率自然下降。水势低的接穗，即使嫁接成活，其接穗的活力和新梢的生长也会受到影响，使得生长量降低(王幼群等，2012)。因此，在接穗的运输和贮藏期间应注意保持接穗的含水量，嫁接过程中应注意防止接穗水分的蒸发散失。冰柜储藏法虽然费用比沙藏法高，但温度和湿度更容易调控，为红松接穗的储存提供了优良的条件，接穗养分和水分流失少，能保证嫁接愈合，为后期红松接穗生长提供有利条件。

此外，接穗芽在砧穗双方愈伤组织相互愈合之后才萌发生长，有利于嫁接成活和健壮生长。反之，若接穗芽在愈伤组织尚未充分愈合前即开始生长，就难以利用砧木根系吸收水分和养分，主要靠接穗内部贮藏的养分同时供给削伤面形成愈伤组织和芽的生长。这种情况下，接穗容易因水分和养分供应不足而生长不良，甚至枯萎死亡。榆林沙地樟子松嫁接红松在春季进行，采用树液尚未开始流动、呈休眠状态的接穗，由于其芽未萌发生长，其内部贮藏的养分优先提供给削伤面形成愈伤组织，有利于砧穗双方削伤面的愈合，促进成活并有利于壮苗的形成。冰柜储藏温度低且容易控制，比沙藏更容易保持接穗的休眠状态，表现出嫁接苗生长更为旺盛。

2.1.5 嫁接方法对红松接穗生长的影响

嫁接方法是影响嫁接成活率和嫁接苗生长的重要外在因素之一，不同的植物适宜的嫁接方法不同，且对于同一种接穗-砧木组合，适宜的嫁接方法也会因砧木年龄、嫁接季节、接穗的供应量等因素而异，根据接穗类型不同可将嫁接方法分为枝接和芽接 2 类。本研究采用针叶树常规枝接法中的髓心形成层对接法和芽端楔接法(简称芽接法)进行对比试验，试验结果绘制于图 5-6。从图 5-6 中可以看出，嫁接方法对毛乌素沙地樟子松嫁接红松的成活率有显著影响($P=0.021$)，芽接成活率达到 90.8%，比对接高出 9.5%。嫁接方法对嫁接当年红松新梢高生长量也有极显著影响($P<0.001$)，对接法当年生红松新梢长度为 6.2 cm，而芽接法则高达 12.1 cm。随着嫁接技术的进步，新的嫁接方法与技术的不断出现，为人们带来了更多的选择机会。王春红等(2010)研究表明，髓心形成层贴接法显著优于劈接法，前者成活率可以达到 85%，而后者仅为 35%，前者的当年高生长量是后者的 1.4 倍。袁庆(2013)的研究结果也表明，髓心形成层贴接法嫁接成活率略高于劈接法。李德玉等(2010)对舌接、劈接、插皮接、座接、贴接、针叶束丁字形嫁接和针叶束长方形嫁接等 7 种嫁接方法对比研究发现，贴接法嫁接成活率最高，但劈接法当年新梢生长量最大。本研究在借鉴这些研究的基础上，结合榆林具体情况，选用芽端楔接法和髓心形成层对接法进行对比试验，确定榆林沙地樟子松嫁接红松适宜采用芽端楔接法。

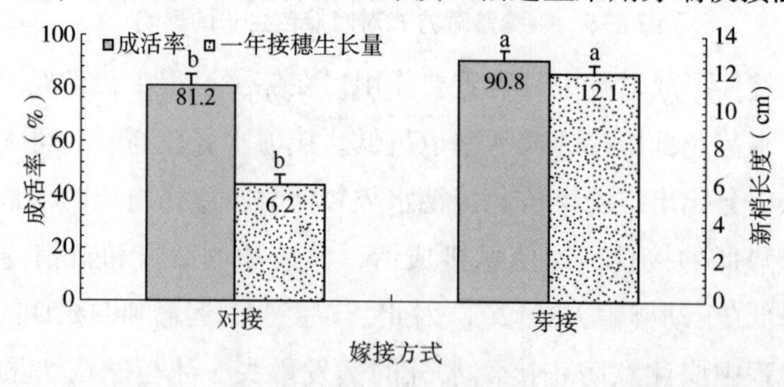

图 5-6 嫁接方式对嫁接成活率和嫁接苗嫁接当年新梢生长量的影响

2.1.6 嫁接时期对嫁接成活率和红松接穗生长的影响

嫁接时期是影响嫁接成活的主要因素之一。嫁接时期的选择上，首先要考虑成活率和接穗新梢的生长发育，同时兼顾省工省时和节省费用。嫁接适宜时期与嫁接方法、气温、土温以及砧木和接穗的活动状态密切相关。温度、湿度、光照等气象条件是影响嫁接成活和嫁接苗生长发育的重要外因，它们通过影响砧木和接穗的生理生化和物质平衡两方面内在因素作用于嫁接成活和嫁接苗的生长发育。形成层和愈伤组织细胞需要一定的温度条件才能活动，在低温条件下，愈伤组织增长缓慢，嫁接不易愈合；适宜的温度可以促进嫁接伤口的愈合；气温越高接穗越容易失水，高温下会产生一些不良影响，反而不利于嫁接成活。对于松属植物来说，创伤后树木启动自我保护，伤口会分泌树脂。这些树脂经氧化后形成硬质酸，进一步塑化成一种难以分解的隔膜，阻碍砧穗细胞的接触，进而影响伤口的愈合(刘维斌等，2010)。树脂的分泌往往气温越高，分泌量越大，从而影响嫁接成活率和接穗的后续生长发育。不同的树种因地理起源和长期进化对温度的反应也不相同，其嫁接适宜温度也会有所不同，适宜嫁接温度低的树种大体标准为 20~25 ℃，适宜嫁接温度高者为 25~30 ℃，夜间温度以不低于 15 ℃为宜(王长春等，2009)。故而不同的地区因气候条件差异而嫁接适宜时期并不一定一致，不同的砧穗组合以及接穗储藏方式因生理状态差异而嫁接适宜时期也有区别。在辽宁地区，红松嫁接的适宜时间在 4 月初至 5 月末，草河口地区的最佳嫁接时间在 4 月 20 日左右(张丽艳，2019)。由于目前尚无樟子松嫁接红松适宜气温的直接研究报道，加之榆林干旱、光照、春季多风沙等特殊气候环境以及接穗储藏方式等因素使得问题更为复杂，因此有必要对榆林沙地樟子松嫁接红松的嫁接时期对成活率和红松新梢生长发育的影响进行研究。研究于 2014 年进行，因当年气候回暖迟，本研究分别于 4 月 21 日、5 月 1 日、5 月 11 日采用芽端楔接法进行嫁接。研究嫁接时间对嫁接成活率、嫁接苗生长和生理的影响，结果绘制于图 5-7。从图 5-7A 可以看出，在本试验所选的嫁接时间跨度内，5 月 1 日嫁接成活率最高，4 月 21 日次之，而 5 月 11 日嫁接成活率最低，但三者之间的差异未达到统计学显著水平($P=0.104$)。从图 5-7 可以看出，嫁接当年红松新梢基径 4 月 21 日嫁接者最粗，5 月 1 日者最细，而 5 月 11 日者居于其间，但三者之间的差异亦未达到统计学显著水平($P=0.121$)。但从图 5-7C 可以看出，嫁接时期对红松新梢高生长量有极为显著的影响($P=0.002$)，随着嫁接日期的推迟，新梢高生长量逐渐降低，这可能是由于嫁接越晚，新梢的当年生长期越短所导致的结果，说明适当早接可以提高嫁接苗红松新梢当年生长量。从图 5-7D 可以看出，针叶中 MDA 含量 4 月 21 日嫁接者显著高于其他两个日期嫁接者($P=0.049$)，其中 5 月 1 日嫁接者最低。针叶中 $O_2^{\cdot -}$ 含量(图 5-7E)的变化趋势与 MDA 含量相同，但其差异在各嫁接日期间未达到统计学显著水平($P=0.062$)。净光合速率、蒸腾速率和水分利用效率在各嫁接日期间差异均不显著，其 P 值分别为 0.551、0.071 和 0.728，但这几项生理指标随嫁接日期的推移仍有一定的变化趋势。随着嫁接时间的延后，净光合速率和水分蒸腾速率有上升趋势(图 5-7F 和 G)，而水分利用效率则有下降趋势(图 5-7H)。这可能是由于嫁接晚则针叶嫩，代谢旺盛，针叶表面保护组织相对较少而蒸腾失水快、水分利用率降低。综合考虑，榆林沙地樟子松嫁接红松应适当早接，就试验结果来看，以 4 月中下旬为宜，此时砧木樟子松树液流动、开始生长而冰箱储藏的接穗尚处于休眠状态，正如前文所述，这种状态更有利于嫁接

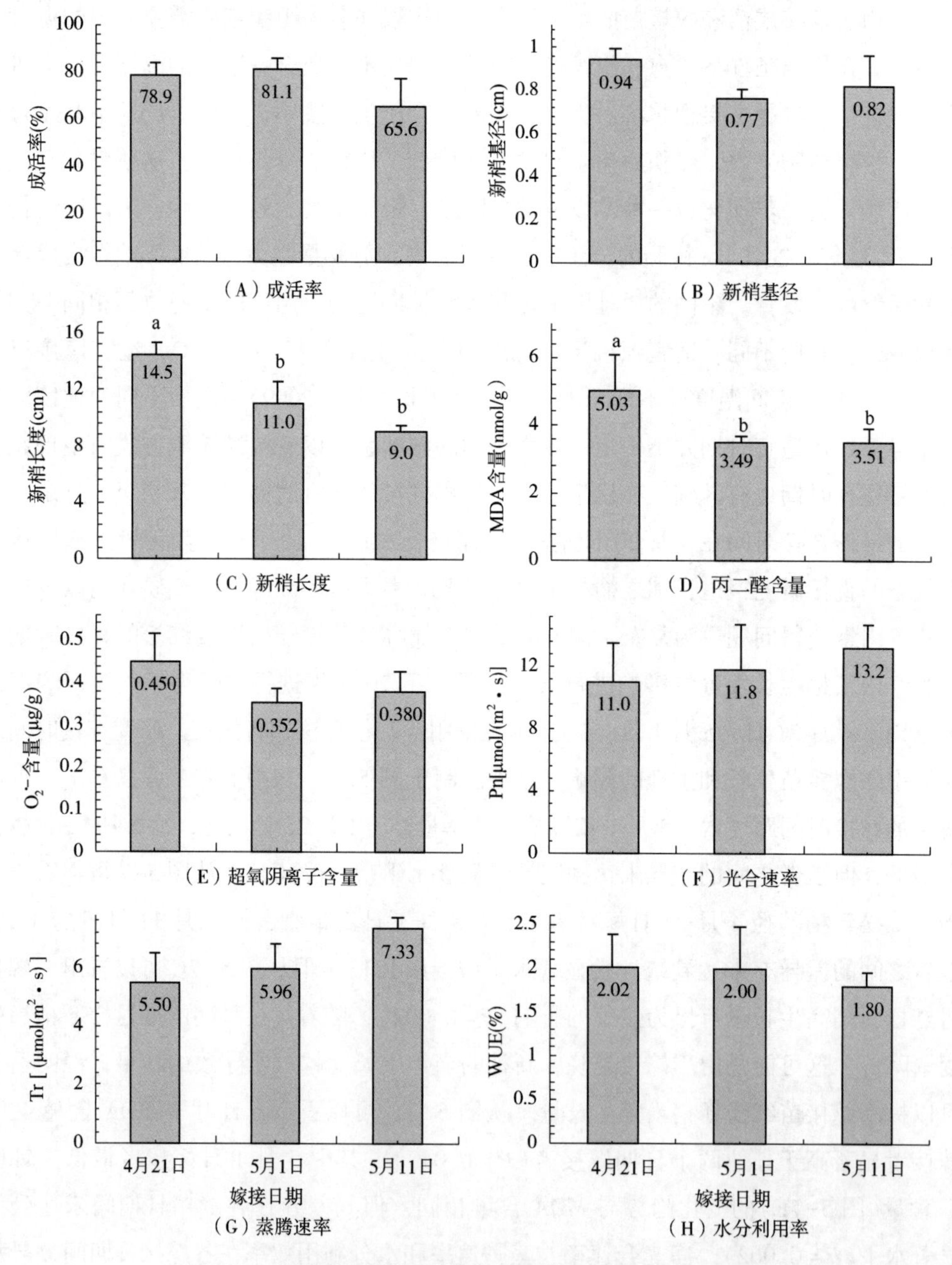

图 5-7　嫁接时间对嫁接成活、嫁接苗生长及生理的影响

成活。但受人类活动的影响，全球气候已发生和正在发生变化，极端天气和极端气候出现的频率增加，因此在生产实践中，还应该充分考虑不同年份气候的差异以及通过人为措施提供小气候的能动性。

2.1.7 种源地和嫁接日期对嫁接效果的影响

为了进一步验证单因素试验结果，并分析因素间的交互作用，本研究选择部分参试因素进行了多因素试验。树木对长期生长的环境条件产生适应，并形成生理上的周年节律性变化，同一物种可能因不同产地物候的不同，同时引入第三地时，对当地气候的反应可能会存在差异，适宜的嫁接时期也有所不同。本项目在从东北三省大的空间跨度下筛选出适宜榆林沙地樟子松嫁接红松的接穗采集省份——辽宁省的基础上，进一步细化对比筛选采穗地，研究来自辽宁不同产地的接穗在不同嫁接日期下的成活率和生长表现，试验时间跨度从3月30日至5月20日，产地为桓仁和草河口，试验结果见图5-8。

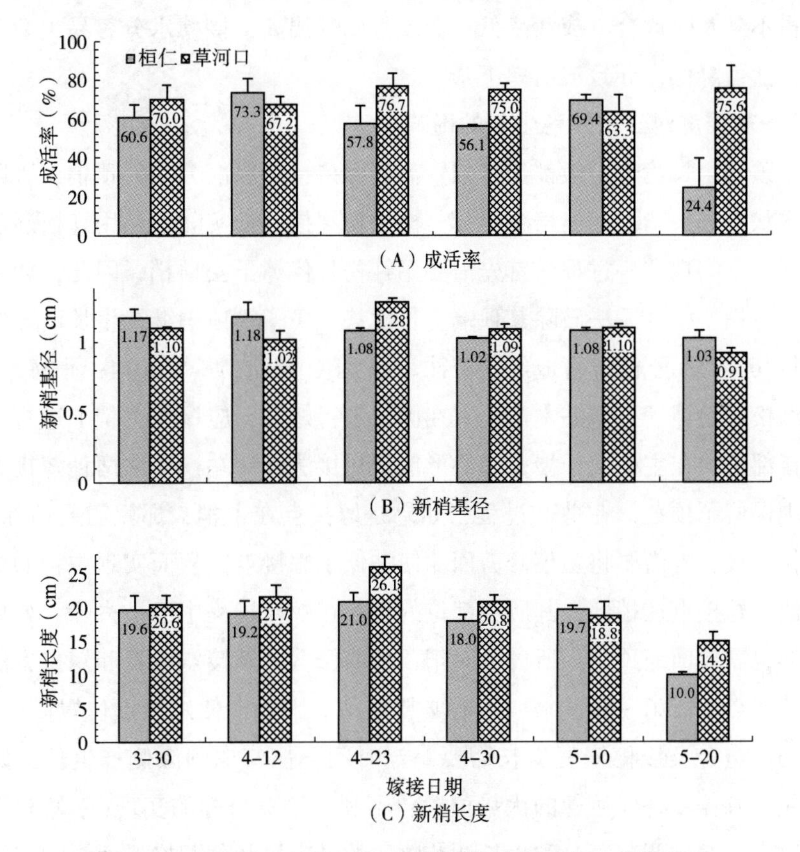

图5-8 种源地和嫁接日期对嫁接成活和嫁接苗生长的影响

方差分析结果表明，嫁接日期及其与种源地之间的交互效应对嫁接成活率、红松新梢基径和高度均有极显著影响($P<0.01$)，因此不同种源地的接穗适宜的嫁接时期不尽相同。来自草河口的接穗4月23日嫁接成活率高(图5-8A)，当年新梢高生长量(图5-8B)和基

径生长量均大(图 5-8C)，宜于 4 月中下旬嫁接；而桓仁种源嫁接成活率和当年红松新梢基径最大值均出现在 4 月 12 日的嫁接处理，而当年红松新梢高生长量最大值出现在 4 月 23 日的嫁接处理，嫁接适宜期较来自草河口的接穗略有提前，以 4 月中上中旬为好。接穗种源地对嫁接成活率和当年红松新梢高生长量均有显著影响($P<0.01$)而对新梢基径无显著影响($P=0.490$)。在嫁接成活率方面，来自草河口的接穗在试验的嫁接日期范围内，总体上高于来自桓仁的接穗，且成活率相对比较稳定，不同嫁接日期间变化幅度相对较小。在嫁接当年红松新梢高生长量方面，来自草河口的接穗总体上也高于来自桓仁的接穗。

本试验中种源地对嫁接成活率有显著影响而单因素试验则无显著差异(图 5-3A)，可能是因为嫁接日期和种源地对嫁接成活率存在交互效应，不同种源地的接穗适宜的嫁接时期不同所致(图 5-8A)。从本试验结果来看，榆林樟子松嫁接红松选择草河口接穗且在 4 月中下旬嫁接为宜。究其原因，在 3 月下旬和 4 月上旬气温回升不充分，砧木活力较低，嫁接后伤口得不到及时愈合，成活率低；而 5 月则气温高，接穗水分容易失衡，加之接穗储藏时间长，活力降低，导致成活率下降。

2.1.8　砧木修剪强度对红松接穗生长的影响

松类树木顶端生长优势一般都比较强，需要保持一个层次分明的顶梢，否则将生长为无主干的灌木状或圆头状，偏离培育目标。樟子松嫁接红松实际上是用红松逐步替代樟子松树冠的过程，要实现这一过程，首先需要用红松替代樟子松顶梢。因此，如果不剪掉接口上部的砧木主梢，就会无法破除其顶端生长优势，樟子松顶梢继续生长而导致嫁接的红松接穗无法将其替代而不能发育成红松植株。据文献(黄跃新等，2014；张海军，2009)报道，无论是红松还是樟子松作砧木都不宜在侧枝进行嫁接，应该在主梢上进行。因此本研究采用的嫁接部位均在主梢上，涉及髓心形成层对接法和芽端楔接法两种嫁接方法。前者在嫁接过程中保留了顶芽，在剪砧过程，如果是嫁接点在主梢，那就需要剪除砧木顶芽，如果是在主枝嫁接，则需要将主梢修剪回缩使之低于嫁接点，从而实现主梢的更换。而对于芽端楔接法，嫁接点在梢部，其所在部位的顶芽在嫁接过程中已被去除，如果是在主枝上嫁接，同样也需要回缩顶梢。所以，对于顶梢的修剪因嫁接点位置和嫁接方法而异。侧枝，特别是嫁接点下方第一轮侧枝，也有必要修剪。因为即使嫁接点位置高于其他侧枝，嫁接造成的伤口愈合及接穗恢复生长需要一定时间，伤口也刺激侧枝生长，如不加以控制，有些侧枝会遮盖并替代接穗的优势位置，不利于培育目标的实现(李培利等，2013)。砧木修剪可以直接通过调节养分和生长调节物质的供应量及分配格局而影响嫁接苗的生长发育。修剪强度低不利于养分集中供应接穗生长，而剪砧强度过大往往又会使砧木受伤过重，养分供应失调，生长调节物质失衡，不利于复壮植株和控制樟子松砧木与红松接穗间的协调生长。只有适度剪砧，才能有利于接穗的生长发育。因此，我们以筛选出来的芽端楔接法在榆林沙地樟子松上嫁接红松，设置(Ⅰ)剪掉砧木苗顶芽向下第一层轮枝所有枝丫，(Ⅱ)剪掉砧木苗顶芽向下第一层轮枝 1/3 枝丫，(Ⅲ)剪掉砧木苗顶芽向下第一层轮枝 1/3 枝丫，并剪除剩余的 2/3 枝丫的顶芽，共 3 种修剪强度，并以不修剪作为对照进行对比研究，分析砧木修剪强度对嫁接苗生长的影响，结果见图 5-9。方差分析结果表明，修剪强度对嫁接当年新梢基径和长度有极显著的影响($P<0.01$)。从图 5-9 不难看出，对照在嫁接当年新梢基径和长度两项生长指标都显著低于所有修剪强度处理，充分证明了剪砧的必要性。修剪强度Ⅲ当年新梢基径最粗，修剪强度Ⅰ次之，而修剪强度Ⅱ最细(图 5-9A)，说明适当强度修剪砧木可以促进嫁接苗新梢粗生长，但若强度过大反而不利。修剪强度Ⅰ处理的红松新梢基径粗度大于修剪强度Ⅱ处理，可能是由于前者剪去了所有第一轮枝条，透光性更好，地处黄土高原的榆林日照强度大，有利于径向生长。在红松新梢长度方面，Ⅲ>Ⅱ>Ⅰ>不修剪(图 5-9B)，充分说明虽然砧木修剪非常必要，但强度不宜过大。嫁接口下的第一层侧枝既是接芽成为顶芽的竞争者，也是接芽能量和生长调节物质的供应者，随着修剪强度的增加，接口附近保留的枝条减少，接芽生长所需的能量和生长调节物质供应减少，导致接芽生长放缓。此外，过强的光照一般不利于高生长，修剪强度过大不利于高生长也有可能与此有一定的关系。总之，从实验结果来看，在榆林沙地樟子松嫁接红松时，以修剪砧木第一层轮枝 1/3 枝丫(含霸王枝)对新梢生长最为有利。

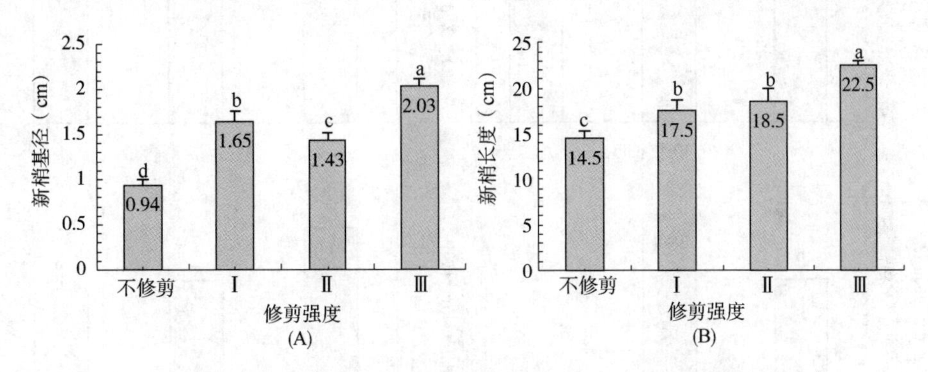

图 5-9　剪砧强度对红松接穗新梢基径(A)和长度(B)的影响

2.1.9　剪砧时间对嫁接成活率和接穗生长的影响

嫁接后伤口的愈合修复需要一定时间，红松接穗无法短时间内形成顶端优势，而嫁接损伤对砧木上部的侧枝梢却是一种刺激，使之加快生长，红松接穗在高生长中的领导作用更难实现，因此合适的剪砧时间是提高嫁接成活率和新梢生长量的保证。我们设置嫁接当时(4 月 21 日)修剪、成活后(6 月 5 日)修剪和次年修剪(次年 4 月)3 个剪砧时间进行对比试验，结果如图 5-10 所示。由图 5-10A 可以看出，次年剪砧嫁接成活率最高，嫁接当时剪砧次之，而成活后剪砧成活率最低，但其差异未达到统计学显著水平($P=0.063$)。随着剪砧时间的推移，红松接穗新梢基径有变细的趋势(图 5-10B)，但未达到统计学显著水平($P=0.411$)。剪砧时间显著影响红松接穗新梢嫁接当年高生长量($P=0.027$)，随着剪砧时间的延后，其有降低趋势(图 5-10C)。多重比较结果表明，其在嫁接后剪砧和次年剪砧处理间无显著差异，但显著低于嫁接当时修剪处理。说明嫁接当时剪砧可以更早消除竞争，集中养分供应，更有利于培养接芽的优势地位。从图 5-10D 可以看出，嫁接当时剪砧者 $O_2^{\cdot -}$ 含量最低，而次年剪砧者次之，而成活后剪砧者最高，但其差异未达到统计学显著水平($P = 0.099$)。红松接穗新梢中 MDA 含量与 $O_2^{\cdot -}$ 含量的变化趋势相同(图 5-10E)，唯其后者处理间的差异达到了统计学显著水平($P = 0.013$)。嫁接成活后剪砧处理

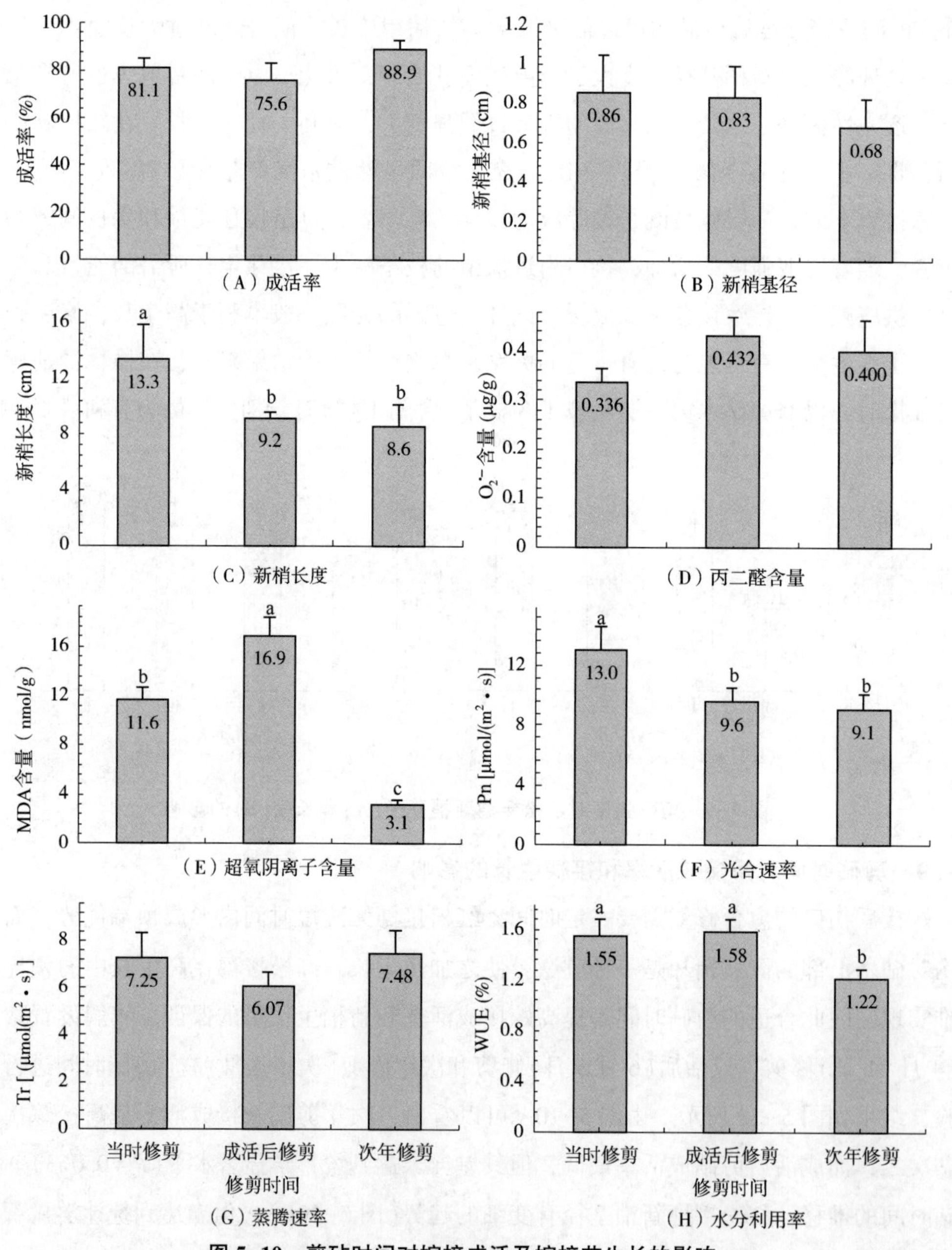

图 5-10　剪砧时间对嫁接成活及嫁接苗生长的影响

MDA含量高，可能是因为剪砧日期(6月5日)距离丙二醛含量测定日期太近，剪砧伤口造成的胁迫效应还未完全消除。次年剪砧处理丙二醛含量也显著高于嫁接当时剪砧处理，说明嫁接当年保留接口下第一轮侧枝对红松接穗新梢形成了一定程度的胁迫。剪砧时间也会影响嫁接红松新梢的光合作用，Pn在处理间的差异达到了统计学显著水平($P=0.016$)，嫁接当时剪砧处理Pn显著高于其他两个处理(图5-10F)，从光合生理角度解释了该处理红松新梢高生长量最大的原因。由图5-10G可以看出，在Tr方面，大小顺序为次年剪砧>嫁接当时剪砧>成活后剪砧，但其差异未达到统计学显著水平($P=0.220$)。剪砧时间显著影响嫁接红松新梢的WUE($P=0.025$)，成活后剪砧和嫁接当时剪砧间无显著差异而它们都显著高于次年剪砧。

从本研究的结果看，嫁接当时剪砧新梢生长量最大(图5-10C)、Pn最高(图5-10F)、WUE也较高(图5-10H)，因此榆林沙地樟子松嫁接红松适宜嫁接和剪砧同时进行。一般来说，剪砧时间的确定要保证能够判断接穗是否已经成活和有利于接穗的生长(李培利等2013)，我们更多地关注了后者，因为本研究在主梢上嫁接，采用的是芽端楔接法，在嫁接时需要去掉顶芽，无论是否嫁接成活都已失去顶芽，前者变得不再重要。若嫁接未能成活，需要在嫁接枝以外另选一个枝条通过及时的修剪将其培养为替代主梢，以备夏秋季或来年补接。李培利等(2013)认为春季嫁接的植株主梢应该在7月1日至15日剪砧，侧枝应在5月10日至20日修剪；而在7月中下旬夏季嫁接的植株主梢剪砧时间为翌年5月10日至25日，侧枝修剪为翌年的5月20日至25日。与李培利等(2013)建议的时间不同主要原因出自气候条件不同，他们主要针对我国东北地区，可能不适于榆林的具体情况。我们的研究结果，即嫁接的同时剪砧，也具有如下一些优势：一是去掉接口下1/3的第一轮侧枝，更便于嫁接观察和操作；二是嫁接剪砧一次完成，更加省工省时，降低了成本。此外，李培利等(2013)还建议，在此后的培育过程中，如果需要对砧木竞争枝条进行修剪，须在早春时间完成，特别是如果7月以后修剪砧木侧梢竞争枝，会造成新嫁接的红松接穗在晚秋二次生长，进而导致主梢主芽木质化不良，在冬季容易发生冻害，影响下一年的生长。

2.1.10 遮阴强度对红松接穗生长的影响

嫁接组合体中接穗的水分平衡是嫁接成功的重要条件。砧木和接穗细胞的生理活动、愈伤组织的产生及维管束桥的建立，都需要一定的湿度条件。若相对湿度过低，愈伤组织的形成就会受到抑制。温度除了影响砧穗的生理活性外，还影响接穗的水分平衡。温度升高，一方面直接导致蒸腾和蒸发加剧，另一方面降低了空气相对湿度，使得接穗更易失水。本研究中采用芽端楔接法嫁接，红松接穗的主芽和副芽全部保留，芽体较大，芽体外露容易失水而导致接穗死亡，降低成活率。春季嫁接，嫁接当季接穗萌发生长，幼嫩的穗条容易失水，而此时接穗与砧木间愈伤维管束桥还未完全建立，水分运输不甚畅通，影响红松新梢的成活、保存以及生长。榆林春季日照强度较大，加之沙地潜热通量小，容易导致午后高温。因此，本项目对榆林沙地樟子松嫁接红松遮阴的必要性进行了研究，试验以2帧、3帧、4帧遮阳网进行遮阴处理，以不遮阴为对照，对比不同遮阴强度下嫁接成活率、红松新梢基径与高度等指标，试验结果绘于图5-11。从图5-11A中可以看出，不同遮阴强度的嫁接成活率从大到小依次为4帧>不遮阴>3帧>2帧，随遮阴强度增强嫁接成活率有一定的增高趋势。进一步方差分析表明，其差异未达到统计学显著性水平（$P=0.468$）。遮阴强度对红松新梢基径有极显著的影响（$P<0.001$），从图5-11B中可以看出，不同遮阴强度的接穗新梢基径从大到小依次为不遮阴>3帧>2帧>4帧，各遮阴强度处理间在红松新梢基径方面无显著差异，但都显著低于对照，即不遮阴。遮阴强度对接穗新梢当年高生长量亦有极显著的影响（$P=0.002$），从图5-11C中可以看出，各遮阴强度处理的当年生红松新梢高生长量都显著低于对照。因此，榆林沙地樟子松嫁接红松没有必要遮阴，如果遮阴不但增加生产成本，而且会适得其反，降低嫁接苗的光合作用，抑制其生长发育。

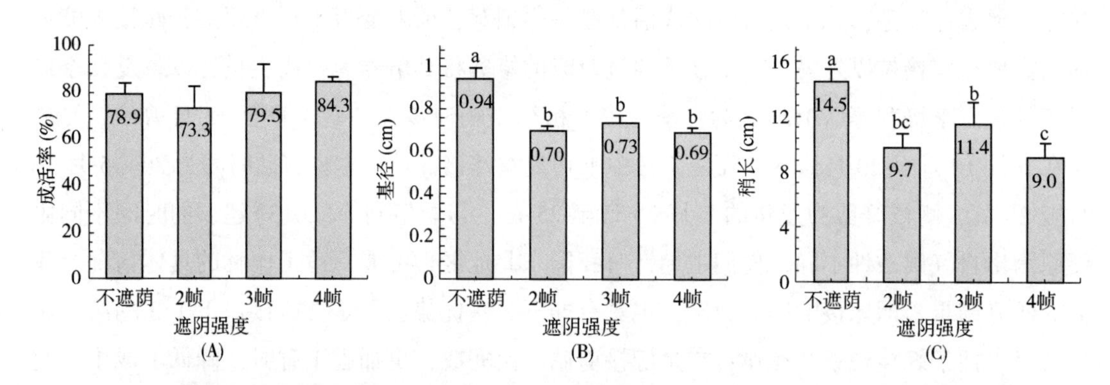

图5-11 遮阴强度对嫁接成活率(A)、接穗新梢基径(B)和长度(C)的影响

2.1.11 土壤条件对红松接穗生长的影响

土壤是植物赖以生存的重要基质，为植物生长提供水肥气热等要素。本项目选用榆林当地最常见的风沙土和黄绵土进行樟子松嫁接红松育苗试验，对比其嫁接成活率和生长指标，结果见图5-12。从图5-12A中可以看出，不同土壤环境下，嫁接成活率明显不同。在黄绵土生境条件下，嫁接成活率达92.7%，比风沙土生境条件下提高9.5%，二者差异极显著（$P=0.006$）；从图5-12B中可以看出，在黄绵土生境条件下，红松新梢基部直径平均为0.96 cm，显著高于沙壤土条件下的0.69 cm（$P=0.001$）；在嫁接苗红松新梢高生长量方面亦是如此，在黄绵土条件下平均为13.8 cm，显著高于风沙土下的10.2 cm（$P=0.014$）。与风沙土相比，覆沙黄绵土土壤颗粒更细，肥力及保水保肥能力更强，更适宜樟子松嫁接红松苗的生长。因此，在榆林培育樟子松嫁接红松苗，尽可能找黄绵土建立苗圃。

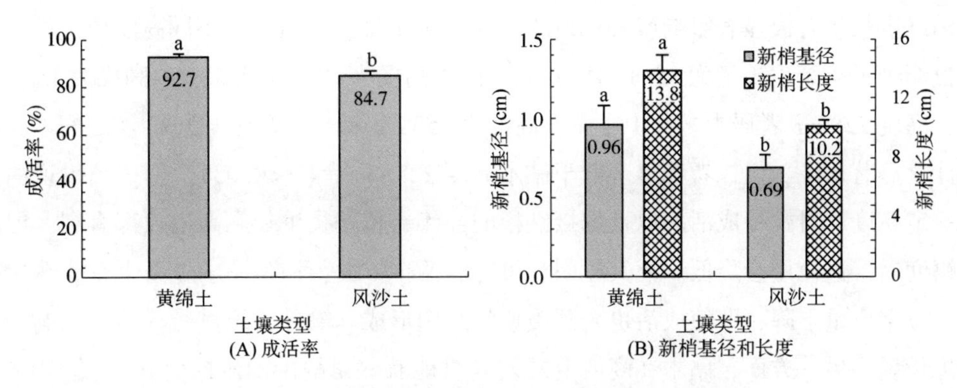

图 5-12　土壤类型对嫁接成活率和嫁接苗生长的影响

2.2　高接换头试验结果

高接技术在果树生产上是一种很有实用价值的嫁接方法，因为这些高接的砧木树体较大，根系也很发达，在良好的水肥管理条件下，一般高接 2~3 年后就可恢复正常树冠和产量，是一种广泛应用于更新劣种、改良品种、加快新选育优良株系的鉴定和加速繁殖优良品种的嫁接方法(王长春等，2009)。在毛乌素沙地，近年来随着治沙力度的加大，营造了大量的樟子松人工林。虽然这些人工林的生态效益显著，但直接经济效益偏低，若能将其改造为红松林则可以弥补此项不足。针对这一现状，我们开展了造林地高接换头试验，以期为榆林沙地樟子松生态林改造为红松生态经济林提供技术支撑。

2.2.1　不同砧木高度对嫁接红松成活率的影响

榆林现存沙地樟子松因造林年份不同，树龄各异，有高有低。因此，本项目在研究樟子松高枝嫁接红松时首先研究了树高对嫁接成活率、嫁接当年红松新梢基径和长度的影响。考虑到如果树体过于高大，无论是试验还是将来生产应用，嫁接操作都不方便且成本较高，而树龄小、高度矮的樟子松又与苗木嫁接相似，因此本研究选用 8~10 年生的樟子松作为高枝嫁接试验的砧木，其树高为 1.5~2.3 m，操作简单，也便于将来推广应用。试验设平均高度 153 cm(树龄约 8 年)、183 cm(树龄约 8 年)和 228 cm(树龄约 10 年)共 3 个砧木高度梯度，试验结果见图 5-13。砧木高度对嫁接成活率有极显著影响($P<0.001$)，从图 5-13A 可以看出，不同高度樟子松砧木嫁接红松平均成活率为 77.7%~88.9%，砧木平均高度为 183 cm 者最大，显著高于其他二者，高度 228 cm 者次之，高度为 153 cm 者最小。乌洪国和廖洪伟(2008)认为，年龄小的幼龄砧木的细胞活力强，伤口愈合明显好于年龄大的砧木，成活率高，而砧木过高会导致顶梢粗壮，不易采到与之匹配的红松接穗，且树大招风，接穗位高，风速大，蒸发量高，也影响嫁接成活率。不同高度樟子松砧木嫁接红松新梢平均基径为 0.86~1.36 cm，砧木高度为 183 cm 者最大，高度 228 cm 者次之，高度为 153 cm 者最小(图 5-13B)，三者之间差异极为显著($P<0.001$)。砧木高度对当年红

松新梢高生长量有极显著影响($P<0.001$)，从图 5-13C 可以看出，不同高度樟子松砧木嫁接红松新梢平均高生长量为 11.8~18.2 cm，砧木高度为 183 cm 者最大，高度为 153 cm 者最小，高度 228 cm 者居中。其中，砧木高度为 153 cm 者与高度为 183 cm 者之间差异未达到统计学显著水平，但二者都显著低于砧木高度 228 cm 者($P<0.05$)。上述结果说明砧木达到一定高度后对嫁接成活率以及嫁接红松的当年新梢基径生长和高生长都有利，但超过一定幅度后促进作用会降低。究其原因，可能有两个方面：一是砧木过高会造成嫁接操作不便，嫁接质量下降，即使成活也会延缓愈伤组织形成和输导组织贯通，从而影响当年新梢的生长量。另一方面，砧木在高度上的差异可能有些是树龄的不同引起的(例如平均高 183 cm 与 228 cm 两处理之间的差异)，有些是由于砧木本身或林地肥力不均导致生长速度不同引起的(例如平均高 153 cm 与 183 cm 两处理之间的差异)，特别是因砧木生长速度低而高度低的砧木，在其上嫁接红松，由于砧木生理活性相对较低，容易导致成活率低和嫁接红松新梢生长相对比较缓慢。前文不同砧木年龄对嫁接成活和嫁接苗生长的影响的苗圃试验中，结果表明砧木年龄对嫁接成活和嫁接苗生长无显著影响，与本试验结果不同，也从侧面反映了造林地高接换头树高比较低的樟子松嫁接成活率低、红松新梢生长量小的原因确实可能与砧木原本的生长速度有关，因为造林地的水肥条件差且分布不均、杂灌多、管理相对较粗放，导致立地异质性较高，樟子松长势不一。

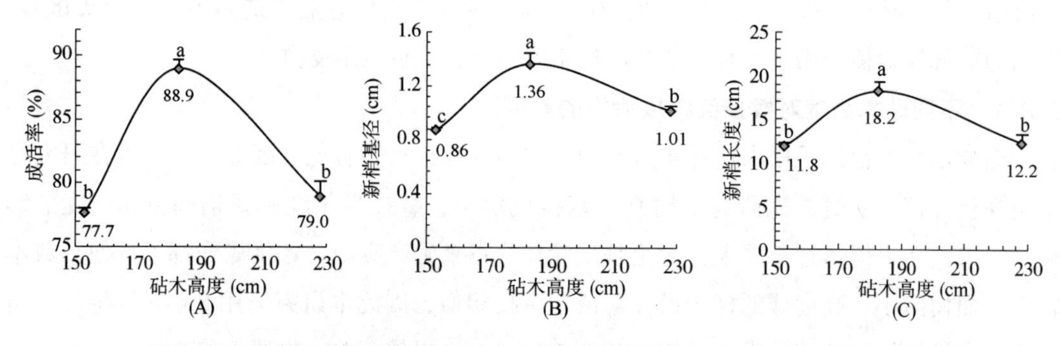

图 5-13　砧木高度对嫁接成活率(A)、接穗新梢基径(B)和长度(C)的影响

2.2.2　不同接穗储藏方式对高枝嫁接红松生长的影响

在苗圃嫁接试验的基础上，我们进一步研究了接穗储藏方式对樟子松高枝嫁接红松成活率、当年生红松新梢高生长量和基部粗度的影响，试验结果如图 5-14 所示。从图 5-14 可以看出，冰柜储藏接穗嫁接成活率、当年生红松新梢基径和长度依次为 91.2%、1.28 cm和 16.33 cm，分别高于沙藏方式的 85.3%、0.90 cm 和 11.4 cm。进一步 t 检验表明，其差异在不同接穗储藏方式间均达到统计学极显著水平($P<0.01$)说明红松接穗冰柜储藏的储藏效果好于露天沙藏，这与苗圃嫁接试验结果一致，表明无论是苗期嫁接还是高枝嫁接，都宜采用冰柜冷藏的方法储藏红松穗条。虽然沙藏法简单易行成本低，但温度不易控制，春季随着气温的回升，我们观测到嫁接前有些穗条就已开始萌发，消耗储存的养

分较多，不利于成活和嫁接后的生长发育。

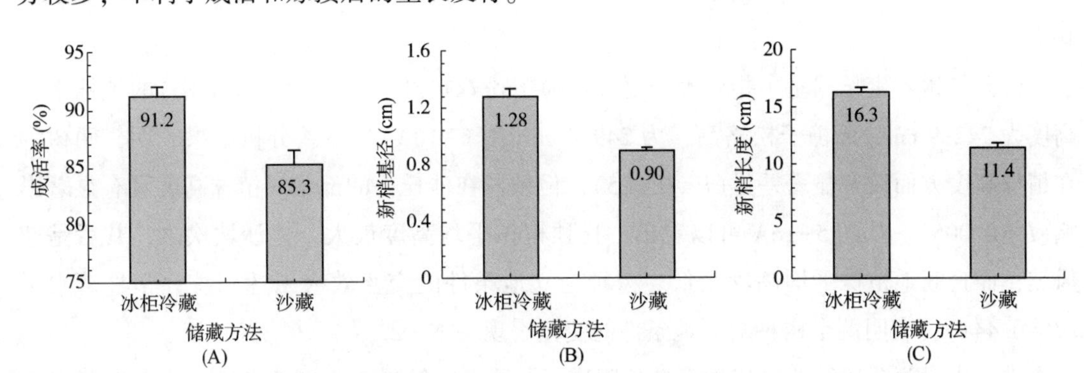

图 5-14 储藏方法对嫁接成活率(A)、接穗新梢基径(B)和长度(C)的影响

2.2.3 不同嫁接方法对嫁接红松生长的影响

本试验进一步对嫁接方法在高枝嫁接上进行对比研究，试验结果见图 5-15。成组数据 t 检验结果表明，嫁接方法对造林地樟子松高接红松嫁接成活率有极显著影响($P<0.001$)，芽接的成活率达到 96.1%，远高于对接法的 81.8%(图 5-15A)。嫁接当年红松新梢基部粗度方面，嫁接法也显著大于对接法($P=0.002$)，分别为 1.61 cm 和 1.29 cm(图 5-15B)。嫁接方式同样对嫁接当年红松新梢高生长量也有极显著影响($P=0.001$)，芽接的新梢长为 19.7 cm，比对接法高出 6.0 cm(图 5-15C)。从嫁接成活率、嫁接当年红松新梢基径和高生长量 3 个方面来看，都是芽接效果更好，这与苗圃嫁接试验结果一致表明无论是樟子松造林地高接换头还是苗圃嫁接红松，都宜采用芽接法。

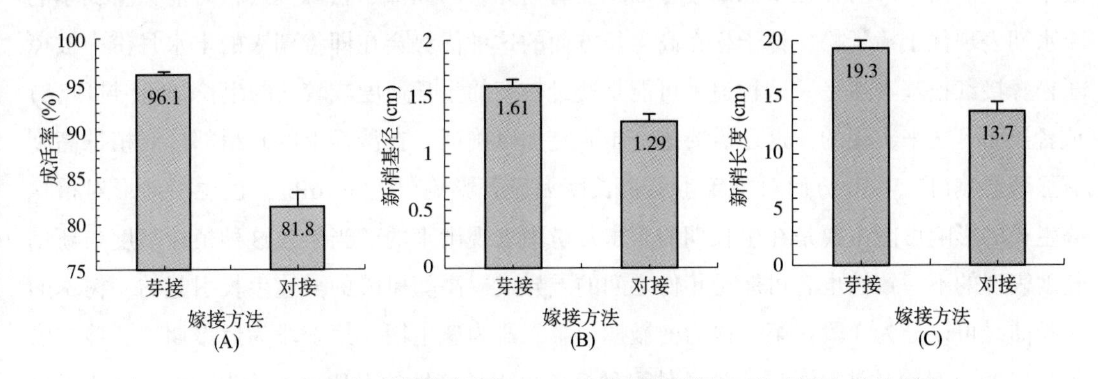

图 5-15 嫁接方法对嫁接成活率(A)、接穗新梢基径(B)和长度(C)的影响

2.3 樟子松嫁接红松在沙丘不同部位的生长表现

除了植物自身和引入地的大气候外，地形造成的小气候也是影响引种植物生长和适应性表现的重要环境因子。它通过影响地表热量分配、地面温度、降水分布和地表径流，进而影响土壤湿度和地下水埋深，最终影响植被乃至小生态系统，作用于所引种植物。因此，研究地形对引种植物的作用具有重要意义。为此，我们通过典型样地调查，以樟子松为对照，比较樟子松嫁接红松在榆林毛乌素沙地沙丘不同部位的生长表现，结果如图 5-16 所示。

树高是树木生长的基本指示因子之一。樟子松嫁接红松(即红松/樟子松)的植株平均高度为 242.9 cm，而樟子松略高，为 249.3 cm(图 5-16A)。方差分析结果表明，两树种在植株高度方面没有显著差异($P=0.325$)，但植株在沙丘上的部位对植株高度具有显著影响($P=0.005$)。从图 5-16A 可以看出，丘顶植株平均高度最大，落沙坡次之，其后是迎风坡，而丘间地植株平均高度最低。树种与立地条件的交互效应未达到统计学显著水平($P=0.441$)，表明两个树种对立地条件的变化表现基本一致。

进一步对两个树种的当年生新梢长度进行了测定，结果绘于图 5-16B。由该图可以看出，植株在沙丘各个部位都是樟子松当年生新梢显著长于樟子松嫁接红松($P<0.001$)。而立地条件及其与树种间的交互作用对当年生新梢长度的影响并不显著，P 值分别为 0.576 和 0.278，表明两树种当年生新梢长度对立地条件的变化表现一致，均未受到立地条件的显著影响。树高是各年高生长量的累积，但从图 5-16A 和 5-16B 的对比可以看出，当年生新梢长度与植株高度对树种和立地条件两个主效应的响应不一致。这可能是由于本试验中调查时间为 7 月中旬，当年生新梢长度仅仅反映了生长季前半段的高生长表现。这前半段为当地的旱季，因此可以认为，樟子松在当地生长季的干旱月份高生长表现优于樟子松嫁接红松，原因在于樟子松为春季生长型。赵文智和常学礼(1991)研究表明，内蒙古奈曼沙地樟子松 4 月下旬开始高生长，5 月上旬开始加快，中旬形成生长高峰，6 月上、中旬近于停止。由于两树种在植株高度方面无显著差异，因此樟子松嫁接红松可能在生长季的丰水期表现优于樟子松，樟子松在高生长方面的这种优势会在即将到来的丰水月份中被樟子松嫁接红松基本追平。这种追平可能是通过较高的生长速度或较长的生长时间(封顶晚)或者兼而有之来实现的，这还需要进一步研究加以确证。在沙丘上的栽植部位对植株高度有显著影响(图 5-16A)而对当年生新梢长度无显著影响(图 5-16B)，也说明地形对植株高生长的影响可能主要是在生长期的丰水月份中表现出来的。当然，这种植株高度与新梢长度表现的不一致性也有可能是年份之间的差异或树高随树龄的异速生长引起的。树木的生长曲线可以分为 3 段：第一段为前慢期，第二段为速生期，第三段为后慢期。罗玲与廖超英(2008)对榆林沙区不同立地条件引种樟子松生长特性的对比研究认为，该地区樟子松人工林速生期的起始年龄和持续时间因立地的不同而异，丘间地樟子松林的速生期开始最早，从第 6 年开始，持续时间最长，为 12 年；沙丘中部和上部速生期开始最晚，始于第 8 年，其中沙丘上部速生期持续时间最短，为 9 年，沙丘中部持续时间为 10 年；平坦沙地和沙丘下部始于第 7 年，其中平坦沙地速生期持续 11 年，沙丘下部持续 10 年。王永范等(2005)在吉林省白山市露水河红松种子园研究发现，3 年生红松实生苗造林，5~8 年时高生长开始加快，9~12 年时高生长急剧加快。但目前尚未见相关嫁接红松生长发育规律的

报道。因此，是否因为两树种生长曲线的不一致性导致或部分导致了当年新梢高生长量与植株高度的不一致性还有待于进一步研究。

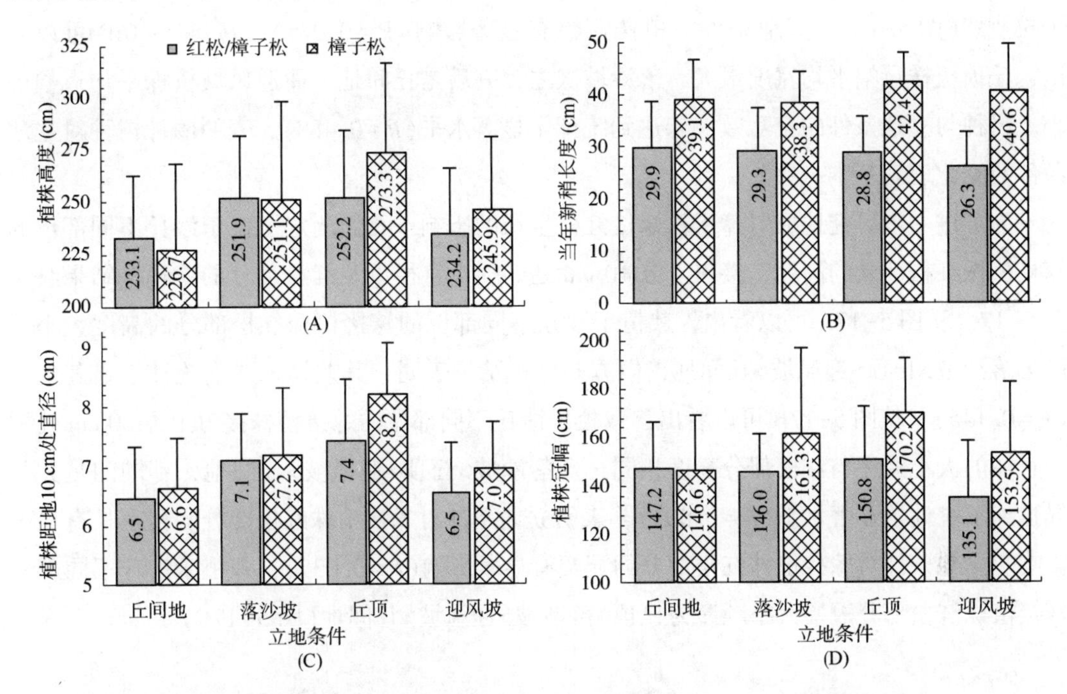

图 5-16　红松/樟子松和樟子松在不同立地条件下植株高度(A)、当年生新梢长度(B)、植株距地 10 cm 处树干直径(C)和植株冠幅(D)的比较

树干的粗生长量是评判引种用材树种生长和适应能力以及经济效益的又一个重要指标。由于调查对象枝下高小于 1.3 m，且胸径小于 5 cm，因此测量胸径实际意义不大。距地 10 cm 处的树干上下比较均匀，变幅小，下方无活枝，测量误差小且能够反映树干的粗生长状况。鉴于此，我们将该处的树干直径作为衡量植株树干粗生长的指标，测量结果绘于图 5-16C。樟子松在该处的树干直径平均为 7.25 cm，显著粗于樟子松嫁接红松的 6.89 cm($P=0.027$)。立地条件对树干粗度有显著影响($P=0.005$)，从图 5-16C 可以看出，丘顶植株树干平均粗度最大，落沙坡次之，其后是丘间地，而迎风坡植株树干平均粗度最小。树种与所在立地条件间的交互效应未达到统计学显著水平($P=0.363$)，表明两种树种随立地条件变化的规律基本一致。

冠幅也是经常用于衡量引种树种适应能力的形态指标之一。不同立地条件下两个树种植株冠幅的调查结果如图 5-16D 所示。樟子松植株冠幅平均为 157.9 cm，显著大于樟子松嫁接红松的 144.8 cm($P=0.003$)。其原因可能有两个方面：第一是为了保持接穗始终处于主梢地位，领导植株高生长，嫁接红松剪去了接口下第一轮的 1/3 主枝(含霸王枝)，其余枝丫摘除顶芽，嫁接当年每隔半月修剪一次萌芽，直至高生长停止，并且还在接下来的 3~4 年内对与嫁接红松顶梢形成竞争的侧枝进行了修剪回缩，由于测定时树龄为 10 年，其中包括砧木年龄 4 年，树冠最宽处仍为砧木樟子松的枝条(图 5-17)，因此当时的剪砧操作可能抑制了树冠的横向扩展；第二种可能是树种特性或嫁接红松树冠生长速度慢于樟子松使然(图 5-17)。立地条件对植株冠幅有显著影响($P=0.025$)，从图 5-16D 可以看出，丘顶植株冠幅平均宽度最大，落沙坡次之，其后是丘间地，而迎风坡植株平均冠幅最小。树种与立地条件的交互效应未达到统计学显著水平($P=0.488$)，表明两种树种对立地条件的变化表现基本一致。

为了进一步研究地形对樟子松嫁接红松生长的影响，我们测定了位于沙丘不同部位的嫁接植株红松部分的高度、接口上方 10 cm 处的树干直径以及红松部分的冠幅，结果绘于图 5-17。从图 5-17A 可以看出，栽植于沙丘不同部位的嫁接植株红松部分的高度大小顺序为落沙坡>丘顶>迎风坡>丘间地，但方差分析结果表明，其差异未达到统计学显著水平($P=0.145$)。从图 5-17B 可以看出，栽植于沙丘不同部位的嫁接植株接口上方 10 cm 处树干直径的大小顺序与红松部分高度相同，即落沙坡>丘顶>迎风坡>丘间地，不同的是其差异达到了统计学显著水平($P=0.003$)，表明立地条件对嫁接植株红松部分的粗生长有显著影响。立地条件对嫁接植株红松部分的冠幅有显著影响($P=0.035$)，栽植于沙丘不同部位嫁接植株红松部分冠幅大小顺序为丘顶>落沙坡>迎风坡>丘间地(图 5-17C)。

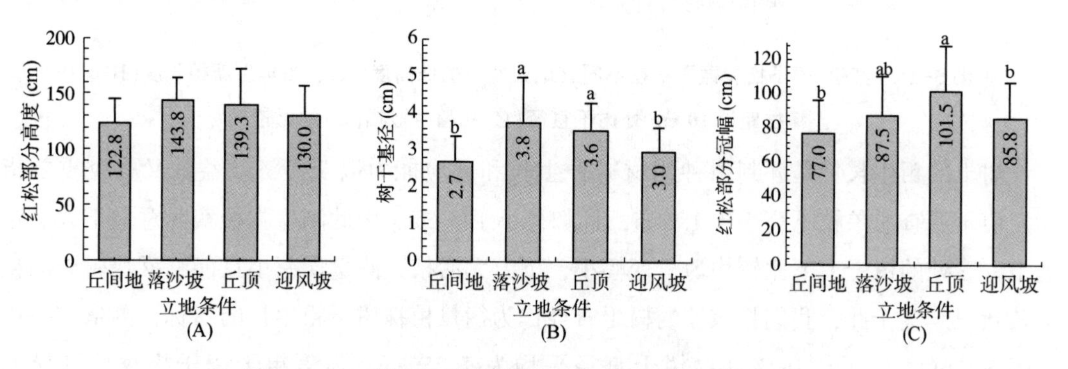

图 5-17　立地条件对樟子松嫁接红松红松部分高度(A)、嫁接点上方 10 cm 处直径(B)和冠幅(C)的影响

综上所述，总体而言，无论是樟子松嫁接红松还是樟子松，都是丘顶长势最好，而丘间地最差，落沙坡和迎风坡间于其间。调查中发现，栽植于丘间地的一些樟子松和嫁接红松出现枝梢枯死乃至整株死亡的现象。贾艳梅等(2006)也曾报道了榆林沙地樟子松人工幼龄林的这种现象。他们认为不利的生态因子致使樟子松树势生理衰弱，使其对病虫易感，最终因病虫害导致死亡。为了进一步了解立地条件对樟子松嫁接红松和樟子松生长影响的土壤学机制，我们对沙丘不同部位的土壤进行了采样分析，结果见图 5-18。从图 5-18A 可以看出，在迎风坡土壤含水率随着深度的增加而降低，而其他 3 种立地都是随着深度的增加，土壤含水率先增加后降低，20~40 cm 土层最大，40~80 cm 最低。采样于 2020 年 8

月中旬进行，各立地条件土壤水分随埋深的变化可能与采样时间有关，正值雨季，采样前一周左右有一次中雨，雨水不足以下渗至 40~60 cm，而 0~20 cm 的土壤由于蒸发而含水量有所下降，所以导致 20~40 cm 土壤含水量相对较高。就不同立地比较而言，丘间地土壤含水量最高，丘顶和落沙坡相近。樟子松属于浅根性树种，20~40 cm 土层是其重要根系分布层。结合图 5-16 和图 5-17 中樟子松和樟子松嫁接红松在不同立地条件下的生长表现，可以推断土壤水分的匮乏程度并非是造成其生长表现差异的主导因素。

电导率与盐分含量成正比，可以反映土壤各种离子的总体水平，是一种易于测定、广泛应用于土壤盐分时空分布特性研究的土壤性质指标。从图 5-18B 可以看出，土壤电导率落沙坡最大，丘间地最小，丘顶和迎风坡居于二者之间；在土壤 pH 值方面(图 5-18C)，所有立地条件和深度的土壤 pH 在 6.8 与 7.6 之间，丘顶和丘间地土壤 pH 相对较小而迎风坡与落沙坡相对较高；樟子松在土壤含盐量 1.2 g/kg 以下时生长良好(白鸥和黎承湘，1992)。从图 5-18D 可以看出，所有立地条件和深度的土壤含盐量 0.243~0.717 g/kg，丘顶略高而迎风坡略低，但均属于非盐渍土，均适合樟子松的生长(白鸥和黎承湘，1992)。所有立地条件和深度的土壤 Na^+、SO_4^{2-}、Cl^-、HCO_3^- 含量分别间于 3.54~9.62(图 5-18E)、19.46~161.79(图 5-18F)、25.56~42.41(图 5-18G)、4.88~14.97 mg/kg(图 5-18H)，均落于属于樟子松对各离子含量的适生区间内(白鸥和黎承湘，1992)，不足以抑制樟子松的生长发育。上述各项土壤性质指标均表明，试验地土壤不存在盐渍化问题。

从图 5-18I 可以看出，所有立地条件和深度的土壤有机质含量普遍较低，介于 2.56~18.66 g/kg，其中迎风坡土壤有机质随深度的变幅最小，各层土壤中有机质含量都比较低。这可能是因为，迎风坡由于风力的搬运作用使枯枝落叶比较难以存留；而丘顶各层土壤中有机质变幅最大，随着深度的增加，有机质含量急剧降低，使其在 0~20 cm和 20~40 cm 层为各立地中对应土层有机质含量最高者和在 40~80 cm 层各立地中对应土层有机质含量低高者。由于樟子松大部分根系分布于土层 40 cm 以内，所以樟子松和樟子松嫁接红松在丘顶长势较好，不能排除可能与 0~40 cm 土层有机质含量较高有关。从图 5-18J 和 5-18K 可以看出，所有立地土壤均缺氮少磷，比较贫瘠，但比较而言，丘顶土壤含氮量总体优于其他立地，特别是在 0~20 cm 和 20~40 cm 层；全磷含量迎风坡最高，丘顶次之。从图 5-18J 和 5-18K 可以看出，所有立地土壤含钾量 18.31~24.30 g/kg，基本可以满足植物生长需要，各立地中迎风坡土壤全钾含量低于其他立地。这些土壤肥力指标说明丘顶樟子松及樟子松嫁接红松生长表现较好可能在一定程度上与其总体上土壤肥力条件较好有关。这也从一个方面表明适当的施肥，特别是氮磷肥和有机肥有助于榆林沙地樟子松和樟子松嫁接红松的生长发育。

综上所述，在本研究中，榆林沙地樟子松和樟子松嫁接红松在沙丘不同立地条件上的生长差异并非由土壤水分、土壤盐碱所导致，但可能与土壤肥力有一定的关系。我们认

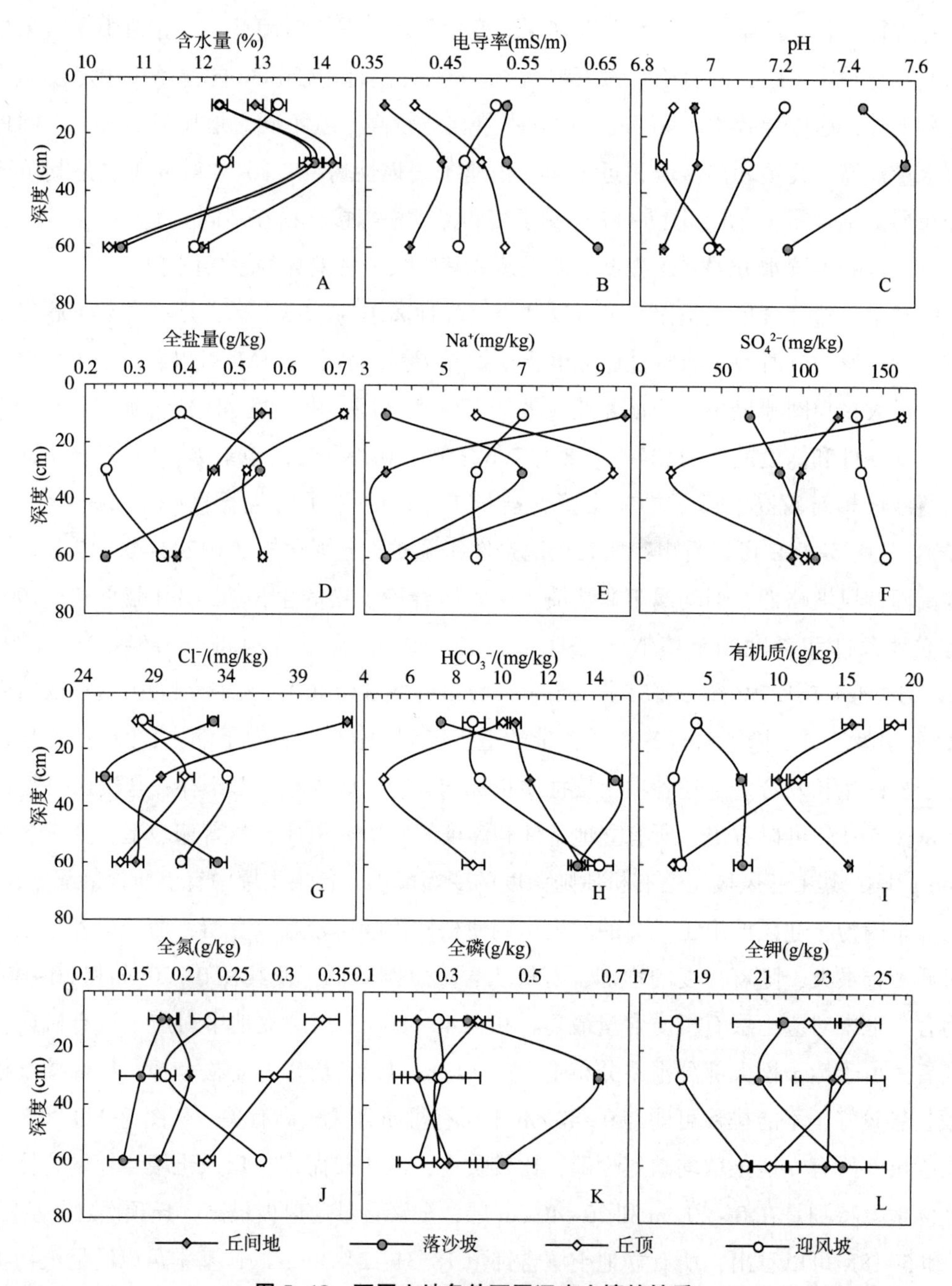

图 5-18　不同立地条件不同深度土壤的性质

为，丘间地樟子松嫁接红松和樟子松生长相对较差的原因还可能有以下几个方面。

① 试验地为固定沙地，植被以沙蒿、沙柳灌丛为主。丘间地水分条件相对较好，因此灌木生长比较旺盛，盖度大。樟子松虽然属于浅根性树种，但它的根系有较强的形态可塑性，可以根据立地土壤水分状况做出适应性反应，在丘间地生长的樟子松由于土壤上层水分状况较好，根系分布较浅，并在水平方面拓展(赵思金和张咏新，2005)，与灌木根系

处于同层。灌木根系庞大，吸收水分和养分的能力强，争夺水分和养分，从而影响水分和养分对樟子松和嫁接红松的供应，不利于其生长。而在丘顶，由于浅层土壤水分含量较低，而深层土壤仍有可利用水分，樟子松根系垂直发育，根系分布深而密，有利于吸收深层土壤中的水分，克服了上层土壤水分不足的缺陷(赵思金和张咏新，2005)。同时，丘顶灌木较少，对水分和养分的竞争也比较弱。

② 房文龙等(1992)认为，樟子松是非常喜光的树种，光照对生长影响最大，应为其生长创造适宜的空间。与生长在丘顶的植株相比，生长于丘间低地的植株日照时数相对较短。研究对象尚属于幼林阶段，树木与杂灌相比，并未形成高度优势，由于灌丛的遮挡，树木下层枝条得到的光照相对较少，甚至下部枝条枯死，自然整枝相对较高，能够起到光合作用的功能枝较少，总叶面积小，通过光合作用制造的能量和物质变少，从而影响了樟子松及樟子松嫁接红松的生长。

③ 沙地下垫面潜热通量小，在晴夜冷空气容易沉积于丘间低地，形成逆温层，更容易遭受春季晚霜和秋季早霜为害，不利于树木生长，且容易受到伤害并引起病虫害。

④ 丘间低地植被盖度大，蒸腾强，通风比较差，小环境空气湿度大，更有利于病菌感染和生长。

⑤ 诸如沙蒿等灌木根系还能分泌物化感物质，枯枝落叶残体也能分解释放化感物质(邓文红，2019；Zhou et al，2019)。这些物质对其他植物造成化感胁迫，从而不利于樟子松以及樟子松嫁接红松的生长。此外，丘间低地通风性差，沙蒿等灌木挥发性化感物质不易扩散出去(Yang et al，2012)，从而抑制树木生长。

榆林沙地樟子松嫁接红松在高生长方面与樟子松并无显著差异，虽然粗生长不及樟子松，但其长势良好，树形整齐，树冠完整，能够适应当地的自然环境，正常越冬度夏。且与樟子松相比，红松叶色更绿，美化环境的效果更好，除了木材外，还可以生产松子，经济价值高，可以弥补其生长表现上的不足。

2.4　不同产地红松种子形态特征与质量

形态特征是评价种子品质最为直接的感官质量指标。同一物种种子的大小相对稳定，是植物的重要生物学特性之一。然而，在同一植物的不同种群间种子大小也会存在差异，在一定程度上反映其内在营养状况和对生长环境的适应性，因而经常用作引种植物生产力和适应性的评价指标。红松种子为三角状卵形，不同产地的红松种子的长、宽、厚测定结果见表 5-2。不同产地的种子长度存在显著差异($P=0.002$)，从均值来看，产自辽宁人工林的红松种子最长，其次是产自榆林苗圃和黑龙江人工林的红松种子(表 5-2)，但多重比较结果表明，此二者与产自辽宁人工林者间的差异未达到统计学显著水平；黑龙江天然林的红松种子最短，但其与产自黑龙江人工林和榆林造林地的红松种子长度并无显著差异；

说明榆林樟子松嫁接红松所产种子的长度并不低于原产地东北地区。从表5-2可以看出，黑龙江天然林的红松种子最宽而榆林苗圃红松种子最窄，但方差分析表明，不同处理间的差异并未达到统计学显著水平（$P=0.602$）。不同来源的红松种子厚度显著不同（$P=0.007$），榆林造林地所产红松种子最厚，其次依次为辽宁人工林和榆林苗圃所产红松种子，这三者之间没有显著差异，而黑龙江的红松种子较薄，厚度显著低于产自辽宁人工林和榆林造林地的红松种子。为了进一步分析不同来源的红松种子形状，对其长、宽、厚之间的比值进行了计算，结果亦列于表5-2。从表5-2中可以看出，不同来源的红松种子长宽比并无显著差异（$P=0.095$），但其长厚比差异显著（$P=0.032$），宽厚比达到了统计学极显著水平（$P=0.008$）。黑龙江人工林的红松种子长厚比最大而榆林造林地红松种子长厚比最小；黑龙江天然林的红松种子宽厚比最大而榆林造林地红松种子宽厚比最小。结合红松种子的长、宽、厚数值及其三者直接的比值不难看出，来自黑龙江的红松种子略显短而薄，尤以来自天然林者为甚；而来自榆林的红松种子则与之正好相反，略显长厚；而来自辽宁人工林的红松种子介于二者之间，显示出从北到南一定的地理变化规律。辽宁人工林的红松种子更接近榆林的红松种子，这可能是两方面原因引起的：一是榆林红松是通过嫁接引种自辽宁，二者亲缘关系更近；二是地理相隔较近，气候相似性更高。

表5-2　不同产地种子形态特征与质量

种子来源	长(mm)	宽(mm)	厚(mm)	长/宽	长/厚	宽/厚
榆林苗圃	18.35±0.69 a	10.86±0.64	8.7±0.53 ab	1.7±0.16	2.12±0.2 ab	1.25±0.04 b
榆林造林地	17.46±0.38 b	11.36±1.04	9.69±0.88 a	1.55±0.15	1.81±0.18 b	1.19±0.22 b
辽宁人工林	18.61±0.16 a	11.29±0.43	8.98±0.34 a	1.65±0.06	2.07±0.08 ab	1.26±0.01 b
黑龙江人工林	17.99±0.36 ab	11.45±0.52	7.61±0.48 b	1.57±0.11	2.37±0.2 a	1.5±0.03 a
黑龙江天然林	16.67±0.39 b	11.75±0.5	7.58±0.64 b	1.42±0.03	2.21±0.18 a	1.55±0.11 a

种子来源	千粒重(g)	出仁率(%)	含水率(%)	优良度(%)	生活力(%)
榆林苗圃	559.1±34.7 b	19.2±4.3 b	6.96±0.24 b	94.7±4.5	96.0±1.7 a
榆林造林地	552.6±48.5 bc	29.4±4.7 a	6.53±0.35 b	87.0±12.0	97.0±1.7 a
辽宁人工林	668.7±20.1 a	35.5±1.0 a	5.88±0.16 b	88.0±12.1	96.0±1.7 a
黑龙江人工林	561.4±28.7 b	35.3±2.6 a	6.95±1.81 b	96.0±5.2	98.0±0.0 a
黑龙江天然林	496.6±19.2 c	30.1±7.1 a	9.60±1.76 a	93.0±5.2	91.7±2.9 b

注：同一列数据中标有相同字母者无统计学显著差异（$P=0.05$）。

同样大小的种子，千粒重大的种子饱满，营养物质丰富，生命力强，往往出苗整齐，具有较强的市场竞争力，因此千粒重既是种子学中重要的栽培品质指标，也是重要的商品经济指标。不同产地的红松种子千粒重测定结果见表5-2。不同来源的红松种子千粒重存在显著差异($P=0.001$)，来自辽宁人工林的红松种子千粒重最大，达到 668.7 g，显著高于其他来源的红松种子(表 5-2)，而产自黑龙江天然林的红松种子千粒重最小，这与其短扁的外形相一致。而产自榆林者介于前二者之间，说明红松嫁接引种至榆林后，千粒重虽不及其原产地辽宁人工林，但也优于黑龙江产区的天然红松种子，接近黑龙江产区人工栽培红松种子。

种子的代谢强度与含水量关系密切，直接影响种子的安全贮藏，含水量是种子检验项目和种子质量指标之一。不同产地的红松种子含水量测定结果见表 5-2。不同产地的红松种子含水量有显著差异($P=0.023$)，由表 5-2 可以看出，产自黑龙江天然林红松种子含水量显著高于其他来源的红松种子，而来源于榆林苗圃、黑龙江人工林、榆林造林地、辽宁的红松种子含水量差异未达到统计学显著水平。

优良度是根据种子外观和内部状况快速鉴定种子质量的指标。优质的红松种子种粒饱满，浅红棕色，胚及胚乳为乳白色、饱满、有弹性，富松脂香味；而劣质种子种仁萎缩或干瘪，失去红松新鲜种子的颜色、弹性和气味，或被虫蛀，或有霉坏症状，或有异味，或已霉烂。不同产地的红松种子的优良度测定结果见表 5-2。从表 5-2 可以看出，来自黑龙江人工林的红松种子优良度最高，达到了 95%以上，而来自榆林苗圃者次之，其后分别为来自黑龙江天然林和辽宁人工林者，而来自榆林造林地者最低。但方差分析表明，不同来源红松种子在优良度方面的差异未达到统计学显著水平($P=0.631$)。这说明在榆林，在诸如苗圃这样比较好的立地条件下，嫁接红松种子优良度可以超过其引种地辽宁，即使是在立地条件相对较差的造林地中，其种子优良度也接近其原产地。

生活力是种子发芽的潜在能力或种胚所具有的生命力，是种子品质检验的重要指标。不同产地的红松种子生活力测定结果见表 5-2。由表 5-2 可以看出，供试的不同产地红松种子生活力普遍较高，均在 90%以上，但不同来源的红松种子的生活力显著不同($P=0.017$)，其中以来自黑龙江人工林红松种子生活力最高，达到了 98.0%，其后分别为来自榆林造林地、榆林苗圃和来自辽宁人工林的种子，这 4 种不同来源的种子生活力差异未达到统计学显著水平。而来自黑龙江天然林者最低，为 91.7%，显著低于前四者。

出仁率是红松种子的重要经济性状。不同来源的红松种子出仁率有显著差异($P=0.007$)，其中来自榆林苗圃的樟子松嫁接红松种子出仁率显著低于其他 4 个来源的种子(表 5-2)。

2.5　不同产地红松仁的营养素比较

樟子松嫁接红松后 3 年内个别植株即可挂果，甚至有些植株当年挂果，可能嫁接接穗上原本带有花芽。作为干果树种的引种，果实营养价值是引种成功与否的重要评判标准之一，因此，我们对榆林沙地樟子松嫁接红松所产松子的主要营养素含量进行了初步分析，并与其种源地所产松子进行了对比研究。

2.5.1 不同产地红松仁的矿物质含量

矿物质对人体的营养和功能有很大影响，摄入量不足会引起缺乏症。果品是人体矿质营养的良好来源，因此矿物质的组成与含量也是评价果品品质的重要营养指标。不同产地红松种子的矿物质含量测定结果见表5-3。对于各所测元素，不同来源间的含量均有极显著差异($P<0.001$)。

硼属于人体可能需要的矿物质，它可以影响人体对固醇类激素的代谢，增强营养性疾病的调节。而且，硼对糖的运转、利用有重要作用(倪亚明等，2009)。从表5-3可以看出，产自辽宁人工林的红松种子含硼量最高，其后依次是榆林苗圃、黑龙江人工林、榆林造林地，而来自黑龙江天然林者最低，各处理间的差异均达到了统计学显著水平。

表5-3 不同来源红松种子中矿质元素含量

元素	榆林苗圃	榆林造林地	辽宁人工林	黑龙江人工林	黑龙江天然林
硼 B(mg/kg)	138.0±0.5 b	126.3±0.9 d	165.2±1 a	134.6±0.6 c	32.3±0.2 e
钠 Na(mg/kg)	95.7±0.1 c	159.4±1.4 a	122.0±0.6 b	91.1±0.5 d	3.6±0 e
镁 Mg(mg/kg)	648.4±0.2 d	853.2±1.8 a	693.6±0.5 c	752.1±0.4 b	644.4±0.2 e
钾 K(mg/kg)	1904±0 e	2438±1 d	2531±0 c	2974±0 b	3542±0 a
钙 Ca(mg/kg)	174.3±0.6 d	404.2±1.6 a	135±0.6 e	176.7±0.1 c	212.9±0.3 b
锰 Mn(mg/kg)	38.1±0.0 c	46.9±1.0 a	32.1±0.3 e	44.0±0.1 b	33.6±0.3 d
铁 Fe(mg/kg)	214.1±0.2 d	314.6±0.2 a	261.3±0.6 c	279.2±0.2 b	31.8±0.2 e
铜 Cu(mg/kg)	4896±0 e	7202±1 b	7349±1 a	6680±0 c	5734±0 d
锌 Zn(mg/kg)	22.1±0.3 c	28.2±1.4 a	25.6±0.3 b	26.3±0.0 b	26.6±0.3 b
硒 Se(μg/kg)	9.7±0.2 a	6.3±0.6 c	4.6±0.1 d	2.8±0.0 e	7.7±0.2 b
钼 Mo(μg/kg)	827.7±0.3 a	407.7±0.7 b	94.5±0.2 c	0.6±0.0 d	0.1±0.0 d

注：同一行数据中标有相同字母者无统计学显著差异($P=0.05$)。

钠既是生理活动的必需元素，也是构成食品风味的重要矿质元素。从表5-3可以看出，不同产地红松种仁中钠的含量变幅很大，各处理间差异均达到统计学显著水平，其中榆林造林地所产红松仁钠的含量最高，达到159.4 mg/kg，来自辽宁者次之，其后是榆林苗圃和黑龙江人工林，而产自黑龙江天然林者最低，仅有3.6 mg/kg。这种变化可能与产地土壤含钠量有关。

镁是组成人体的重要无机盐之一，其含量在人体中仅次于钙、钠、钾而居第四位。镁在维持骨骼系统、心血管系统和神经系统的功能方面起着重要的作用，是人体必需的大量元素之一。体内镁含量不足会导致抽搐、动作震颤、痉挛、眩晕、多汗、记忆力下降、精神抑郁等症状(付兴，2012)。从表5-3可以看出，各产地红松种子中镁的含量彼此达到统计学显著水平，镁含量从高到低产地依次为榆林造林地、黑龙江人工林、辽宁人工林、榆林苗圃、黑龙江天然林。

钾是细胞内液中主要阳离子和血液的重要组成成分，它能加强肌肉的兴奋性，维持心跳规律，对保护心肌非常重要。从表 5-3 可以看出，钾的含量在各来源的红松种子间的差异均达到了统计学显著水平，来自黑龙江天然林的红松种子含钾量最高，为 3542 mg/kg，其后从高到低依次为黑龙江人工林、辽宁人工林、榆林造林地，而产自榆林苗圃的红松种子钾含量最低，为 1904 mg/kg。

钙除了作为构成骨骼和牙齿的主要材料以外，还在镇定神经、维持心肌活动等生理活动中起着重要作用。从表 5-3 可以看出，各产地红松种子中钾的含量彼此之间的差异均达到统计学显著水平，来自榆林造林地的红松种子含钙量最高，其后从高到低依次为黑龙江天然林、黑龙江人工林、榆林苗圃，而产自辽宁人工林的红松种子钙含量最低。

锰在人体内参与造血，能促进铜的利用，对某些维生素及酶的代谢也有促进作用。锰还可促进骨骸生长，缺锰影响骨骼发育及大脑的功能。从表 5-3 可以看出，不同产地红松种子中锰的含量差异彼此之间达到了统计学显著水平，来自榆林造林地的红松种子含锰量最高，其后从高到低依次为黑龙江人工林、榆林苗圃、黑龙江天然林，而产自辽宁人工林的红松种子锰含量最低。

铁是人体中构成血红蛋白、肌红蛋白、细胞色素和其他酶系统的主要矿质成分，对人体健康至关重要。从表 5-3 可以看出，红松种子中铁的含量在各产地间的差异彼此达到了统计学显著水平，来自榆林造林地的红松种子含铁量最高，其后从高到低依次为黑龙江人工林、辽宁人工林、榆林苗圃，而产自黑龙江天然林的红松种子铁含量最低。

铜是人体必需微量元素之一，在机体造血、黑色素形成、机体抵抗力等方面起着不可替代的作用。表 5-3 可以看出，各产地红松种子中铜的含量彼此之间的差异达到了统计学显著水平，其铜含量高低顺序为：辽宁人工林>榆林造林地>黑龙江人工林>黑龙江天然林>榆林苗圃。

锌是许多酶的组成成分和激活剂，它还参与核酸和蛋白质的代谢作用，也是促进生长发育的关键元素。从表 5-3 可以看出，相对于其他分析了的元素而言，不同产地红松种仁中锌的含量变幅相对较小，来自榆林造林地的红松种子含锌量最高，为 28.22 mg/kg，显著高于其他来源的红松种子。而来自榆林苗圃者最低，为 22.12 mg/kg，显著低于其他来源的红松种子，来自东北 3 地的红松种子含锌量介于此二者之间，且在东北 3 地的红松种子中锌的含量彼此之间的差异未达到统计学显著水平。

硒也是人体内很重要的微量元素。它是构成谷胱甘肽过氧化物酶的成分，参与辅酶 A 的合成，是自由基的强力清除剂，具有抗衰老、抗癌的生理功能。从表 5-3 可以看出，红松种子中硒的含量在各产地彼此之间的差异达到了统计学显著水平，来自榆林苗圃的红松种子含硒量最高，为 9.753 μg/kg，其后从高到低依次为黑龙江天然林、榆林造林地、辽宁人工林，而产自黑龙江人工林的红松种子硒含量最低，为 2.864 μg/kg。

钼是激活胰岛素和降低血糖不可缺少的微量元素，并具有刺激造血的功能。表 5-3 可以看出，红松种子中钼的含量在各产地彼此之间的差异达到了统计学显著水平，榆林所产红松种子钼含量高出来自辽宁人工林者 1 个数量级，高出黑龙江所产红松种仁 3 个数量级。

对 5 份来自榆林和东北的红松果仁的矿质元素含量进行测定分析，结果表明各常量元素含量在供试种批之间存在较大的差异。总体来看，榆林所产红松种仁中的矿物质营养元素含量不低于东北产区，在个别微量元素(如钼)的含量甚至远远高于原产地东北地区。

2.5.2 不同产地红松种子粗蛋白含量及其氨基酸组成

蛋白质是一切生命以及所有组织和器官的基础物质。人体也概莫能外，必须摄取一定的蛋白质才能使全身细胞维持正常的机能和健康。不同来源的红松种子中粗蛋白含量测定结果见图 5-19，不同来源的红松种子粗蛋白含量差异极为显著($P<0.001$)。由图 5-19 可以看出，来自辽宁人工林的红松种子粗蛋白含量最高，来自黑龙江人工林者次之，其后是来自黑龙江天然林和榆林造林地的种子，而产自榆林苗圃的红松种子粗蛋白含量最低。

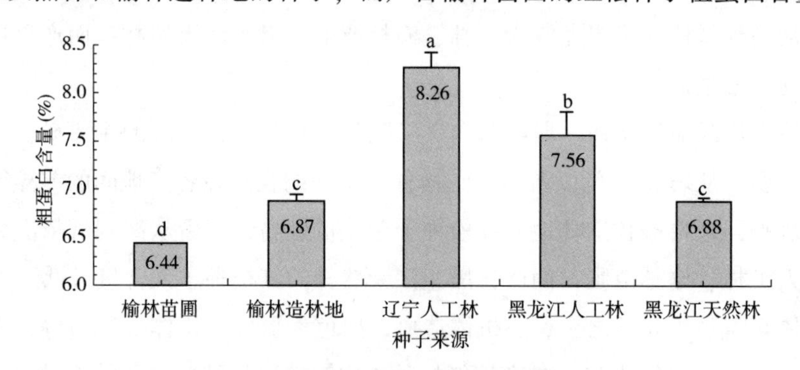

图 5-19 不同来源的红松种子粗蛋白含量

氨基酸是蛋白质的分解产物，氨基酸组成是蛋白质营养价值的内在表现。不同来源的红松种仁中氨基酸组成测定结果见表 5-4。本研究采用全自动氨基酸分析仪对蛋白质的氨基酸组成进行的测定，该方法在测定时以 6 mol/L 盐酸水解蛋白质，使得色氨酸全部被破坏，同时酰胺基被水解下来，故而实验结果中未出现色氨酸、天冬酰胺及谷氨酰胺的含量值。

从表 5-4 中可以看出，不同来源的红松种子粗蛋白中总氨基酸含量具有显著差异($P<0.001$)，来自榆林造林地者最高，达到 922.97 mg/g，其次依次是黑龙江人工林、辽宁人工林、榆林苗圃，而来自黑龙江天然林者最低，仅为 480.39 mg/g。来自榆林造林地樟子松嫁接红松的种子总氨基酸含量高而粗蛋白含量低，说明其粗蛋白中蛋白质纯度较高，一定程度上弥补了粗蛋白含量偏低的短板。

必需氨基酸是一类人体不能合成的氨基酸，必须通过食物摄入。红松种子粗蛋白中必需氨基酸含量较丰富(表 5-4)。必需氨基酸在总氨基酸中的占比为 30%~34%，略低于 WHO/FAO 标准规定的 40%，但也可认为是一种较优质的植物蛋白来源。不同来源的红松种仁蛋白必需氨基酸含量及其占氨基酸总量的百分比均有极显著差异($P<0.001$)。必需氨基酸含量来自榆林造林地者最高，达到288.85 mg/g，其次依次是黑龙江人工林、辽宁人工林、黑龙江天然林。来自榆林苗圃者最低，仅为157.44 mg/g，其与来自黑龙江天然林者无显著差异，但与其他来源者间的差异达到了统计学显著水平。来自黑龙江天然林者必需氨基酸在总氨基酸中占比最高，其次依次是黑龙江人工林、榆林苗圃、榆林造林地，而来自辽宁人工林者最低。必需氨基酸中蛋氨酸含量最高，占必需氨基酸的24.91%，占氨基酸总量的6.29%。

表5-4　不同来源红松种仁粗蛋白中氨基酸组成

类别	氨基酸	榆林苗圃	榆林造林地	辽宁人工林	黑龙江人工林	黑龙江天然林
非必需氨基酸（mg/g）	天冬氨酸#§	47.99±1.26	90.42±5.40	69.33±0.32	75.24±1.68	47.95±1.79
	丝氨酸	34.39±1.29	61.59±2.87	52.13±1.21	51.59±0.32	32.50±1.91
	谷氨酸#§	93.24±3.52	175.88±9.72	150.71±4.13	146.36±2.59	85.88±4.64
	脯氨酸	23.90±0.91	48.79±0.69	42.72±0.98	47.79±4.09	21.58±0.07
	甘氨酸§	20.86±0.65	38.24±0.40	33.81±1.00	33.31±0.19	20.74±1.68
	丙氨酸	24.67±0.40	45.08±2.38	36.69±0.86	38.94±0.15	26.61±1.01
	酪氨酸§	10.19±0.56	18.63±0.75	14.25±0.79	14.70±0.44	9.66±0.48
	组氨酸§	8.86±0.13	17.70±1.41	14.11±0.14	14.85±0.00	9.36±0.46
	精氨酸*§	71.05±4.83	137.79±4.85	109.88±2.35	111.23±3.06	62.97±1.92
必需氨基酸（mg/g）	苏氨酸	17.98±0.31	33.03±1.77	24.32±0.50	28.66±0.43	19.27±0.15
	缬氨酸	29.59±0.49	52.10±0.78	40.49±0.76	50.96±1.82	29.27±0.84
	异亮氨酸§	18.89±0.04	35.08±1.49	27.99±1.02	30.56±0.06	19.85±0.86
	亮氨酸§	43.44±1.10	81.17±3.31	63.42±1.04	69.60±1.22	44.22±1.65
	苯丙氨酸§	22.65±0.15	41.48±1.73	30.05±0.15	36.46±0.37	24.05±0.04
	赖氨酸§	21.07±0.68	40.70±1.69	31.12±0.33	35.79±0.93	24.36±1.55
	蛋氨酸§	0.81±0.15	5.28±0.14	7.79±0.18	5.20±0.07	2.12±0.02
含量合计（mg/g）	非必需氨基酸	335.16±11.72	634.12±28.47	523.63±11.50	534.01±4.34	317.25±13.00
	必需氨基酸	157.44±2.01 d	288.85±10.63 a	225.19±2.97 c	257.23±0.38 b	163.14±5.00 d
	半必需氨基酸	79.91±4.97	155.50±6.26	123.99±2.22	126.08±3.06	72.32±2.39
	鲜味氨基酸	141.23±4.78	266.30±15.13	220.04±4.44	221.6±4.27	133.83±6.43
	药效氨基酸	353.20±12.65 c	664.68±29.2 a	538.35±11.3 b	558.46±10.59 b	341.80±13.54 c
	总氨基酸	492.59±13.73 c	922.97±39.10 a	748.82±14.47 b	791.24±4.72 b	480.39±17.99 c
在总氨基酸中占比（%）	必需氨基酸	31.97±0.48 bc	31.30±0.17 c	30.07±0.18 d	32.51±0.15 b	33.96±0.23 a
	半必需氨基酸	16.21±0.56	16.85±0.04	16.56±0.02	15.93±0.29	15.06±0.07
	鲜味氨基酸	28.67±0.17	28.84±0.42	29.38±0.03	28.01±0.37	27.85±0.29
	药效氨基酸	71.69±0.57	72.01±0.11	71.89±0.12	70.58±0.92	71.15±0.15

注：*为半必需氨基酸，#为鲜味氨基酸，§为药效氨基酸，同一行数据中标有相同字母者无统计学显著差异($P=0.05$)。

不同来源的红松仁总蛋白氨基酸种类中含量最高的都是谷氨酸，第二至第四都分别是精氨酸、天门冬氨酸和亮氨酸，这四种氨基酸合计超过各自氨基酸总含量的一半(表 5-4)。谷氨酸在人体内可以与血氨结合，形成对人体无害的谷氨酰胺，去除生理代谢过程中产生的游离氨，避免其积累；它使脑机能活跃，具有增强记忆的功能；它参与肝脏、肌肉、大脑等组织的解毒作用；它也是组成胰岛素的重要成分(吴晓红等，2011)。精氨酸参与人体内鸟氨酸循环，将体内产生的氨转变成无毒的尿素排出体外；它还有助于纠正肝性脑病患者酸碱平衡。

精氨酸和组氨酸在人体内可以合成，但婴幼儿则必须从食物中摄入，属于半必需氨基酸。不同来源的红松种仁蛋白中半必需氨基酸含量差异极为显著($P<0.001$)，最高为来自榆林造林地的样品，其含量达到155.50 mg/g(表 5-4)，其次依次是黑龙江人工林、辽宁人工林、榆林苗圃的样品，而来自黑龙江天然林者最低，仅为72.32 mg/g。半必需氨基酸在总氨基酸中的占比为15%~17%，其差异不同来源间达到统计学显著水平($P=0.009$)，占比最高者为来自榆林造林地的样品，最低为黑龙江天然林样品。

天冬氨酸能够延缓骨骼和牙齿的损坏。谷氨酸和天冬氨酸可以与食物中的氯化钠反应生成谷氨酸钠(即味精)和天冬氨酸谷氨酸钠，对食物有增鲜作用。红松种仁蛋白中鲜味氨基酸极为丰富，且不同来源的样品间差异显著($P<0.001$)，最高为来自榆林造林地的样品(表 5-4)，含量达到266.30 mg/g，其次依次是来自黑龙江人工林、辽宁人工林、榆林苗圃的样品，而来自黑龙江天然林者最低，仅为133.83 mg/g。鲜味氨基酸在总氨基酸中的占比接近三分之一(表 5-4)，为其作为美味的休闲零食和食品原料提供了物质基础。鲜味氨基酸在总氨基酸中的占比在不同来源间亦有显著差异($P=0.016$)，占比最高者为来自辽宁人工林的样品，最低者为黑龙江天然林样品。

不同来源的红松种仁蛋白药效氨基酸含量差异达到了统计学极显著水平($P<0.001$)，最高为来自榆林造林地的样品(表 5-4)，其含量达到664.68 mg/g，其次依次是来自黑龙江人工林、辽宁人工林、榆林苗圃的样品，而来自黑龙江天然林者最低，为341.80 mg/g。药效氨基酸在总氨基酸中的占比均在70%以上，说明红松种仁蛋白具有较高的营养和药用价值。但药效氨基酸在总氨基酸中的占比在不同来源的样品间的差异未达到统计学显著水平($P=0.135$)。

某种必需氨基酸供应不足时，不仅会出现该氨基酸缺乏的症状，也会影响其他氨基酸的充分利用，从而降低总蛋白质的利用率，导致蛋白质营养价值降低。蛋白质中必需氨基酸组成、含量及比例是决定该蛋白质营养质量的关键因素。表 5-5 列出了以 WHO/FAO 建议的以鸡蛋蛋白质所含氨基酸比例为参考标准对不同来源红松种仁蛋白必需氨基酸的评分。亮氨酸、异亮氨酸和缬氨酸都是支链氨基酸，它们有助于促进训练后的肌肉恢复。红松种仁被认为具有抗疲劳的功效(武云，2019；郑元元等，2019；杨立宾，2008)，由表

5-5 可以看出，红松种仁蛋白是很好的亮氨酸、异亮氨酸和缬氨酸来源，这是其抗疲劳功效的内在物质基础。不同来源的红松种仁蛋白氨基酸平均分差异显著(P<0.001)，最高分为来自榆林造林地的样品，其次依次是来自黑龙江人工林、辽宁人工林、黑龙江天然林的样品，而来自榆林苗圃者最低。

表 5-5　不同来源的红松仁中蛋白质的氨基酸评分

必需氨基酸	WHO/FAO 推荐(mg/g)	榆林苗圃	榆林造林地	辽宁人工林	黑龙江人工林	黑龙江天然林
异亮氨酸	40	47.2±0.1	87.7±3.7	70.0±2.5	76.4±0.1	49.6±2.2
亮氨酸	70	62.1±1.6	84.0±4.7	90.6±1.5	99.4±1.7	63.2±2.4
蛋氨酸+胱氨酸	35	10.9±0.4	15.1±0.4	22.3±0.5	14.9±0.2	6.1±0.1
苯丙氨酸+酪氨酸	60	54.7±1.2	97.1±0.3	73.8±1.6	85.3±1.4	56.2±0.9
苏氨酸	40	44.9±0.8	82.6±4.4	60.8±1.3	71.6±1.1	48.2±0.4
缬氨酸	50	59.2±1.0	95.8±1.6	81.0±1.5	97.4±2.7	58.5±1.7
赖氨酸	55	38.3±1.2	74.0±3.1	56.6±0.6	65.1±1.7	44.3±2.8
平均分(分)		45.3±0.6 d	76.6±0.6 a	65.0±1.0 c	72.9±1.0 b	46.6±1.2 d

注：同一行数据中标有相同字母者无统计学显著差异(P=0.05)。

2.5.3　不同产地红松种子粗脂肪含量及其脂肪酸组成

脂肪不仅是人体很好的燃料，还是构成人体组织的重要成分，它为生命活动提供必需脂肪酸，并充当脂溶性维生素的良好溶剂，是人体必需的一类营养素。不同来源的红松种仁中粗脂肪含量测定结果见图 5-20，不同来源的红松种子粗脂肪含量差异极为显著(P=0.001)。由图 5-20 可以看出，来自黑龙江人工林的红松种子粗脂肪含量最高，来自辽宁人工林者次之，其后是来自黑龙江天然林和榆林造林地的种子，而产自榆林苗圃的红松种子粗蛋白含量最低。

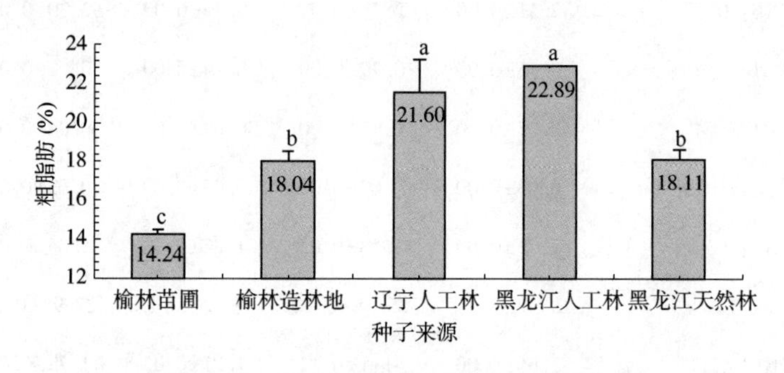

图 5-20　不同来源的红松种子粗脂肪含量

从化学方面来讲，脂肪是由脂肪酸与甘油通过酯化反应形成的脂肪酸甘油酯，其营养和功能价值主要取决于其脂肪酸的种类与含量。不同来源的红松种子脂肪酸组成测定结果见表5-6，从表5-6可以看出，5种不同来源的红松种子共检测出23种脂肪酸，其中各样品都检出的脂肪酸有19种，仅部分样品检出的有4种，这4种脂肪酸即使在检出的样品中含量也很低。在来自榆林苗圃和造林地以及黑龙江人工林的红松种仁中检出了微量芥酸；在来自榆林造林地和黑龙江人工林的样品中检出了微量顺-11，14，17二十碳三烯酸；在来自榆林苗圃和黑龙江天然林的样品中检出了微量二十三烷酸；在来自榆林造林地和辽宁人工林的样品中检出了微量神经酸。

由表5-6可以看出，红松种仁油中含量最高的是亚油酸，含量42.67%~49.69%。亚油酸是人体无法合成的必需的脂肪酸，必须从饮食中获取。它有助于人体对蛋白质的代谢，具有降血脂、减少身体脂肪的积累、增加肌肉、预防糖尿病和提升人体免疫力的作用。丰度处于第二位是油酸，含量25.58%~29.01%。位居第三的是γ-亚麻酸，含量10.64%~19.80%。这三者之和在总脂肪酸中的占比超过88%。种仁油中的饱和脂肪酸仅占4.76%~5.70%，在不同来源间无显著差异($P=0.173$)；不饱和脂肪酸占比高达94.30%~95.24%，其中单不饱和脂肪酸为27.35%~30.66%，各处理间无显著差异($P=0.068$)；多不饱和脂肪酸为63.64%~67.89%，红松种仁来源多不饱和脂肪酸的含量无显著差异($P=0.088$)。值得注意的是，亚油酸、亚麻酸及花生四烯酸等必需脂肪酸含量占到60.56%~62.73%，但各个处理间的差异亦未达到统计学显著水平($P=0.494$)。这些数据都说明不同来源的红松种子脂肪油营养价值差异并不显著，均具有很高的营养价值。

表5-6 不同区域红松种子油脂肪酸种类及其质量分数

脂肪酸	榆林苗圃	榆林造林地	辽宁人工林	黑龙江人工林	黑龙江天然林
十四烷酸(C14：0)	0.03±0.00	0.03±0.00	0.02±0.00	0.26±0.02	0.03±0.00
十五烷酸(C15：0)	0.01±0.00	0.02±0.00	0.01±0.00	0.01±0.00	0.01±0.00
棕榈酸(C16：0)	2.51±0.06	2.18±0.01	2.79±0.00	2.30±0.01	2.35±0.62
棕榈油酸(C16：1)	0.15±0.00	0.79±0.00	0.14±0.00	0.12±0.00	0.14±0.00
十七烷酸(C17：0)	0.05±0.00	0.05±0.00	0.04±0.00	0.04±0.00	0.05±0.00
十七碳烯酸(C17：1)	0.03±0.00	0.02±0.01	0.03±0.00	0.03±0.00	0.02±0.00
硬脂酸(C18：0)	1.83±0.00	1.58±0.03	1.82±0.00	1.85±0.01	1.81±0.02
油酸(C18：1)	28.60±0.07	25.58±0.14	29.01±0.15	27.96±0.00	27.8±1.56
反亚油酸(C18：2t)	1.66±0.00	4.11±0.11	1.91±0.02	1.77±0.00	1.77±0.21
亚油酸(C18：2)*	46.78±0.13	42.67±0.25	49.69±0.06	48.05±0.04	48.56±1.54
二十烷酸(C20：0)	0.31±0.00	0.26±0.00	0.32±0.00	0.31±0.00	0.32±0.01

（续）

脂肪酸	榆林苗圃	榆林造林地	辽宁人工林	黑龙江人工林	黑龙江天然林
γ-亚麻酸（C18：3）*	14.65±0.02	19.80±0.05	10.64±0.19	14.33±0.01	13.94±4.47
顺-11-二十碳一烯酸（C20：1）	1.09±0.02	0.92±0.07	1.21±0.01	1.10±0.00	1.15±0.10
α-亚麻酸（C18：3）*	0.15±0.01	0.13±0.00	0.12±0.00	0.13±0.00	0.13±0.01
二十一烷酸（C21：0）	0.63±0.07	0.60±0.07	0.66±0.00	0.58±0.00	0.57±0.13
顺-8，11，14 二十碳三烯酸（C20：3）	1.06±0.00	1.07±0.08	1.05±0.00	0.93±0.06	1.00±0.08
芥酸（C22：1）	0.03±0.00	0.04±0.00	ND	0.03±0.00	ND
顺-11，14，17 二十碳三烯酸（C20：3）	ND	0.10±0.00	ND	0.04±0.00	ND
花生四烯酸（C20：4）*	0.11±0.00	0.01±0.00	0.11±0.00	0.11±0.00	0.11±0.01
二十三烷酸（C23：0）	0.03±0.00	ND	ND	ND	0.01±0.02
二十四烷酸（C24：0）	0.27±0.32	0.04±0.00	0.04±0.00	0.05±0.00	0.04±0.01
神经酸（C24：1）	ND	ND	0.28±0.01	ND	0.13±0.19
二十二碳六烯酸（C22：6）	0.02±0.00	0.01±0.01	0.11±0.00	0.02±0.00	0.07±0.05
饱和脂肪酸	5.68±0.20	4.76±0.03	5.70±0.01	5.40±0.01	5.18±0.76
单不饱和脂肪酸	29.89±0.05	27.35±0.08	30.66±0.15	29.23±0.01	29.26±1.84
多不饱和脂肪酸	64.43±0.14	67.89±0.11	63.64±0.14	65.37±0.02	65.57±2.60
必需脂肪酸	61.69±0.15	62.6±0.30	60.56±0.12	62.62±0.04	62.73±2.94

注：* 为必需脂肪酸，ND 为未检出；同一行数据中标有相同字母者无统计学显著差异（P=0.05）。

2.5.4　不同产地红松种仁的碳水化合物组成

糖类是人体最主要的能源和碳源，可溶性糖是果品风味品质的重要构成因素。不同来源的红松种子可溶性糖含量差异极为显著（P<0.001），由图 5-21 可以看出，来自榆林造林地的红松种子可溶性糖含量最高，来自黑龙江天然林者次之，其后是来自黑龙江人工林和榆林苗圃的种子，而产自辽宁人工林的红松种子可溶性糖含量最低。不同来源的红松种子淀粉含量普遍很低，均在 0.1%以下，且在不同来源间的差异并不显著（P<0.932）。

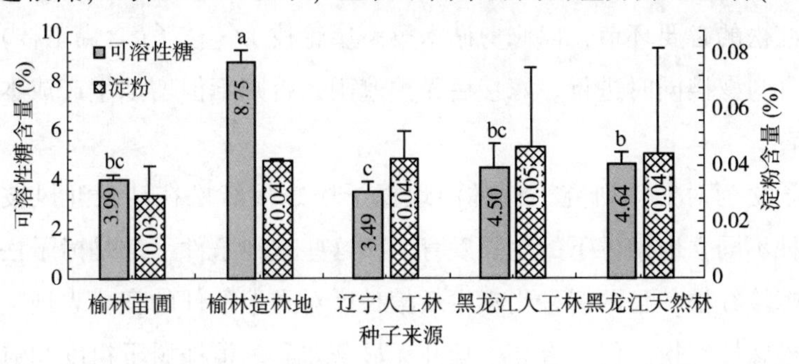

图 5-21　不同来源的红松种子可溶性糖和淀粉含量

综合上述各营养素可以看出，不同来源的红松种子在脂肪、蛋白质、碳水化合物、矿物质等营养素含量方面差异比较大，即使同为榆林樟子松嫁接红松松子，来自造林地和苗圃的松子差异也非常明显，表明在榆林选择合适的立地营造樟子松嫁接红松林非常重要。同时也不难看出，在一定立地条件下榆林樟子松嫁接红松松子的营养价值并不低于所有的供试东北红松松子。总体来看，其营养价值与原产地差异不大。

3 结论

采用苗圃嫁接试验和造林地高接试验，探索了适合榆林沙地樟子松嫁接红松的技术。苗圃嫁接中，4~8 年生樟子松都可以作为红松的嫁接砧木，但若综合考虑新梢生长量和水分利用率两个方面，宜选用年龄略大的 8 年生苗作为砧木，而如若从提早建成红松树冠和提早结果的角度考虑，则宜选用 4 年生苗作为砧木。高枝嫁接宜在樟子松高度约为 1.8 m 时进行，既便于操作，也利于嫁接成活和嫁接组合体的生长发育。接穗来自黑龙江、吉林和辽宁 3 个不同省份的嫁接苗，其接穗产地纬度越高新梢高生长量越大，在榆林的适应性越差，遵从适应性有限原则，榆林沙地樟子松嫁接红松宜从辽宁引入接穗。以培育坚果林或果材两用林为目标，榆林沙地樟子松嫁接红松的采穗母树年龄以 60 年为宜，不仅嫁接成活率高，而且母树处于成年期，有利于樟子松嫁接红松提早挂果，获得经济效益。因需从东北远距离调运，接穗储藏成为榆林樟子松嫁接红松重要的环节之一，冰柜储藏法优于露天沙藏法。与后者相比，前者虽然费用较高，但嫁接苗生长更为旺盛。与髓心形成层对接法相比，芽端楔接法不仅成活率高，而且嫁接当年红松新梢高生长量大，榆林沙地樟子松嫁接红松适宜采用芽端楔接法。与风沙土相比，圃地选用黄绵土不仅嫁接成活率高而且更适宜樟子松嫁接红松苗的生长，嫁接当年红松新梢高生长量和粗生长量均优于前者，在榆林培育樟子松嫁接红松苗，尽可能在比较肥沃的土壤上建立苗圃。榆林沙地樟子松嫁接红松应适当早接，以提高嫁接苗红松新梢当年生长量，以 4 月中下旬为宜，但受采穗种源地、当年气候条件等因素的影响，需要根据具体情况适当调整。对砧木进行剪砧是榆林沙地樟子松嫁接红松的必要环节，以修剪砧木第一层轮枝 1/3 枝丫(含霸王枝)对新梢生长最为有利，剪砧宜与嫁接同时进行。嫁接后无须遮阴，否则不但增加生产成本，而且会抑制嫁接苗生长发育。

以实生樟子松为对照，研究了榆林沙地樟子松嫁接红松在沙丘迎风坡、丘顶、落沙坡、丘间地 4 种不同立地条件下的生长发育，在这些立地条件下都是樟子松当年生新梢显著长于樟子松嫁接红松，且两树种当年生新梢长度对立地条件的变化表现一致。樟子松粗生长优于樟子松嫁接红松，但二者高生长并无显著差异。植株树干粗度和冠幅随立地的变化均为丘顶最大，落沙坡次之，其后是丘间地，而迎风坡最小。嫁接组合体中红松部分的粗度和高度随立地的变化相同，即落沙坡>丘顶>迎风坡>丘间地，而红松部分冠幅大小顺序为丘顶>落沙坡>迎风坡>丘间地。总体而言，樟子松嫁接红松和樟子松都是丘顶长势最好，而丘间地最差，落沙坡和迎风坡介于两者之间。这种在沙丘不同部位上的生长差异并非由土壤水分、土壤盐碱所导致的，可能与土壤肥力有一定的关系。

通过与采自辽宁人工林、黑龙江人工林和黑龙江天然林的 3 个原产地的红松种子对比，对产自榆林苗圃和造林地的沙地樟子松嫁接红松所产松子的种子学和营养学特征进行分析评价。来自黑龙江的红松种子略显短而薄，尤以来自天然林者为甚，而来自榆林的红松种子则略显长而厚，形状与来自辽宁人工林的红松种子更为接近。红松嫁接引种至榆林后，千粒重虽不及其原产地辽宁人工林，但也优于黑龙江产区的天然红松种子，接近黑龙江产区人工林红松种子。榆林沙地樟子松嫁接红松的种子含水量低于产自黑龙江天然林红松种子，而与来自黑龙江人工林和辽宁人工林者无显著差异。在榆林，在诸如苗圃这样比较好的立地条件下，嫁接红松种子优良度可以超过其原产地辽宁，即使是在立地条件相对较差的造林地中，其种子优良度也接近其原产地。榆林造林地和来自黑龙江人工林的红松种子生活力最高，其次为来自榆林苗圃和来自辽宁人工林者，而来自黑龙江天然林者最低。来自榆林造林地的樟子松嫁接红松种子的出仁率与来自东北的红松种子无显著差异，但榆林苗圃的樟子松嫁接红松种子出仁率则显著低于其他 4 个来源的种子。

对比了 5 份来自榆林和东北的红松种子各矿质元素含量，与其他来源的红松种子相比，来自榆林造林地的樟子松嫁接红松种子中钠、镁、钙、锰、铁、锌、硒含量最为丰富，铜较为丰富，而来自榆林苗圃的樟子松嫁接红松种子含硒最为丰富而含锌、钾、铜相对较少。值得注意的是，榆林所产红松种子钼含量高出来自辽宁人工林者 1 个数量级，高出黑龙江所产红松种仁 3~4 个数量级。总体来看，榆林所产樟子松嫁接红松种子中的矿物质营养元素含量不低于东北产区，在个别微量元素(如钼)的含量甚至远远高于原产地东北地区。

来自榆林沙地樟子松嫁接红松的种子粗蛋白含量相对于来自东北的红松种子较低，但在总氨基酸含量、必需氨基酸含量、半必需氨基酸含量、药效氨基酸均为 5 种不同来源红松种子中最高者，弥补了其粗蛋白含量偏低的短板。来自黑龙江天然林者必需氨基酸在总氨基酸中占比最高，来自辽宁人工林者最低，而来自榆林沙地樟子松嫁接红松者居于其间。

种子粗脂肪含量榆林沙地樟子松嫁接红松不及来自辽宁人工林和黑龙江人工林的红松种子，来自榆林造林地者与来自黑龙江天然林者无显著差异，而来自苗圃者最低。在饱和脂肪酸含量、单不饱和脂肪酸含量、多不饱和脂肪酸含量和必需脂肪酸含量方面，不同来源的红松种子并无显著差异，其油脂具有相同的营养价值。

不同来源的红松种子淀粉含量普遍很低，且在不同来源间差异并不显著，来自榆林造林地的红松种子可溶性糖含量最高，来自黑龙江天然林者次之，其后是来自黑龙江人工林和榆林苗圃的种子，而产自辽宁人工林的红松种子可溶性糖含量最低。

直接引进种子育苗及实生苗引种红松不能适应榆林的自然地理环境，而通过将其嫁接到樟子松上则可适应当地环境，虽然其粗生长不及樟子松，但其长势良好、树形整齐、树冠完整，能够适应当地的自然环境，可以正常越冬度夏、正常生长。且与樟子松相比，红松叶色更绿，美化环境的效果更好，可以丰富西北干旱半干旱地区绿化造林树种。除了木材外，红松还可以生产松子，经济价值高，可以弥补其生长表现上的不足。其所产种子主要营养素含量与原产地相近，甚至部分营养素含量还高于其东北原产地，证明引种成功。

主要参考文献

Copes D L，1987. Effects of rootstock age on leader growth，plagiotropism，and union formation in Douglas-fir grafts [J]. Tree Planter's Notes，38：14-18.

Hong S H，Lee H，Lee H J，et al，2017. Ethanol extract of *Pinus koraiensis* leaf ameliorates alcoholic fatty liver via the activation of LKB1 - AMPK signaling *in vitro* and *in vivo* [J]. Phytotherapy Research，31(5)：783-791.

Jeon M O，Moon J，2017. Study on applicability of *Pinus koraiensis* Siebold et Zucc leaf extract as a cosmetic ingredient [J]. Journal of the Korean Applied Science and Technology，34(3)：602-612.

Kim M J，Jung U S，Lee J S，et al，2018. Effects of dietary phytoncides extracted from Korean pine (*Pinus koraiensis*) cone on performance，egg quality，gut microflora，and immune response in laying hens [J]. Journal of Animal Physiology and Animal Nutrition，102(5)：1220-1231.

Lee M S，Cho S M，Lee M，et al，2016. Ethanol extract of *Pinus koraiensis* leaves containing lambertianic acid exerts anti-obesity and hypolipidemic effects by activating adenosine monophosphate-activated protein kinase (AMPK) [J]. BMC Complementary and Alternative Medicine，16(1)：Article 51.

Lin S，Liu X，Liu B，et al，2017. Optimization of pine nut (*Pinus koraiensis*) meal protein peptides on immunocompetence in innate and adaptive immunity response aspects [J]. Food and Agricultural Immunology，28(1)：109-120.

Liu D，Regenstein J M，Diao Y，et al，2019. Antidiabetic effects of water-soluble Korean pine nut protein on type 2 diabetic mice [J]. Biomedicine and Pharmacotherapy，117：Article 108989.

Qu H，Gao X，Wang Z Y，et al，2020. Comparative study on hepatoprotection of pine nut (*Pinus koraiensis* Sieb. et Zucc.) polysaccharide against different types of chemical-induced liver injury models *in vivo* [J]. International Journal of Biological Macromolecules，155：1050-1059.

Qu H，Gao X，Zhao H T，et al，2019. Structural characterization and*in vitro* hepatoprotective activity of polysaccharide from pine nut (*Pinus koraiensis* Sieb. et Zucc.) [J]. Carbohydrate Polymers，223：Article 115056.

Yang X，Deng S，De Philippis R，et al，2012. Chemical composition of volatile oil from*Artemisia ordosica* and its allelopathic effects on desert soil microalgae, *Palmellococcus miniatus* [J]. Plant Physiology and Biochemistry, 51: 153-158.

Zhou X, Zhang Y, An X, et al, 2019. Identification of aqueous extracts from*Artemisia ordosica* and their allelopathic effects on desert soil algae [J]. Chemoecology, 29(2): 61-71.

白鸥，黎承湘，1992. 樟子松抗盐碱试验报告[J]. 辽宁林业科技(1)：6-9.

邓文红，2019. 沙蒿水浸提液化感物质的分离与鉴定[J]. 北京林业大学学报，41(9)：156-163.

房文龙，梁云和，1992. 樟子松生长量与环境因子相关关系的研究[J]. 吉林林业科技(4)：3-5.

付兴，2012. 营养与健康[M]. 沈阳：辽宁科学技术出版社.

甘肃省环境监测中心站，2011. HJ 632—2011 土壤总磷的测定碱熔-钼锑抗分光光度法[S]. 北京：中国环境科学出版社.

关广迎，2019. 不同接穗类型对红松嫁接成活率及生长势的影响[J]. 防护林科技(7)：44-45.

韩金胜，2017. 红松异砧嫁接实用技术[J]. 现代化农业(9)：32-33.

黄跃新，杨丽，王利宏，2016. 不同地区的红松接穗对樟子松嫁接苗成活率和生长量的影响[J]. 安徽农学通报，22(16)：90-91+94.

黄跃新，杨丽，王利宏，2014. 不同地域红松接穗在樟子松砧木上嫁接成活率的研究[J]. 河北林果研究，29(1)：23-25.

贾艳梅，张继平，席艳芸，等，2006. 樟子松幼龄林枯死的防治措施研究[J]. 西北林学院学报，21(4)：101-104.

锦州市环境监测中心站，2011. HJ 613—2011 土壤 干物质和水分的测定重量法[S]. 北京：中国环境科学出版社.

锦州市环境监测中心站，2016. HJ 802—2016 土壤电导率的测定[S]. 北京：中国环境科学出版社.

康义，2019. 塞罕坝地区红松嫁接技术研究[J]. 安徽农学通报，25(7)：109-110+161.

李爱德，2010. 干旱荒漠区植物引种驯化[M]. 兰州：甘肃科学技术出版社.

李德玉，龙作义，李雪，等，2009. 不同嫁接时间对红松果林优质壮苗培育质量的影响[J]. 林业勘察设计(4)：70-71.

李德玉，龙作义，李雪，等，2010. 嫁接方法对红松异砧嫁接苗木质量的影响[J]. 中国林副特产(1)：9-10.

李明谦，2013. 红松松子壳多糖超声提取工艺的建立与抗肿瘤活性的研究[D]. 长春：吉林大学.

李培利，赵常胜，王志力，等，2013. 樟子松幼树嫁接红松后的剪砧技术[J]. 吉林林业科技，42(4)：46-46+54.

李淑玲，2008. 红松嫁接愈合原理及影响成活的主要因素[J]. 中国林副特产(4)：83-84.

李小飞，曹凡，彭方仁，等，2016. 砧木年龄对美国山核桃嫁接苗光合特性的影响[J]. 南京林业大学学报(自然科学版)，40(3)：75-80.

刘维斌，宋云平，闫朝福，2010. 影响红松嫁接成活的主要因素分析[J]. 林业勘察设计(1)：95-96.

罗玲，廖超英，2008. 榆林沙区不同立地条件引种樟子松生长特性的对比研究[J]. 西北农业学报，17

(3)：182-185，204.
罗竹梅，杨涛，史社强，等，2019. 榆林沙区红松异砧嫁接成活率的影响因素研究[J]. 陕西林业科技，47(6)：25-28.
马建路，庄丽文，1992. 红松的地理分布[J]. 东北林业大学学报，20(5)：40-48.
倪亚明，颜崇淮，张敬，等，2009. 微量元素与营养健康[M]. 上海：同济大学出版社.
任意，辛景树，田有国，等，2006. NY/T 1121.6—2006 土壤检测第 6 部分有机质的测定[S]. 北京：中国农业出版社.
四川省农业科学院中心实验室，1988. NY/T 87—1988 土壤全钾的测定火焰原子吸收分光光度法[S]. 北京：中国农业出版社.
孙国芝，于连君，2006. 气候因子与红松各物候期预测模型的建立[J]. 林业科技，31(5)：20-21.
天津市环境监测中心，2014. HJ 717—2014 土壤质量全氮的测定凯氏法[S]. 北京：中国环境科学出版社.
王春红，李德玉，李雪，等，2010. 红松果林优质异砧嫁接苗培育技术的研究[J]. 黑龙江科技信息(8)：119-119.
王敏，南春波，王占华，等，2007. NY/T 1377—2007 土壤 pH 值的测定玻璃电极法[S]. 北京：中国农业出版社.
王永范，王焕章，杨辉，等，2005. 红松生长发育规律研究[J]. 吉林林业科技，34(4)：34-36.
王幼群，卢善发，杨世杰，2012. 植物嫁接——实践与理论[M]. 北京：中国农业大学出版社.
王长春，潘仰星，熊月明，2009. 果树嫁接[M]. 福州：福建科技出版社.
乌洪国，廖洪伟，2008. 黑龙江省龙江县樟子松改造红松坚果林的试验初报[J]. 林业勘察设计(4)：52-53.
吴晓红，刘英甜，宫婕，等，2011. 长白山和小兴安岭地区红松种子形态特征与成分比较研究[J]. 林产化学与工业，31(4)：79-82.
吴晓红，王振宇，郑洪亮，等，2011. 红松仁蛋白氨基酸组成分析及营养评价[J]. 食品工业科技，32(1)：267-270.
武云，2019. 红松蛋白复合抗疲劳制剂的制备及特性分析与功能评价[D]. 哈尔滨：哈尔滨工业大学.
徐树堂，宋晓东，尤国春，等，2007. 章古台沙地樟子松嫁接红松技术的研究[J]. 防护林科技(3)：3-4.
徐鑫，2014. 松仁营养成分及松子油理化性质和活性成分分析[J]. 营养学报，36(1)：99-101.
杨立宾，2008. 红松种子蛋白提取与生理功能研究[D]. 哈尔滨：东北林业大学.
杨丽，黄越新，王利宏，2016. 不同地区红松接穗嫁接樟子松研究[J]. 安徽农业科学(23)：144-146.
尤国春，杨树军，安宇宁，等，2011. 干旱、半干旱地区异砧红松嫁接技术研究[J]. 防护林科技(5)：9-11.
于淑兰，陈幼生，赵德铭，等，1999. GB 2772—1999 林木种子检验规程[S].
袁庆，2013. 红松嫁接技术研究[J]. 内蒙古林业调查设计，36(6)：34-36.
张海军，2009. 红松嫁接需要注意的关键技术问题[J]. 特种经济动植物(6)：47-48.

张丽艳，2019. 不同嫁接条件对红松嫁接成活率及生长的影响[J]. 林业科技通讯(1)：37-38.

张林媚，刘姝玲，2016. 毛乌素沙地红松嫁接苗培育技术[J]. 陕西林业科技(5)：83-84.

张莹，陈小强，2007. 超临界 CO_2 萃取红松种仁油的工艺及其脂肪酸成分分析[J]. 农业工程学报(12)：279-282.

赵思金，张咏新，2005. 章古台沙地不同立地樟子松生长状况分析[J]. 辽宁农业职业技术学院学报，7(2)：3-6.

赵文智，常学礼，1991. 奈曼沙区樟子松生长与生态因子关系的研究[J]. 西北林学院学报，6(4)：16-22.

郑元元，井晶，王振宇，等，2019. 红松松仁蛋白肽的分离纯化及体外抗氧化和体内抗疲劳作用[J]. 食品科学，40(1)：151-156.

周斐德，张万儒，杨光滢，等，1999. LY/T 1251—1999 森林土壤水溶性盐分析[S]. 北京：中国林业出版社.

第6章

回顾与展望

樟子松引种成功对毛乌素沙地治理来说具有划时代意义，填补了没有常绿乔木树种大面积造林的空白，对控制冬春季节风沙危害起到至关重要的作用，也为秋冬季节满目枯黄的沙地缀上了片片绿洲，使沙地植被迸发出勃勃生机。历经半个多世纪的发展，樟子松已经成为毛乌素沙地的主导造林树种，固沙造林、城镇绿化、路域植被恢复随处可见其身影。回顾引种和造林历程，一路铺满了榆林治沙人攻坚克难的智慧。引种伊始，干旱缺水、风蚀沙埋、土壤贫瘠等环境胁迫对樟子松的存活与生长造成巨大威胁。为此，榆林治沙人一手抓良种壮苗、一手抓环境改善，期望从内因和外因两个方面提升引种和造林效果。经过数十年的不懈努力，建成西北地区首个樟子松良种基地，总结出沙地樟子松“高效防衰”造林技术，在加速樟子松良种化进程、改善环境条件、提升造林效果、防控早衰方面取得卓越成效，紧扣沙地造林需求和人工林研究发展趋势。接着，斑块状镶嵌于沙地的盐渍化土壤造林又成为榆林治沙人继往开来的目标，通过研究不仅掌握了樟子松造林效果对土壤盐渍化程度的响应规律及造林地土壤含盐量阈值，而且筛选出适宜当地具体情况且简单高效的盐渍化土壤造林技术，使盐渍化土壤樟子松造林技术步入新阶段。即便如此，现有防护林体系经济效益提升问题依然使榆林治沙人感到困惑，因此近年来又积极开展樟子松嫁接红松技术研究，期望建立生态防护和种子生产兼用的新一代人工林。通过研究，不仅形成了适宜当地具体情况的樟子松嫁接红松配套技术，为樟子松人工林升级改造提供了依据；并依托异砧嫁接成功地将红松引入毛乌素沙地，使榆林沙区继樟子松之后又成为红松分布的南端。经过这样一个研发过程，形成了具有毛乌素沙地区域特色的樟子松良种壮苗、人工造林、幼林抚育、嫁接改造技术体系，本书对其中关键技术进行了分析讨论和总结归纳，期望为毛乌素沙地樟子松人工林持续发展提供技术依据。目前，榆林治沙人又在思考，采用什么样的措施更能进一步有效防控沙地樟子松人工林早衰？如何在现存植被覆盖下不间断地完成樟子松人工林更新，从而避免土壤“二次沙化”等。

1 回顾

根据气候相似论原理，榆林治沙人选择距离和自然条件比较接近的内蒙古红花尔基沙地樟子松作为引入种源，并制定了科学合理的技术路线和栽培技术，尤其是抗旱造林和防风固沙措施，最终使引种获得成功，将其分布范围向南推移10个纬度、向西推移10个经度，成为樟子松分布的南端。同时，根据生长、干形和抗性等指标，在原产地红花尔基选择优树64株，并以此为繁殖材料建成西北地区首个樟子松良种基地，包括无性系种子园、优树收集区(兼作采穗圃)、子代测定林和展示林，为加速樟子松良种化进程奠定了物质基础。目前，种子园已进入结实盛期，种子质量较高、具备良好的发芽能力，虽说结实量在年份之间存在较大的波动，但各无性系相对稳定、受遗传因素的控制程度较大。子代测定结果表明，各无性系之间的生长量存在极显著差异，且遗传力和一般配合力较高。根据变异来源、性状相关及重复力计算结果，以树高生长量作为评价优良无性系的主导因子，筛选出11个优良家系，其树高生长量为对照的209%，为参试家系平均值的122%，预期增益为18.71%。种子园的建成不仅为榆林毛乌素沙地樟子松人工林遗传结构改良提供了条件，而且通过研究还筛选出适宜推广的优良家系，为种子园的去劣疏伐或重建提供了依据。

无论是引种成功还是大面积造林效果提升，都依赖于减轻环境胁迫措施的应用。针对毛乌素沙地的具体情况，为减轻风蚀沙埋、干旱缺水、土壤贫瘠等环境胁迫对造林效果及群落持久性维持造成的压力，榆林治沙人通过调查分析和试验研究，总结出沙地樟子松“高效防衰”造林技术体系。该技术在强调合理稀植、维持土壤水分平衡的前提下，因地制宜地采用铺设沙障、大坑换土、壮苗深栽、浇水覆膜、套篓防护、混交造林等单项或多项措施，形成与立地条件及其危害特点相适应的地段性或阶段性造林技术体系，通过减轻环境胁迫提高造林保存率、促进林木生长，为加速森林环境形成以及林分生产力、林地土壤肥力和林分稳定性长期维持提供必要支撑，为防控或延缓群落早衰奠定基础。研究结果表明：其中任何一项措施均有提高造林保存率、促进林木生长、加速郁闭成林、延缓群落早衰的作用，但不同措施的作用则有所侧重。其中，沙障能够有效减轻风沙流造成的根系裸露、主干弯曲、风倒风折等现象，保证植株的正常形态建成；大坑换土可以有效改善树穴土壤的水分和养分状况，减轻干旱缺水、土壤贫瘠胁迫；壮苗为造林后的良好生长奠定了物质基础，深栽有利于苗木利用较深层次的土壤水分；浇水能够提高土壤水分储量、覆膜可以增强土壤水分保持能力，从而提高水分利用率；“套篓防护”具有改善环境条件的多重功效，包括减轻风蚀沙埋、提高土壤保水能力、增加土壤养分含量、控制动物危害和人畜干扰；樟子松林与紫穗槐混交不仅可以抑制病虫害，而且能够提高土壤氮含量、改善土壤状况。值得强调的是，套篓防护和混交造林还能增加物种多样性、提高群落盖度、促进生物结皮形成，为加速森林环境形成以及林分生产力、林地土壤肥力及林分稳定性长期维持奠定了基础，从而避免或延缓人工林早衰。

除了风沙土，毛乌素沙地还有大量呈斑块状分布的盐渍化土壤。为了完善毛乌素沙地樟子松造林技术体系，榆林治沙人又对盐渍化土壤造林技术开展了研究。结果表明，随着土壤盐渍化程度的加重，樟子松造林保存率、林木生长量、林分生物量、土壤含水率随之下降而林分早衰概率上升。其中，土壤全盐含量、pH 值、含水率起着主导作用。当土壤全盐含量大于 0.4 g/kg 时，樟子松的存活、生长就会受到土壤盐分、干旱的双重胁迫，造林效果急剧下降。因此，造林前需要对土壤的盐渍化程度进行检测，当土壤含盐量大于 0.4 g/kg 时，应采用排盐抑盐、改善土壤水分状况等措施对造林地土壤进行改良，以降低盐分含量、提高土壤含水率，从而有效提升造林效果、长期维持林分稳定性和林地生产力。其中，树穴喷醋、覆膜均可显著减轻盐分危害、提高土壤含水率，从而提高造林保存率和林木生长量。尤其是喷洒食用醋与以往报道的施用木醋液或醋糟相比，免去了木醋液、醋糟制作过程的复杂性，取材方便、操作简单、易于推广，是毛乌素沙地盐渍化土壤改良、提升造林效果的首选措施。

为了提高毛乌素沙地樟子松人工林的经济效益，榆林治沙人开展了樟子松嫁接红松试验。通过苗圃嫁接和造林地高接试验，探索出适合榆林沙地樟子松嫁接红松的配套技术，包括接穗种源选择、采穗母树年龄、穗条储藏以及嫁接方法与时间、剪砧强度与时间等关键参数。依托异砧嫁接，将红松成功引入毛乌素沙地，攻克了播种育苗和实生苗引种难以存活的难关，不仅为毛乌素沙地大面积樟子松人工林的转型升级提供了技术和物质支撑，而且使毛乌素沙地成为红松分布的南端。同时，榆林樟子松嫁接红松所产种子的矿物质营养元素含量不低于东北产区，在个别微量元素(如钼)的含量还远远高于原产地东北；种子粗蛋白含量相对于来自东北的红松种子较低，但总氨基酸含量、必需氨基酸含量、半必需氨基酸含量、药效氨基酸均为 5 种不同来源红松种子中最高者，弥补了其粗蛋白含量偏低的短板。根据研究结果，制定了《樟子松嫁接红松技术规程》《樟子松实生苗培育技术规程》《红松接穗采集与制备技术规程》等地方标准，为毛乌素沙地樟子松嫁接红松的规范化提供了技术依据。

2 展望

从以上叙述情况不难看出，榆林治沙人历经半个多世纪的探索，基本形成了毛乌素沙地樟子松良种壮苗、人工造林、幼林抚育和嫁接改造技术体系，并取得卓越成效。但是，面对樟子松人工林早衰的潜在危险以及天然更新困难问题，必须开展一些前瞻性的研究，才能进一步完善毛乌素沙地樟子松人工林防护效能、林分和林地生产力长期维持以及现有成过熟林的持续更新的配套技术。

一是从改善造林材料遗传结构这一内在因素入手，提高林分生产力、防控人工林早衰。充分利用现有种子园开展半同胞、全同胞优良家系及优良无性系选育技术研究，攻克无性繁殖技术难关，逐步完成由实生林业向家系林业及无性系林业的转变，真正实现“有性创造、无性利用”育种策略，缩短育种周期、提高单位时间遗传增益。在此过程中，必须高度重视耐旱、耐瘠薄等抗逆性较强的家系和无性系选育，逐步构建具有地域性特色的良种选育技术体系，通过遗传改良从根本上解决或缓解环境胁迫对造林效果、林分早衰造成的压力。

二是从改善环境条件这一外部因素入手，提高林地土壤植被承载力、防控人工林早衰。充分利用现有林地、苗圃，积极开展灌水、施肥、水肥耦合效应规律及相应技术参数研究，为壮苗培育、幼林抚育提供依据；积极开展混交造林技术参数研究，如种间关系、环境改善与造林效果的关系，为筛选更有利于土壤肥力和林地土壤水分长期维持的混交模式提供依据；积极开展套篓防护技术研究，进一步完善其技术参数和理论依据，为其优化和推广提供依据。例如，防护篓规格与防护效应及造林效果的关系，等等。

三是从林分密度这一群体特征调控入手，避免林分密度或群落生产力超过土壤植被承载力、长期维持林地土壤肥力(包括土壤水分)。一方面，进一步系统研究不同混交模式及其初植密度与造林效果之间的关系，为毛乌素沙地适宜混交模式及其造林密度选择提供依据，从造林开始就为早衰防控奠定基础。另一方面，开展现有中幼林抚育间伐技术研究，探索密度调控的相关技术参数。在这一方面，章古台沙地已有不少相关研究成果，可结合毛乌素沙地的具体情况开展调查研究和林地试验，为当地樟子松人工林的密度调控提供依据。

四是从植被覆盖下不间断更新技术研究入手，为避免林地土壤“二次沙化”提供依据。在此之前，封沙育林已经取得显著成效，尤其是沙地森林环境已经形成。然而，今后如果采用传统的森林更新手段，必将对林地环境带来干扰。因此，最大限度地减轻人为干扰并在现有群落的持续覆盖下逐步完成更新必将成为新的问题。站在这一高度来看，开展天然更新障碍、人工促进天然更新以及伐前更新技术研究迫在眉睫。在这一方面，可以借鉴“近自然林业”中的许多做法，如择伐更新、目标树更新等。

可以预示，随着这些具有地域性特色技术问题的逐步解决，毛乌素沙地樟子松人工林发展必将从目前的“提质增效”提升到“提质增效、防控早衰、持续更新”的新阶段，从而避免林地环境退化尤其是林地土壤“二次沙化”。